Abenteuer Medizinstudium

Der MEDI-LEARN Studienführer

3. Auflage

Autoren: Christian Weier, Jens Plasger, Jan-Peter Wulf

Herausgeber:
MEDI-LEARN Verlag GbR
Elisabethstr. 9, 35037 Marburg/Lahn

Herstellung:
MEDI-LEARN Verlag GbR, Standort Kiel
Dorfstraße 57, 24107 Ottendorf (Kiel)
Tel: 0431/78025-0, Fax: 0431/78025-262
E-Mail: redaktion@medi-learn.de, www.medi-learn.de

Verlagsredaktion: Trojan Urban, Sascha Michalzik, Matthias Wenning, Kare Ahlschwede, Cynthia Walkusch und Adrian Walkusch

Fachliche Co-Autoren: Karl-Heinz Silbernagel (DÄF), Hans-Peter Kaluza (SfH), Rechtsanwalt Reinhard Karasek, bvmd; Dr. Alexander Zimmerhofer, Lioba Peters, Luisa Bergholz (ITB Consulting GmbH)

Studentische Autoren: Barbara S., Sarah M., Jan H., Benjamin H., Svetlana K., Akja F., Bernd C., Yvonne B., Ansgar D., Lilian G., Andrej N., Constantin W.

Lektorat: Dr. Marlies Weier, Denise Drdacky
Layout und Satz: Kristina Junghans, Kira Süther, Christian Gottschalk, Fritz Ramcke
Illustration: Daniel Lüdeling, www.medi-learn.de/cartoons
Druck: Löhnert-Druck, Leipzig

3., komplett überarbeitete Auflage 2013
ISBN-13: 978-3-938802-93-9

Inhalt

Auf dem aktuellsten Stand

Informationen und Fakten unterliegen der regelmäßigen Veränderung. Damit du immer auf dem aktuellsten Stand bist, stellen wir dir online eventuelle Änderungen als PDF zur Verfügung: www.medi-learn.de/stf-errata

Hier werden auch mögliche Errata veröffentlicht – sollte dir ein Fehler(chen) auffallen, so informiere uns doch bitte über folgende Seite: wwww.medi-learn.de/stf-formular

Vorwort zur 3., überarbeiteten Auflage

Das Medizinstudium ist ein Abenteuer, auf das sich junge Menschen mit hohen Erwartungen und großer Vorfreude einlassen. Nicht selten sind außerdem Zweifel und Unsicherheiten im Spiel: Wo wird die Reise hingehen? Wie finde ich meinen Weg durch den mindestens zu Beginn unüberschaubar wirkenden Dschungel der Anforderungen und Vorschriften? Um den künftigen Ärztinnen und Ärzten in dieser Phase ihrer Ausbildung manches ein bisschen leichter zu machen, hat MEDI-LEARN einen Studienführer mit dem beziehungsreichen Titel „Abenteuer Medizinstudium“ zusammengestellt.

Der Erfolg der ersten Auflage zeigte bald, dass der praxisnahe Leitfaden im Kitteltaschen-Format von Abiturienten, Studienplatzbewerbern und Studierenden gleichermaßen geschätzt wird. Die 2010 herausgegebene zweite Auflage erntete ebenfalls viel Lob und blieb nicht lange in den Regalen des Buchhandels stehen. Insgesamt wurden nun schon mehr als 10.000 Exemplare verkauft, sodass wir früher als gedacht eine dritte Auflage präsentieren. Da sich auch Gutes immer noch ein wenig besser machen lässt, wurde sie erneut erweitert und aktualisiert.

Denn dafür gibt es viele Anlässe, über die kontinuierlich auf den Internet-Seiten von MEDI-LEARN und in der hauseigenen Zeitung für junge Mediziner berichtet wurde. So wird der schriftliche Teil des „Hammerexamens“ künftig vor dem Praktischen Jahr abgelegt, und aus der „Zentralen Vergabestelle für Studienplätze“ – besser bekannt als ZVS – wurde in der Zwischenzeit die „Stiftung Hochschulstart“. Etliche kleinere Ergänzungen und Korrekturen basieren wie bereits bei der vorigen Ausgabe auf den konstruktiven Rückmeldungen unserer Leserschaft, für die wir uns herzlich bedanken. Aktualisiert wurden nicht zuletzt die vielen Hinweise im Buch auf zusätzliche Informationen und Angebote im Internet.

Unverändert und seit Jahren bewährt ist dagegen das Gesamtkonzept: eine Mischung aus Erfahrungsberichten und detailreichen Darstellungen sowohl dessen, was dich in der Uni erwartet, als auch der ganz alltäglichen Aspekte des Studentenlebens. Wie nutze ich am besten eine mögliche Wartezeit? Wie bessere ich meine Haushalts- oder Urlaubskasse auf? Lohnt sich der Kauf teurer Lehrbücher? Wie bewältige ich das enorme Lernpensum? Auf diese und zahllose weitere Fragen findest du auf mehr als 300 Seiten kompetente Antworten. Die MEDI-LEARN Redaktion wünscht dir viel Spaß beim Lesen und alles Gute für dein ganz persönliches Abenteuer Medizinstudium!

Christian Weier – Jens Plasger – Jan-Peter Wulf

Kiel, im Februar 2013

Vorwort zur 2. Auflage

Gerade einmal zwei Jahre sind seit Erscheinen der ersten Auflage des Studienführers vergangen. Aufgrund des großen Erfolgs des „Abenteuers Medizinstudium" – die erste Auflage ist ausverkauft – durften wir uns schon jetzt an die zweite, überarbeitete Auflage machen. Natürlich wurden dabei auch die konstruktiven Hinweise der Leser integriert.

Kurz nachdem das Buch erschienen war, überraschten uns die zahlreichen Rückmeldungen zum Buch – fast durch die Bank positiv: Viele Bewerber und Studenten gaben uns für die Mischung von Erfahrungsberichten und Interviews mit redaktionellen Texten ein positives Feedback und ebenso für die hilfreichen Hinweise, die ihnen die Orientierung im Studium erleichtert haben. Das freut uns als Autoren natürlich und wir danken allen Lesern herzlich für die Rückmeldungen. Sie zeigen uns, dass wir mit dem Buch auf dem richtigen Weg sind.

In der nun vorliegenden zweiten Auflage haben wir natürlich die Druckfehler und Zahlendreher ausgemerzt, von denen wir erst nach Erscheinen des Buches und meist durch Zuschriften interessierter Leser erfahren haben. Darüber hinaus gab es in den vergangenen 24 Monaten auch einige inhaltliche Neuerungen, die Einzug in den Studienführer fanden: So werden in jüngster Zeit neben dem Regelstudiengang an vielen Unis praxisorientierte sogenannte Modellstudiengänge angeboten. Grund genug, diesen Abschnitt grundlegend zu überarbeiten und wesentlich zu erweitern. Einige Leser gaben uns die Rückmeldung, mehr über die Fächer der ersten Semester erfahren zu wollen; diesem Wunsch tragen wir durch neu integrierte Vorstellungen wichtiger Fächer aus Sicht von Studenten Rechnung.

Weiterhin haben wir wichtige Kennzahlen im Bereich der Studienfinanzierung (Kindergeld, BAföG, Studien- und Bildungskredite) an die aktuell geltenden Regelungen angepasst. Noch zu erwähnen ist, dass wir auf unseren Webseiten unter www.medi-learn.de im letzten Jahr Internettagebücher – sogenannte Blogs – integriert haben. In diesen berichten junge Mediziner und solche, die es werden wollen, von ihren Erlebnissen und Erfahrungen. Zu diesen Blogs finden sich in der vorliegenden zweiten Auflage an entsprechender Stelle Verweise auf die Webseiten.
Schließlich wäre auch diese Auflage nicht ohne die fachkundige und bereitwillige Überarbeitung von Experten denkbar gewesen, denen wir zu großem Dank verpflichtet sind: Hans-Peter Kaluza von der Pressestelle der Zentralstelle für die Vergabe von Studienplätzen (ZVS) hat uns im Kapitel zur Studienplatzvergabe wieder einmal tatkräftig unterstützt. Ebenfalls ausdrücklich danken möchten wir Karl-Heinz Silbernagel aus dem Hause unseres langjährigen Kooperationspartners Deutsche Ärzteversicherung, der das Kapitel über Vorsorge und Versicherung dankenswerterweise erneut auf Herz und Nieren geprüft und überarbeitet hat.

Nun bleibt uns noch, allen Lesern viel Spaß, eine angenehme Lektüre der vorliegenden zweiten Auflage des Studienführers und viel Erfolg im „Abenteuer Medizinstudium“ zu wünschen.

Doch nun genug der Vorworte, viel Spaß beim Lesen!

Christian Weier – Jens Plasger – Jan-Peter Wulf

Kiel, im Januar 2010

Vorwort zur 1. Auflage

Das Studium ist die vielleicht schönste Zeit des Lebens. Das klingt zwar auf den ersten Blick pathetisch, aber: Fast jeder, der auf sein Studium zurückblickt und mitten im Berufsleben steht, denkt mit Freude an die guten alten Uni-Zeiten zurück.

Stress? Prüfungsdruck? Zweifel, ob das alles das Richtige ist? Sicher, mit diesen Dingen beschäftigt sich jeder Student irgendwann einmal. Egal, ob er nun Skandinavistik studiert, Ingenieurwesen oder aber Humanmedizin, wie du es beabsichtigst. Medizin gehört dabei sicherlich zu den Fächern, in denen ganz besonders viel von dir verlangt wird, du besonders in die Verantwortung genommen wirst.

Aber darin steckt auch die Chance, sich zu einer Persönlichkeit zu entwickeln. Denn neben der fachlichen Ausbildung ist die Selbstentwicklung das Wichtigste, was dir die Uni bieten kann. Und das anspruchsvolle Berufsbild des Arztes bedarf einer verantwortungsvollen Persönlichkeit!

Am Anfang stehst du mit ein paar Unterlagen, einem Notizblock, einem Stift und vielleicht mit einem komischen Gefühl im Bauch vor einem großen Gebäude. „Hier soll ich also die nächsten Jahre meines Lebens verbringen?" – so oder ähnlich könnte deine innere Frage lauten.

Ganz abnehmen kann dir diese mitunter schwierige Anfangssituation freilich niemand. Aber wir von MEDI-LEARN möchten dir mit dem vorliegenden Studienführer helfen, den Start in das Medizinstudium etwas leichter zu bewältigen.

Deswegen beschäftigen wir uns am Anfang des Buches erst einmal in wichtigen Grundzügen – bevor es dann in späteren Kapiteln „ans Eingemachte" geht – mit dem Studium der Medizin und dem späteren Arztberuf. Wie sieht der studentische beziehungsweise ärztliche Alltag eigentlich aus? Erfahrungsberichte von Studenten und praktizierenden Ärzten geben dir vielfältige, authentische Einblicke.

Danach geht es um die Bewerbung für das Medizinstudium bei der ZVS, die zentral alle Studienplätze verteilt. In diesem Teil erfährst du, wie das Verfahren funktioniert und wie du bei der Wahl deiner favorisierten Studienorte vorgehen solltest.

Nach unseren Tipps für den Umzug und zur Sicherung deiner Finanzen geht es an die Uni! Die ersten Tage und Wochen sind anstrengend, aber spannend für jeden Studienanfänger. Was dich erwartet und was du beachten solltest, erfährst du in diesem Buch.

Sicher interessiert dich auch, was du in den einzelnen Fächern lernen wirst. Von der Physiologie hast du vielleicht schon einmal gehört, doch was passiert dort eigentlich? Wir verraten es dir für dieses Fach und weitere wichtige Fächer im Studium.

Im letzten Teil des Buches stehen die einzelnen Standorte im Vordergrund, an denen Medizin studiert werden kann. Eine eigens durchgeführte Umfrage unter Medizinstudenten in diesen Städten liefert dir bei der Auswahl deines Studienortes zusätzliche Entscheidungshilfe aus „berufenem Munde“: Denn Rankings und Reputation sind schön und gut – doch nichts ist wertvoller als die Meinung derjenigen, die sich selbst in der Ausbildung zum Mediziner befinden, an der jeweiligen Uni studieren oder bis vor kurzem studiert haben. Diese „studentische“ Sichtweise wird unserer Meinung nach in vielen Ratgebern zum Medizinstudium oft vernachlässigt. Wir hoffen, diese Lücke mit dem vorliegenden Buch schließen zu können. Auch in den anderen Bereichen des Buches lassen wir immer wieder Medizinstudenten selbst zu Wort kommen. Natürlich sind auch unsere eigenen Erfahrungen und Erlebnisse in die Beschreibungen mit eingeflossen.

Du wirst im Verlauf des Buches feststellen, dass relativ viele Verweise zu Onlineseiten auftauchen. Der Grund: MEDI-LEARN ist eine der größten Online-Communitys für Medizinstudenten im deutschsprachigen Internet. Neben Informationen und Berichten rund um das Medizinstudium findest du bei uns zahlreiche Foren, in denen Studenten, aber auch Schüler und Absolventen miteinander in Dialog treten.

Darüber hinaus haben wir einen eigenen kleinen Onlinebereich für diesen Studienführer geschaffen, in dem du aktuelle Neuerungen und Ergänzungen findest. An den entsprechenden Stellen im Buch weisen wir dich auf den Onlinebereich hin.

Vielleicht hast du es schon im Vorwort bemerkt: Medizinstudenten, aber auch „fertige Mediziner" haben ihre eigene Sprache. Aus diesem Grund haben wir das Buch mit einem eigenen Glossar ausgestattet, in dem du alle Begriffe nachschlagen kannst, die du nicht auf Anhieb verstehst. Wir haben bewusst auf die Erläuterung im Text verzichtet, um den Lesefluss nicht zu behindern. Darüber hinaus kannst du die Lektüre dieses Glossars auch als allererste Lehreinheit in deinem Medizinstudium betrachten, quasi als „Einführung in den medizin-studentischen Sprachgebrauch".

Noch ein Hinweis: Das Medizinstudium hat sich in den letzten Jahren markant geändert. Neue Prüfungsordnungen sind in Kraft getreten, reformierte Studiengänge sind entstanden und auch die Zulassung zum Studium selbst hat sich gewandelt. Manche dieser Dinge befanden sich auch bei Redaktionsschluss dieser ersten Auflage noch im Umbruch. Damit keine veralteten oder schlimmstenfalls fehlerhaften Informationen auftauchen, weisen wir an solchen Stellen gesondert auf die genannten Online-Aktualisierungen hin.

Doch nun genug der Vorworte, viel Spaß beim Lesen!

Christian Weier – Jens Plasger – Jan-Peter Wulf

Kiel, im Mai 2008

Informationen aus allererster Hand
Wer steckt hinter diesem Buch?

MEDI-LEARN wurde 1988 in Marburg/Lahn als Repetitorium zur professionellen Vorbereitung auf medizinische Examina gegründet. Seit 1994 bietet MEDI-LEARN einen sogenannten Examensservice an (kostenlose Veröffentlichung der Examensergebnisse bereits an den jeweiligen Prüfungstagen im Internet). 1996 wurde der Examensservice als erster Dienst ins Internet gestellt. Rund um diese Serviceleistung wurden immer neue Angebote für Studenten geschaffen (Studienplatztauschbörse, Prüfungsprotokolldatenbank und vieles mehr). Im Jahre 2001 fusionierte der Onlinebereich dann mit einem studentischen Portal aus Magdeburg und die Webseite www.medi-learn.de wurde um einen umfangreichen redaktionellen Bereich, ein Forum, eine wöchentlich erscheinende Onlinezeitung und viele andere Serviceleistungen erweitert. Mittlerweile ist MEDI-LEARN eine zentrale Anlaufstelle im Internet für Medizinstudenten und junge Ärzte geworden. Nicht weniger als 500.000 Besucher rufen pro Monat die Webseiten auf. Im Forum werden rund 10.000 Beiträge pro Monat von Medizinstudenten und jungen Ärzten geschrieben. Seit 2005 wird das Angebot durch einen Verlagsbereich abgerundet, in dem unter anderem eine 33-teilige Skriptenreihe zur Vorbereitung auf das Physikum erscheint. Weiteres Verlagsangebot ist die MEDI-LEARN Zeitung, die in einer Auflage von 15.000 Exemplaren fünf Mal im Jahr herausgegeben wird.

Im Jahre 2007 eröffnete der MEDI-LEARN Club für junge Mediziner. Mit zahlreichen Leistungen (u. a. ein Mal pro Jahr kostenlos eine MEDI-LEARN Zeitung nach Hause oder ein medizinisches Geschenk zur Begrüßung) begleitet er dich Semester für Semester von der Studienplatzbewerbung über das Studium bis hin zum Hammerexamen. Die Mitgliedschaft ist kostenlos und an keine Verpflichtungen gebunden.
MEDI-LEARN versteht sich unterm Strich als der Ansprechpartner für Medizinstudenten und junge Ärzte und somit ist dieses Buch „Abenteuer Medizinstudium“ ein weiterer Baustein in der mittlerweile umfangreichen Story von MEDI-LEARN.

Christian Weier, geboren 1976, studierte von 1996 bis 2003 in Magdeburg und Kiel Humanmedizin. Bereits neben dem Studium baute er eine deutschlandweite Webseite für Medizinstudenten auf. Seit 2001 leitet er die Online-Redaktion und den Verlagsbereich von MEDI-LEARN. Seine Arbeitsschwerpunkte liegen u. a. auf dem Forum, den Social Media Aktivitäten und dem Cartoonportal von MEDI-LEARN.

Jens Plasger, geboren 1971, studierte von 1991 bis 1998 in Hannover Humanmedizin. Neben seinem Studium entwickelte er einen Lernplaner für die medizinischen Staatsexamina. Seit 2001 arbeitet er in der Online-Redaktion von MEDI-LEARN, die er seit 2005 gemeinsam mit Christian Weier leitet.

Jan-Peter Wulf, Jahrgang 1977, studierte Medienwissenschaft, Wirtschaft und Pädagogik in Bochum und Glasgow. Er ist als freier Fachjournalist, Redakteur und Autor mit den Schwerpunkten Gastronomie, Pop- und Jugendkultur tätig. Außerdem berät er Unternehmen im Bereich Social Media und Kommunikation. Er lebt und arbeitet in Berlin.

Marlies Weier, Jahrgang 1979, studierte von 1998 bis 2005 Humanmedizin in Magdeburg und Kiel, Promotion 2008. Bevor sie 2010 in Elternzeit ging, arbeitete sie auf einer Herzchirurgischen Intensivstation. Seit 2000 ist sie in verschiedenen Funktionen Mitglied der MEDI-LEARN Redaktion.

Denise Drdacký, Jahrgang 1982, studiert an der Universität zu Lübeck Humanmedizin. Seit 2003 ist sie aktive Userin der MEDI-LEARN Foren, deren Betreuung sie mittlerweile mit übernommen hat. Außerdem ist sie seit einiger Zeit Mitglied der MEDI-LEARN Redaktion in Kiel, organisiert u. a. Offlinetreffen für Forenmitglieder und vertritt die „studentische Sichtweise“ im Team.

Rechtsanwalt Reinhard Karasek aus Marburg (Tel. 06421-1 68 96-0) vertritt bereits seit vielen Jahren Studenten und zukünftige Mediziner in Streitfällen rund um das Medizinstudium. Als ausgewiesener Experte auf diesem Gebiet beantwortet er auf den Webseiten von MEDI-LEARN juristische Fragen rund um das Medizinstudium und die medizinischen Examina. Herr Karasek hat für den Studienführer den Abschnitt über die Studienplatzklagen verfasst.

Wir möchten uns ganz herzlich bei Herrn Hans-Peter Kaluza und Herrn Bernhard Scheer von der Stiftung für Hochschulzulassung (SfH) in Dortmund bedanken, die uns mit Rat und Tat bei der fachlichen Überarbeitung des Kapitels zur SfH und Studienplatz-Vergabe immer wieder gerne zur Verfügung standen.

Ist Medizin überhaupt das Richtige für mich?

Einblicke in Studium und Arbeitsalltag

> *„Medizin ist die Wissenschaft vom gesunden und kranken Menschen, von den Ursachen, Wirkungen und der Vorbeugung und Heilung der Krankheiten."*

So lautet die prägnante Definition des Pschyrembel – das ist eines jener Bücher, welches dem Medizinstudenten der Zukunft immer wieder begegnen wird. Bei der Entscheidungsfindung, ob Medizin überhaupt das richtige Studienfach und Arzt später der richtige Beruf ist, helfen Wörterbücher und Lexika jedoch kaum weiter.
Ist Medizin das Richtige für mich? Das ist sicherlich eine der ersten Fragen, die du dir stellen wirst. Gleich eine Gegenfrage: Wie bist du auf Medizin gekommen? Weil du schon immer Arzt werden wolltest? Du kommst aus einer Medizinerfamilie und hast das Fach sozusagen in die Wiege gelegt bekommen? Vielleicht hast du aber auch schon mal in den Krankenhausbetrieb reingeschnuppert, ein Praktikum oder den Zivildienst dort gemacht? Oder der Hochschulinformationstag hat deine Neugier an der Medizin geweckt? Wenn du eine oder mehrere dieser Fragen mit Ja beantwortest, dann bist du sicherlich auf dem richtigen Weg.
Ein Medizinstudium wird oft mit einem guten Abitur in Zusammenhang gebracht. Natürlich kann man Medizin mit einer guten Abiturnote studieren und es ist auch richtig, dass man in der Regel eine gute Abiturnote braucht, um einen Platz zu bekommen. Nur sollte diese nicht der ausschlaggebende Faktor für die Wahl des Studienfaches Humanmedizin sein. Die Entscheidung, ob Medizin das Richtige für dich ist, solltest du weitgehend unabhängig von der Note treffen.
Du solltest dich fragen: Bin ich wirklich daran interessiert, eine umfangreiche wissenschaftliche Ausbildung zu durchlaufen und diese danach im Umgang mit Patienten anzuwenden?
Natürlich kannst du dir deiner Sache zu diesem Zeitpunkt nicht völlig sicher sein. Wenn du nach einiger Zeit merkst, dass es doch nicht das Richtige ist, kannst du immer noch wechseln – und dann solltest du es auch tun. Denn nur, wer mit Freude dabei ist, kann langfristig auch gute Arbeit leisten.

Du solltest dir darüber im Klaren sein, dass das Medizinstudium nicht immer ein Zuckerschlecken ist. Gerade zu Anfang ist Pauken oft die Devise und bei manchen Prüfungen an der Uni wirst du dich fragen, wozu du das ganze Zeug eigentlich brauchst. Neben Durchhaltevermögen kann gerade in der ersten Hälfte des Studiums auch ein wenig Idealismus nicht schaden. Wenn nämlich erst einmal der Patientenkontakt im Vordergrund steht, setzen sich kleine Puzzle-Teilchen zusammen und du wirst feststellen, dass sich die Arbeit gelohnt hat! Damit dir die Entscheidung leichter fällt, ist ein genauerer Blick auf das Verhältnis zwischen Studium und späterem Beruf nötig.

Das Studium

Vergleicht man das Studium mit dem späteren Berufsbild, wird schnell ein Auseinanderklaffen deutlich: Das Medizinstudium selbst ist sehr theoretisch gehalten, die deutsche Ausbildung im internationalen Vergleich sogar ganz besonders. Das bedeutet zum einen, dass die Absolventen deutscher Unis ein relativ gutes Fachwissen besitzen, zum anderen aber, dass sie in Sachen praktischer Fertigkeiten oftmals Defizite aufweisen.

GELAUSCHT

Das Studium

Im Forum von MEDI-LEARN wird das Thema ausführlich diskutiert:

- „Wie stehen meine Chancen?" Thread www.medi-learn.de/STF751
- Für alle, die noch die Schulbank drücken www.medi-learn.de/STF752

In den letzten Jahren wurden sehr viele Bestrebungen angestellt, konkrete Berufsanforderungen stärker in den Ausbildungsgang einfließen zu lassen. Durchaus mit Erfolg. Zum Beispiel wurden in vielen Fächern Blockpraktika eingeführt, um Theorie und Praxis stärker zu verknüpfen. Ebenso werden mittlerweile häufiger als zuvor klinische, also praxisnahe Bezüge integriert. Das soll helfen, den Gesamtzusammenhang besser einsehen zu können, und auch ein Verständnis dafür zu schaffen, warum bestimmte Grundlagen einfach erlernt werden müssen.

Klar: Je weiter du in deinem Studienverlauf fortgeschritten bist, desto mehr Kontakt zu den Patienten bekommst du und desto öfter wirst du die erlernten Fähigkeiten auch anwenden dürfen.

Im sechsten und in der Regel letzten Jahr des Studiums befinden sich die angehenden Mediziner im sogenannten „Praktischen Jahr" (PJ). Dann wird in Vollzeit auf verschiedenen Stationen gearbeitet, sodass die praktischen Fähigkeiten für den unmittelbar bevorstehenden Berufseintritt erlernt und gefestigt werden.

Berufsbild Arzt

Nun ein kleiner Einblick in das eigentliche Berufsbild Arzt: Nach sechs Jahren Studium beginnt die Arbeit im Krankenhaus. Jeder Mediziner, der eine Tätigkeit im weißen Kittel, sprich am Patienten, anstrebt, ist zunächst im Krankenhaus tätig. Ein besonderes Arbeitsfeld, über das man sich vor der Entscheidung zum Medizinstudium klar werden sollte. In der Regel verbringt man mindestens fünf Jahre in der Klinik, denn so lange dauert die Ausbildung zum Facharzt, die Voraussetzung für eine Tätigkeit in einer niedergelassenen Praxis (z. B. Hausarzt) ist. Viele Ärzte arbeiten hier jedoch wesentlich länger, nicht wenige bleiben hier bis zum Ende ihrer Berufszeit. Dem Arzt obliegt die Sorge für die Gesundheit seiner Patienten. Er führt Untersuchungen durch, erhebt Befunde, ordnet gegebenenfalls weitere Untersuchungen an und stellt die Diagnose. Aus dieser heraus ermittelt er die Therapie, die er selbst durchführt oder bei deren Durchführung er sich von seinen Assistenten (Gesundheits- und Krankenschwester/-pfleger, Arzthelfer etc.) unterstützen lässt.

GESTÖBERT

Faszination Medizin

Der Artikel „Faszination Medizin" könnte an dieser Stelle für dich von Interesse sein:

- www.medi-learn.de/STF753

Als Arzt arbeitet man sehr viel und sehr eng mit den Patienten zusammen. Man begleitet sie durch die Krankheit, freut sich mit ihnen, wenn eine Therapie Erfolg zeigt, muss aber auch lernen, schlechte Nachrichten überbringen zu können. Die erste Zeit als Arzt verbringt man zumeist in der Klinik. Später kann man als niedergelassener oder angestellter Arzt in eine Praxis wechseln. Viele arbeiten parallel zur klinischen Tätigkeit z. B. im Rettungsdienst. Zu den alternativen Arbeitsbereichen nach dem Studium zählen u. a. die Forschung, die Pharmaindustrie, das Verlagswesen oder der Bereich Medizininformatik.

Die Arbeitszeit

In den Krankenhäusern wird häufig im Schichtbetrieb gearbeitet. Laut Arbeitsvertrag haben die meisten Ärzte eine Arbeitszeit von morgens um 7.00 Uhr bis ca. 16.30 Uhr (die Zeiten variieren von Haus zu Haus). In der Realität jedoch bleibt der Arzt meistens länger im Krankenhaus, da die Arbeit in dieser Zeit nicht zu schaffen ist und entsprechende, oftmals unbezahlte Überstunden von den Vorgesetzten erwartet werden.
Neben den eigentlichen Schichten sind Ärzte auch für Not- und Bereitschaftsdienste eingeteilt, beispielsweise nachts oder am Wochenende. Trotz vorhandener gesetzlicher Regelungen ist es z. Zt. leider immer noch an vielen Kliniken so, dass die Schichtdienste neben der eigentlichen Arbeitszeit durchgeführt werden. Deshalb kann es durchaus einmal vorkommen, dass ein Arzt 24 Stunden (in manchen Fällen sogar 36 Stunden) am Stück in der Klinik ist! Bedenkt man, dass die Wochenarbeitszeit laut neu geregeltem Arbeitszeitgesetz von 2004 maximal 48 Stunden betragen darf, wird die Schieflage zwischen Gesetz und Praxis nur allzu deutlich.
Es lässt sich jedoch prognostizieren, dass die Anzahl der Krankenhäuser, an denen man derartig extreme Arbeitszeiten findet, immer geringer wird und dass zu erwarten ist, dass sich die Arbeitszeiten normalisieren werden. Wann dies jedoch so weit sein wird, steht in den Sternen.

GESTÖBERT

Arbeitsort Krankenhaus

Die drei folgenden Links vertiefen das Thema „Arbeitsort Krankenhaus" weiter und sind absolut lesenswert:

- Kampf der Kittel
  www.medi-learn.de/STF753
- Arbeitsbedingungen im Krankenhaus
  www.medi-learn.de/STF754
- Treffpunkt für gestresste PJ'ler und Unterassistenten
  www.medi-learn.de/STF755

Arbeitsort Krankenhaus: Eine Ellenbogengesellschaft?

In der Klinik herrscht eine strenge Hierarchie. Unten stehen die jungen Ärzte, die gerade ihr Medizinstudium abgeschlossen und ihre Approbation erlangt haben. Darüber folgen die Assistenzärzte, die bereits länger in der Klinik tätig sind und weitgehend selbständig arbeiten. Diejenigen Assistenzärzte, die schon den Grad des Facharztes erreicht haben, stehen noch ein Stück darüber. Oberärzte und Chefärzte bilden die Spitze der Pyramide. Gerade in großen Krankenhäusern sind die hierarchischen Strukturen stark ausgeprägt, was je nach

Charakter zu Problemen führen kann und „Ellenbogen spüren“ lässt. In kleineren Häusern „kennt man sich“, die Hierarchien sind flacher. Im Grunde ist es also so wie in jedem Unternehmen. Manch einer bevorzugt übersichtliche, „mittelständische“ Strukturen, andere kommen besser in einem großen Betrieb zurecht. Hier entscheidet die persönliche Vorliebe!

Berufsaussichten

Die Jobaussichten für junge Ärzte sind im Vergleich zu anderen Branchen momentan vergleichsweise gut: Die derzeitige Arbeitslosenquote unter Ärzten von ein bis zwei Prozent macht Mut, zumal davon noch die Wechsler, die sich zwischen zwei Stellen befinden, abzuziehen sind. Zurzeit sieht es so aus, dass jeder Mediziner, der einen Arbeitsplatz sucht, auch fündig wird. Anhand der zahlreichen Angebote in verschiedenen Stellenbörsen (z. B. www.medi-learn.de/STF757) lässt sich sehr gut erkennen, dass ausreichend freie Stellen vorhanden sind.

> **SURFTIPP** @
>
> **Jobaussichten**
>
> Auch zum Thema Jobaussichten findest du online weitere Informationen:
>
> - Zahlen und Fakten zur Situation der Ärzteschaft: www.medi-learn.de/STF756

In einigen Bereichen, derzeit zum Beispiel in der Herzchirurgie, wird der Nachwuchs sogar bedenklich knapp. Auch in vielen Regionen Ostdeutschlands wird händeringend nach Fachkräften gesucht und manchmal auch mit übertariflicher Bezahlung gelockt. Die politische Entwicklung im Bereich Gesundheit und die Umsetzung des neuen Arbeitszeitgesetzes lassen die Prognose zu, dass sich der Arbeitsmarkt auch in den kommenden Jahren weiter positiv für werdende Ärzte entwickeln wird. Doch um die Chancen auf dem Arbeitsmarkt solltest du dir erst einmal keine allzu großen Gedanken machen. Denn so verheißungsvoll die Arbeitsmarktprognosen derzeit sein mögen, so wenig verlockend waren sie noch vor einigen Jahren. Die Zyklen, denen die Berufsperspektiven unterliegen, sollten auch in „guten Zeiten“ eine gesunde Portion skeptischer Vorsicht im Umgang mit Prognosen nicht vergessen lassen.

Was aber noch viel wichtiger ist: Sie sollten nicht entscheidend für das Aufnehmen eines Medizinstudiums, geschweige denn der alleinige Anreiz dafür sein. Denn wer nur wegen der Jobaussichten Medizin wählt, ist über kurz oder lang genauso wenig erfolgreich wie derjenige, der es nur wegen des guten Abiturs tut!

Fragen Sie Ihren Arzt!

Wenn man sich, wie du es tust, ernsthaft mit der Frage beschäftigt, ob Medizin das richtige Studienfach bzw. später der richtige Beruf ist, sollte man sich am besten mit jemandem unterhalten, der das Studium bereits hinter sich hat und als Arzt tätig ist. Falls du keinen Mediziner in der Verwandtschaft oder im Bekanntenkreis hast, könntest du z. B. mal deinen Hausarzt fragen. Die meisten geben ihre Erfahrungen – und Erinnerungen – gerne weiter.

Warum ich Mediziner wurde

Interview mit praktizierenden Ärzten

„Warum bist du Arzt geworden?“ Diese Frage haben wir zwei praktizierenden Medizinern gestellt: Lilian und Andrej. Die Antworten der beiden „fertigen Ärzte“ geben unterschiedliche und abwechslungsreiche Einblicke in mögliche Beweggründe, ein Studium der Humanmedizin zu beginnen.

Beschreibe bitte kurz deinen Werdegang. Welche Höhepunkte und welche Tiefpunkte gab es in deinem Medizinstudium?

Lilian:

Meine Schulzeit verlief ohne große Probleme und Vorkommnisse. Der Beginn meines Studiums sah da schon anders aus: Nach dem Abi erhielt ich im Nachrückverfahren einen Studienplatz für Medizin an der Uni Magdeburg. Hier sah ich mich nicht nur mit einer mir völlig fremden Stadt und neuen Leuten konfrontiert, sondern auch mit einem bereits laufenden Semester! Die ersten Testate standen an und ich wusste gar nicht, wann und vor allem wie ich anfangen sollte, den Stoff zu lernen.

Die Kurzfassung der Geschichte ist, dass ich mich im zweiten Jahr entschied, die Uni zu wechseln und drei Jahre bis zum Physikum gebraucht habe. Diese Entscheidung habe ich nie bereut, da ich an meiner neuen Uni in Lübeck

gemerkt habe, dass das Studium auch Spaß machen kann und nicht größtenteils aus Tiefpunkten besteht.
Die klinische Zeit verlief auch für mich reibungsloser. Während der Blockpraktika konnte ich immer etwas Klinikluft schnuppern und an der lange vermissten Praxis teilhaben. Zum Praktischen Jahr (PJ: letztes Jahr im Medizinstudium) habe ich die Uni nochmals gewechselt, weil ich diesen Abschnitt meines Studiums nicht an der Klinik der Uni machen wollte, wo sich viele Studenten auf einer Station drängeln. Ich erhielt über die Uni Göttingen einen Platz an einem Bremer Lehrkrankenhaus. Das PJ war für mich definitiv einer der Höhepunkte des Studiums, da mir hier bewusst wurde, dass ich das für mich Richtige studiert habe!

Andrej:
Mein Abi habe ich mit 19 gemacht, dann kam die Bundeswehr – ursprünglich nicht für zwölf Monate, sondern für zwölf Jahre geplant. Ich durchlief die normale Offizierskarriere inklusive Maschinenbaustudium (unter anderem in Unna, Aachen, Hannover, Hammelburg, Altenstadt, München und Augustdorf). Dann gab es plötzlich die Möglichkeit, die Verpflichtungszeit von zwölf auf neun Jahre, trotz Studiums, zu verkürzen, da die Bundeswehr damals von 490.000 auf 370.000 Mann verkleinert wurde.
Diese Chance ließ ich mir natürlich nicht entgehen und entschied mich gegen das Arbeiten und für ein Studium, da ich die Freiheiten eines Studiums sehr wohl zu schätzen wusste und zudem finanziell durch eine ordentliche Abfindung und Übergangsgebührnisse sowie zusätzlich durch eine kleine Nebentätigkeit in einem eigenen Ingenieurbüro relativ unabhängig war.
Ich habe dann also an der Medizinischen Hochschule in Hannover mein Studium begonnen und nach fünf Jahren und dem 2. Staatsexamen für das Praktische Jahr an die WWU nach Münster gewechselt. So richtige Tiefpunkte gab es eigentlich nicht. Ich habe das Studium genossen und es als fortwährenden Höhepunkt angesehen!

Mit welcher Motivation hast du dich entschieden, Medizin zu studieren?

Lilian:
Mein Vater war Arzt und ich fand es schon als Kind spannend, mit ihm ins Krankenhaus zu fahren, ab und zu mal einen Blick in den Rettungswagen werfen zu können und ihn auszufragen, was er eigentlich den ganzen Tag so macht. Erst in der Oberstufe habe ich mich vermehrt mit der Frage beschäftigt, ob

ich Ärztin werden sollte. Ich fand die Vielzahl an Möglichkeiten spannend, die dieser Beruf bietet. Der Gedanke, anderen Menschen helfen zu können, hat mich einfach fasziniert, auch wenn sich das etwas platt anhört. Wirklich ernsthaft darüber nachgedacht, etwas anderes zu studieren, habe ich eigentlich nicht. Irgendwie wusste ich, dass das der richtige Beruf für mich ist!

Andrej:
Ich habe Medizin gewählt, weil ich es mit meiner vorherigen Ausbildung bestens verbinden kann. Mein Ziel ist und bleibt eine Tätigkeit im Überschneidungsgebiet von Maschinenbau und Medizin: Die Entwicklung von Endoprothesen beispielsweise ist ein Traum für mich. Aber auch die derzeitige Arbeit in der Orthopädie ist schön.

Wie bewertest du deine Entscheidung rückblickend? Wer sollte Medizin studieren?

Lilian:
Ich denke, dass eine Portion Idealismus dazugehört, dieses Studium auf sich zu nehmen und es durchzustehen. Ich wusste, was ich wollte, auch wenn ich manchmal nicht wusste, wie ich das erreichen sollte. Wenn ich aus Prestige- oder Geldgründen den Arztberuf gewählt hätte, hätte ich wahrscheinlich schon früh aufgegeben.

Andrej:
Prestige allein bringt einen sicher nicht weit. Und ich finde, man muss kein Überflieger sein, um Arzt zu werden. Ich würde mich wahrlich nicht als „Brenner" bezeichnen, ich bin auch kein Arbeits- oder Lerntier. Das ökonomische Prinzip – also mit möglichst wenig Aufwand das Maximum zu erreichen – das habe ich quasi perfektioniert!

Wie sieht der Alltag als Arzt für dich heute aus? Was macht dir am meisten Spaß? Was am wenigsten?

Lilian:
Ich arbeite zur Zeit als Assistenzärztin in einer großen unfallchirurgischen Klinik. Im Moment arbeite ich in der Ambulanz: Das kann sehr stressig, aber umgekehrt auch sehr lehrreich sein. Beim Befunden von Röntgenbildern, Festsetzen der Therapie und Fragen nach OP-Indikationen gibt es zwar fast

täglich Fälle, bei denen ich nicht so recht weiter weiß, weil man durch Uni und PJ einfach nicht genug Routine und Praxiswissen bekommen hat, aber ich habe nette Kollegen, die mir immer mit Rat und Tat zur Seite stehen. Nach dem 3. Staatsexamen habe ich zunächst an meiner Doktorarbeit geschrieben. Ich wünschte, ich hätte sie schon fertig stellen können – an den dienstfreien Wochenenden auch noch an der Dissertation zu schreiben, ist ziemlich anstrengend.

Andrej:
Derzeit arbeite ich in einem schnuckeligen Ort in der Schweiz als Assistent in der Orthopädie. Hier arbeite ich zu 50 % klinisch und zu 50 % wissenschaftlich, natürlich im Bereich der Endoprothetik. Das hält mich auf dem richtigen Weg und macht viel Freude!

Welche Tipps würdest du Studenten, die jetzt vor der Entscheidung stehen, Medizin zu studieren, mit auf den Weg geben?

Lilian:
Der Arztberuf ist einer der schönsten, die es gibt. Auch wenn das Studium mitunter manchmal endlos und schwierig erscheint und es vorher immer Leute gibt, die einem abraten wollen: Wer den Entschluss für sich gefasst hat, sollte sich davon nicht abbringen lassen! Man muss sich sein Ziel zwischendurch immer wieder vor Augen führen und die Momente, in denen man weiß, warum man gerade diesen Beruf gewählt hat, gut im Gedächtnis behalten. Zum Beispiel dann, wenn sich Patienten für die Behandlung bedanken und man merkt, dass man etwas leisten kann.

Andrej:
Dem kann ich mich nur anschließen. Nichts ist so wertvoll, wie festzustellen, dass man etwas bewirken, jemandem helfen kann. Das macht den Beruf so einzigartig. Und was das Studium angeht: Hört einfach mal auf das, was die erfahrenen Studenten der höheren Semester sagen! Versucht bloß nicht, immer alles selber herauszufinden: Wenn die Älteren zum Beispiel sagen, die Veranstaltung kann man knicken, da muss man nicht hin, dann knickt es und genießt lieber die Zeit!

Fazit

Abschließend lässt sich folgendes sagen: Wer gerne Medizin studieren möchte, sich über das Studium und die spätere berufliche Tätigkeit informiert hat und wirklich bereit ist, die Herausforderung anzunehmen, der sollte das Studium unbedingt anstreben.

Bereits früh im Studium wirst du merken, wie interessant das Erlernen der verschiedensten Vorgänge im menschlichen Körper ist. Dabei faszinieren die meisten werdenden Ärzte besonders das Erkennen und die Behandlung von Krankheiten.

@ SURFTIPP

Fazit

Weitere Interviews mit praktizierenden Ärzten findest du unter:

- www.medi-learn.de/STF758

Weitere Informationen rund um den Arztberuf erhältst du auch auf den Seiten des Arbeitsamtes unter:

- www.medi-learn.de/STF759

Darfst du nach dem Studium die erlernten Tätigkeiten schließlich anwenden, so wirst du merken, dass sich die lange, oft mühsame Zeit der Ausbildung gelohnt hat! Du wirst immer mehr Verantwortung für die eigene Tätigkeit und für die eigenen Patienten übernehmen. Dabei wirst du feststellen, dass diese Verantwortung, verbunden mit der Möglichkeit, etwas gegen die Krankheiten und Leiden deiner Patienten bewirken zu können, sehr viel Freude bereitet und Erfüllung für das eigene Leben bringt. Soviel ist sicher: Wer diese Erfüllung findet, hat den richtigen Beruf gewählt.

ZUSAMMENFASSUNG

Ist Medizin das Richtige für mich?

Die Note ist nicht der entscheidende Faktor
Auch wenn eine gute Abinote wichtig ist, um einen Studienplatz in Medizin zu bekommen, sollte im Umkehrschluss auf keinen Fall eine gute Abinote der Grund für die Auswahl des Faches Medizin sein (siehe Seite 1).

Erst kommt die Theorie
Das Medizinstudium in Deutschland hat wesentlich weniger praktische Bezüge als in anderen Ländern. Je weiter du jedoch im Studium fortschreitest, desto näher kommst du der Praxis und damit den Patienten (siehe Seite 2).

Nach dem Studium in die Klinik
Nach dem Medizinstudium musst du dich in jedem Fall auf mehrere Jahre Tätigkeit in der Klinik einstellen, um deine Facharztausbildung zu machen. Die Zeit in der Klinik dauert in den meisten Fällen mindestens fünf bis sieben Jahre (siehe Seite 3).

Überstunden sind immer noch die Regel
Trotz europäischen Arbeitszeitgesetzes arbeiten Ärzte immer noch weit mehr als 40 Stunden in der Woche. Auch wenn sich die Arbeitszeiten im Gesamten immer mehr normalisieren, solltest du dir bei der Entscheidung zum Medizinstudium darüber im Klaren sein (siehe Seite 4).

Die Hierarchie im Krankenhaus
In fast jedem Krankenhaus herrscht eine sehr steile Hierarchie, in der die jungen Assistenzärzte einen der unteren Ränge bekleiden. Auch über diesen Sachverhalt, der in den ersten Jahren deiner ärztlichen Tätigkeit auf dich zukommt, solltest du dir vor der Entscheidung zum Medizinstudium klar sein (siehe Seite 4).

Arzt – eigentlich ein sicherer Job
Vom heutigen Standpunkt aus gesehen, sind die Jobaussichten für Mediziner sehr gut. Die grundsätzliche politische Entwicklung spricht dafür, dass dies sich auch in den nächsten Jahren nicht ändern wird. Da der Arbeitsmarkt jedoch immer periodischen Zyklen unterliegt, kann dir niemand zu Beginn deines Studiums versprechen, dass du einen festen Job bekommen wirst (siehe Seite 5).

Fragen Sie Ihren Arzt
Das Medizinstudium und die Tätigkeit als Arzt sind ein faszinierender Weg, bei dem du zum einen naturwissenschaftlich einmalige Einblicke in den menschlichen Körper bekommst und zum anderen durch deine Arbeit Menschen helfen kannst. Um die Begeisterung noch einmal aus erster Hand zu hören, solltest du dich auf jeden Fall einmal mit einem praktisch tätigen Arzt unterhalten und du wirst merken, dass das Medizinstudium mehr als eine Ausbildungsentscheidung ist (siehe Seite 6).

Verschiedene Uni-Typen für verschiedene Studenten-Typen: Wo studiere ich am besten?

Ist die Entscheidung zum Medizinstudium prinzipiell gefallen, stellt sich sehr schnell die Frage, wo man am liebsten studieren würde. Allerspätestens beim Ausfüllen der Onlinebewerbung der Stiftung für Hochschulzulassung (SfH) gilt es, diese Frage zu beantworten. Neben taktischen Überlegungen, die später im Detail erläutert werden, spielen Aspekte wie Größe, Ansehen der Uni und natürlich die Stadt, in der die Uni steht, eine wichtige Rolle bei der Auswahl. Wir stellen dir nun unterschiedliche Kriterien vor, die bei der Wahl des Studienortes eine wichtige Rolle spielen können. Was davon im Einzelfall für dich zutrifft und wichtig ist, musst du persönlich entscheiden – wir können nur die grobe Richtung und ein wenig Orientierung vorgeben.

Viel Selbstständigkeit, aber auch viele Möglichkeiten: Die große Uni

Was zeichnet eine große Uni aus? Erfahrungsgemäß werden hier wesentlich mehr fakultative (freiwillige) Zusatzveranstaltungen angeboten, sodass nicht nur das Pflichtprogramm absolviert werden kann, sondern auch zahlreiche Möglichkeiten bestehen, „nach links und nach rechts" zu gucken und nach Interesse Veranstaltungen zu belegen. Das breite Themenspektrum bedeutet auch bei der späteren Suche nach einer Doktorarbeit eine größere Wahlfreiheit.

GELAUSCHT

Die große Uni

Im Forum kannst du beispielhaft eine Diskussion zum Studienort Hamburg anschauen:

- www.medi-learn.de/STF760

Die großen Unis verlangen oftmals mehr Selbstständigkeit von ihren Studenten. Konkret bedeutet das zum Beispiel, dass die Studenten sich ihre Stundenpläne selbst zusammenstellen und sich rechtzeitig um ihre Kurse kümmern müssen. Es gibt Unis, an denen man für einen Platz in einer bestimmten Veranstaltung manchmal sehr früh aufstehen muss! Nicht wenige Morgenmuffel nehmen sich deswegen gleich ein Sitzkissen für den etwas unbequemen Platz auf der Treppe mit.

An einer großen Universität herrscht größere Anonymität: Meist kennen sich Dozenten und Studenten nur flüchtig. Nicht selten sieht man den Dozenten in der Abschlussprüfung zum ersten Mal oder der Professor kann sich in einer Sprechstunde nicht auf Anhieb daran erinnern, dass du schon einmal bei ihm in der Vorlesung warst. Ob die größere Anonymität nun positiv oder negativ zu bewerten ist, hängt natürlich von deinen persönlichen Vorlieben ab. Befindet sich die große Uni in einer entsprechend großen Stadt, gibt es hier natürlich auch ein breiteres Kultur- und Freizeitangebot als an kleineren Standorten. Zu den großen Medizin-Standorten zählen unter anderem: Berlin (Seite 224), Göttingen (Seite 244), Hannover (Seite 252), Leipzig (Seite 266) und München (Seite 278/280).

Das verschulte Studium mit dem persönlichen Touch: Die kleine Uni

Und was zeichnet die kleine Uni aus? Hier kennt man sich, die Atmosphäre ist oft familiär. Es kann dir durchaus passieren, dass dich die Dozenten mit Namen ansprechen! Durch den engeren Kontakt, auch zu den anderen Studenten, lassen sich viele Probleme des Studienalltags recht einfach lösen. Wegen der übersichtlichen Studentenzahl sind die Dozenten hier eher bereit, ein Gespräch auf dem Gang zu führen (also ohne Terminvereinbarung), die Kommunikationswege sind insgesamt kürzer als an großen Fakultäten.

Das Studiensystem ist an den kleinen Standorten häufig verschulter: Zu Anfang des Semesters wird ein Stundenplan veröffentlicht, an den du dich mehr oder weniger zu halten hast. Auch Praktikumsplätze sind in der Regel fest „gebucht", sodass du dich um diese meist nicht selbst kümmern musst. An den kleineren Standorten hat man als Student meist bessere Chancen, eine gute und günstige Wohnung zu finden, da weniger Studenten um ein und dieselbe Unterkunft buhlen. Da das Freizeitangebot sich meist in überschaubaren Dimensionen abspielt, ist auch hier die Chance, außerhalb der Uni Mitstudenten zu treffen, recht groß. Zu den kleinen Unis zählen zum Beispiel: Dresden (Seite 230), Greifswald (Seite 246), Lübeck (Seite 268), Mannheim (Seite 274) und Regensburg (Seite 284).

Dreimal umsteigen oder drei Schritte bis zur nächsten Veranstaltung? Campus-Uni oder dezentrale Uni?

Übrigens: Große oder kleine Uni, das sagt noch nicht viel über die Strecken aus, die du zwischen einzelnen Veranstaltungsorten zurückzulegen hast.

„Alles an einem Fleck" oder „Weit über die Stadt verstreut" – getreu diesen Mottos unterscheidet man grob zwei Uni-Typen: die Campus-Uni und die dezentrale Uni.

Johann ist Medizinstudent an der Ruhr-Universität in Bochum. „Im ersten Abschnitt spielt sich fast alles auf dem Campus ab, die Laufwege sind denkbar kurz. Auch zur Mensa oder zur Uni-Verwaltung sind es nur wenige Schritte. Erst später werde ich mehr fahren müssen, weil Bochum keine zentrale Uni-Klinik hat, sondern mehrere Lehrkrankenhäuser."

Claudia hingegen studiert Medizin in Berlin. Hier sieht es ganz anders aus: „Es gibt hier vier Standorte: Die Charité in Mitte, das Virchow-Klinikum in Wedding, das Universitätsklinikum Benjamin Franklin in Steglitz und das Helios-Klinikum in Buch. Meine Veranstaltungen sind über die ganze Stadt verstreut. Wenn ich von der Charité zum Virchow-Klinikum fahren muss, brauche ich mindestens eine halbe Stunde dafür. Wenn ich ans Klinikum nach Steglitz fahre, dauert es noch länger, weil ich noch in den Bus umsteigen muss, der nur alle 20 Minuten fährt. Mein Stundenplan ist aber nicht auf die Fahrtzeiten abgestimmt, ein Zuspätkommen lässt sich oft überhaupt nicht verhindern. Und für die Mensa fehlt die Zeit sowieso."

SURFTIPP @

Die kleine Uni

Online findest du weitere Artikel rund um das Thema Ortswechsel:

- Greifswald immer beliebter
  www.medi-learn.de/STF761
- Mannheim punktet
  www.medi-learn.de/STF762

Claudia schätzt, dass sie an einem gewöhnlichen Uni-Tag rund zweieinhalb Stunden in Bus und Bahn unterwegs ist. „Dadurch wird der Tag natürlich sehr lang und die Zeit zum Lernen geht für das Pendeln drauf." Hinzu kommt, dass man Kommilitonen bei verstreuten Lehrstätten seltener über den Weg läuft als auf dem Campus. „Jemanden bei der vielen Fahrerei zu treffen, ist ein echtes Highlight", bemerkt Claudia. „Aber dafür ist Berlin natürlich eine sehr reizvolle Stadt. Und das Unterwegs-Sein gehört hier einfach dazu."

GELAUSCHT

Richtiger Studienort

Auch im Forum von MEDI-LEARN wird intensiv über den richtigen Studienort diskutiert. Zwei der zahlreichen Diskussionen findest du unter den folgenden Links:

- Lübeck oder Berlin? Wo erhalte ich die beste Lehre?
  www.medi-learn.de/STF763
- Göttingen oder Würzburg?
  www.medi-learn.de/STF764

Leidet die Lehre unter guter Forschung? Die „renommierten" Universitäten

Wenn man jemanden fragt, wo man denn Medizin studieren kann, wird man spätestens seit dem Film „Anatomie" als erstes Heidelberg (Seite 254) zu hören bekommen. Weitere namhafte Uni-Standorte wie Tübingen (Seite 288), Freiburg (Seite 240), Hannover (Seite 252), München (Seite 278) oder die Charité in Berlin (Seite 224) werden folgen.

Der gute Ruf der Unis basiert entweder darauf, dass diese Standorte schon sehr lange bestehen oder dass sie sehr gute Forschungsergebnisse publizieren. Für denjenigen, der sich später auf einem Gebiet wie zum Beispiel der Tumorforschung oder in der Molekularmedizin spezialisieren möchte, ist es sicherlich sinnvoll, eine solche Uni mit hoher Reputation anzuvisieren – zumindest zum zweiten Studienabschnitt.

Doch was nützen dir als Uni-Anfänger die guten Forschungsergebnisse einer Uni, wenn du vor allem erst mal gut durch das Studium kommen willst und deshalb ein motivierter, didaktisch kompetenter Dozent wichtiger für dich ist als einer, der sich lieber den Laborproben für seine Habilitation als seinen Studenten widmet?

Tatsächlich ist es so, dass der Ruf der renommierten Unis manchmal erheblich besser sein kann als ihre Qualität in der Ausbildung. Besonders dann, wenn eine Universität ihr Augenmerk zu stark auf die Forschung legt, bleibt für die eigentliche Ausbildung wenig Zeit und Geld übrig.

Ein weiterer Nachteil der renommierteren Unis besteht darin, dass sie in der Regel wegen ihres Rufes sehr überlaufen sind und man nur sehr schwer an einen der begehrten Studienplätze gelangt.

In den Stadtberichten, die du im hinteren Teil des Buches (ab Seite 222) findest, wirst du feststellen, dass viele der sogenannten Top-Unis von ihren Studenten gar keine Top-Noten bekommen. Im Gegenzug erhalten viele der Ausbildungsorte, die bei der SfH-Bewerbung eher weniger beliebt sind, dennoch gute Bewertungen ihrer Studenten. Kurz gesagt: Erst Stadtberichte studieren – dann Ortswunsch platzieren.

UNSER TIPP

@

Die „renommierten" Unis

Auch wenn die bekannten Unirankings von Stern und Zeit aus unserer Sicht nur sehr bedingt Auskunft über den richtigen Studienort geben, seien sie hier der Vollständigkeit halber genannt. Über die folgenden Links gelangst du direkt zu den entsprechenden Rankings:

- Stern-Uniranking: www.medi-learn.de/STF765
- Zeit-Uniranking (CHE): www.medi-learn.de/STF766

Darüber hinaus bietet MEDI-LEARN ein Uniranking, das auf Basis einer Befragung von über 3.000 Studenten entstanden ist.
In den Städteberichten im Anhang sind bereits die wichtigsten Punkte dieses Rankings enthalten. Das komplette MEDI-LEARN Uni-Ranking findest du unter folgendem Link:

- www.medi-learn.de/STF767

Organ-, patienten- und praxisnah: Reformstudiengänge

Vielleicht hast du schon davon gehört: Viele der in Deutschland angebotenen Medizinstudiengänge wurden in den letzten Jahren reformiert. An einigen Universitäten wird neben dem herkömmlich aufgebauten Studium auch ein sogenannter Reformstudiengang angeboten – entweder als Alternative oder als einzige Studienform. An manchen Universitäten, wie zum Beispiel in Aachen, werden z. B. alle neu beginnenden Studenten automatisch in den Reformstudiengang eingeschrieben. An anderen Unis, etwa in Bochum oder in Berlin, gibt es parallel zum „alten" Studiengang Medizin nun auch ein reformiertes Curriculum in einem separaten Studiengang. Das bedeutet, dass die hier zugelassenen Studenten sich auf die beiden Studiengänge aufteilen. Wenn mehr Studenten sich bei diesem internen Vergabeverfahren für das Reformmodell bewerben als Plätze vorhanden sind, entscheidet das Los. Ab dem WiSe

2013/14 ist in Bochum jedoch die Aufnahme aller Erstsemester in den Modellstudiengang geplant.
Was macht einen Reformstudiengang aus? Um die Neuerungen zu verstehen, die eingeführt wurden, musst du natürlich erst einmal wissen, wie der reguläre Medizinstudiengang aufgebaut ist, welche Abschnitte, Fächer und Prüfungen es gibt. Deshalb solltest du nun einmal „springen“: Weiter hinten im Buch findest du eine detaillierte Beschreibung des Studienverlaufs für das „Normalstudium“. Lies dich dort ein wenig in die Materie ein und kehre dann an diese Stelle zurück.

Gut, nun bist du über den grundsätzlichen Aufbau des Medizinstudiums informiert, schauen wir uns also die Reformstudiengänge im Detail an:
Bei den reformierten Studiengängen, so unterschiedlich sie auch in ihrer individuellen Gestaltung und Namensgebung sein mögen, gibt es folgende vier wesentliche Kennzeichen festzuhalten: Organzentriertes Lernen, Problemorientiertes Lernen (POL), Unterricht am Krankenbett (bedside-teaching) und die Zusammenführung von Vorklinik (erster Studienabschnitt) und Klinik (zweiter Studienabschnitt).

Organzentriertes Lernen

Organzentriertes Lernen bedeutet, dass sich Unterrichtsstoff und Lernmethoden stärker als zuvor an den Körperteilen des Menschen orientieren. Nehmen wir als Beispiel die Niere: Wie ist sie aufgebaut? Welche Funktionen hat sie? Welche Fehlfunktionen und Krankheiten können in der Niere auftreten? Und welche Behandlungsmethoden gibt es für Nierenkrankheiten? Diese und weitere Fragestellungen werden im Organzentrierten Lernen der Reformstudiengänge zusammenfassend behandelt, zum Beispiel im Rahmen eines mehrwöchigen Block-Kurses.

Im Regelstudiengang ist der Aufbau der Niere ein Thema der Anatomie. Stoffwechselfunktionen, die sie übernimmt, kommen in der Physiologie an die Reihe, Stoffwechselvorgänge in der Biochemie und ihre Krankheitsbilder werden erst in der Klinik behandelt, also im zweiten Studienabschnitt. Während die Niere dort also in verschiedenen Veranstaltungen und in unterschiedlichen Semestern thematisiert wird, gibt es im Reformstudiengang quasi „Niere kompakt“.

Problemorientiertes Lernen

Die zweite Neuerung: Problemorientiertes Lernen (POL). Meistens in Kleingruppen (bis zu acht Personen) bekommen die Studenten ein schriftliches Fallbeispiel mit einer Aufgabenstellung ausgehändigt. Das kann z. B. eine Krankengeschichte eines Patienten sein, die sich so im ärztlichen Arbeitsalltag stellen könnte.
Ziel ist es, in der Gruppe das vorliegende Problem zu definieren und mögliche Problemlösungswege zu formulieren. Die Teilnehmer sind nun gefragt, individuell Fachliteratur zu besorgen und Internetrecherche zum vorliegenden Fall zu betreiben und Lösungsvorschläge zu machen. Gemeinsam werden die Ergebnisse ausgewertet und an Lernzielen orientiert zu einem Gruppenergebnis zusammen getragen. Auch beim Problemorientierten Lernen (POL) geht es also darum, eine ganzheitliche Sichtweise für medizinische Fragestellungen herzustellen. So bekommen die Studenten schon ab dem ersten Semester Einblicke in Fälle, die im ärztlichen Alltag auftreten werden.

Unterricht am Krankenbett (bedside-teaching)

Das trifft, du kannst es dir sicher schon denken, auch für Punkt drei zu: bedside-teaching bedeutet, dass bereits in den ersten Semestern des Studiums Unterricht am Krankenbett durchgeführt wird, um frühzeitigen Kontakt zu den Patienten herzustellen. Im Rahmen dieses praktischen Unterrichts erlernen die Studenten ab Studienbeginn die typischen Untersuchungsformen im Krankenhaus: Anamnese, Befunderhebung und Diagnosestellung.

Zusammenführung von Vorklinik und Klinik

Damit wären wir beim vierten Unterschied zwischen Reformstudiengang und Regelstudiengang, der im Grunde alle vorherigen Punkte beinhaltet: die Zusammenführung und Verzahnung von Vorklinik (erster Studienabschnitt) und Klinik (zweiter Studienabschnitt).
Die alte Trennung „erst die Theorie und dann Praxis" soll überwunden werden mit dem Ziel, den Medizinstudenten von Anfang an eine patientenorientierte Einstellung mit auf den Weg zu geben. Ist ja ganz logisch: Wer schon früh mit praktischen Beispielen und Patienten in Berührung kommt, der versteht Medizin nicht nur als „graue Theorie", wie es im alten Studiengang – zumindest in den ersten Jahren – oft der Fall ist.

Jetzt könntest du natürlich denken, dass du an einer Uni mit Reformstudiengang automatisch wesentlich besser aufgehoben bist als im herkömmlichen Regelstudiensystem mit vermeintlich völlig überholten Lehrmethoden. Das ist aber nicht zwangsläufig der Fall.
Zum einen ist im Rahmen der Reformbestrebungen, die schon Ende der 80er Jahre begannen, auch das klassische Studium verändert worden. So gibt es seit 2003 eine neue Approbationsordnung, die auch hier bedside-teaching, POL und insgesamt mehr Praxisnähe vorschreibt. Also wirst du auch hier in die Vorzüge neuer Lehrmethoden kommen.
Zum anderen hat das neue Modell auch Nachteile für die Studenten. Die Lehrverfahren sind aufwendig und oft noch nicht ausgereift, sodass manche Veranstaltung experimentellen Charakter haben kann, wie die „Pioniere" dieser Studiengänge berichten.
Auch auf Erfahrungswerte wie im herkömmlichen Studiengang können die Studenten noch nicht immer zurückgreifen. Ältere Studenten, die dir sagen können, „wie der Hase läuft", gibt es bei den noch jungen Reformstudiengängen vergleichsweise wenige. So können wir an dieser Stelle nur festhalten, dass durch verstärkte Gruppenarbeit und weniger Prüfungen in Form von Testaten das Reformmodell eher diejenigen anspricht, die gerne im Team lernen und arbeiten (was nicht jedem liegt) und auch unter dem hier geringeren Prüfungsdruck fleißig sein können. Wer hingegen besser alleine lernen und arbeiten kann und die Prüfung „vor der Nase" braucht, um leistungsfähig zu sein, kommt möglicherweise besser mit dem bisherigen Modell zurecht. So oder so: Am Ende gehen alle durch das gleiche Examen – egal, ob zuvor ein reguläres oder ein reformiertes Studium beschritten worden ist!

Verschiedene Reform- und Modellstudiengänge kurz vorgestellt

Im Folgenden bieten wir dir für bekannte Reform- und Modellstudiengänge erweiterte Informationen über die spezielle Gestaltung vor Ort. Weitere Infos zu allen Uni-Städten mit Modellstudiengang findest du in den jeweiligen Stadtberichten im zweiten Teil dieses Buches. Darüber hinaus kannst du auch an der Privat-Universität Witten-Herdecke oder an der Kassel School of Medicine in einem reformierten Studiengang studieren. Weitere Studiengänge können im europäischen Ausland belegt werden (mehr dazu im Abschnitt Studienalternativen ab Seite 60).

Ruhr-Universität Bochum

Seit WiSe 2003/2004 bietet die RUB neben dem reformierten Regelstudiengang einen Modellstudiengang Medizin an. Merkmale sind z. B. die Aufhebung der Einteilung in einen vorklinischen und klinischen Abschnitt sowie die Integration grundlagenwissenschaftlicher, klinisch-theoretischer und klinischer Aspekte. Hohen Stellenwert genießt die Anwendung neuer problemorientierter und fächerübergreifender Lehr- und Lernformen sowie die Einführung neuer Prüfungsformen. Der Studiengang legt besondere Akzente auf die Bereiche Gesundheitsökonomie, ärztliche Interaktion und Medizinische Ethik. Die Bewerbung erfolgt zunächst über die SfH. Wird ein Studienplatz für Bochum zugeteilt, kannst du dich vor Ort dann für die Vergabe eines Studienplatzes im Modellstudiengang „bewerben" oder aber den konventionellen Weg einschlagen. Für den Modellstudiengang standen im Wintersemester 2012/2013 insgesamt 42 Studienplätze zur Verfügung, im Zweifelsfalle entscheidet das Los. Das Studium dauert sechs Jahre. Der Erste Abschnitt der Ärztlichen Prüfung („Physikum") findet in Form von fakultätsinternen Prüfungen (kein IMPP-Examen im Modellstudiengang Bochum) statt. Das Studium ist blockartig aufgebaut: Die Blöcke thematisieren in den ersten beiden Studienjahren wichtige Organe und Organsysteme, im dritten Studienjahr den Lebenszyklus des Menschen und im vierten und fünften Studienjahr besonders wichtige und häufige Krankheitsbilder. Im sechsten Studienjahr findet das Praktische Jahr statt.

Weitere Infos im Internet: www.medi-learn.de/STF768

Köln

An der Medizinischen Fakultät der Universität zu Köln wird das Studium der Humanmedizin als reiner „Modellstudiengang" durchgeführt. Kern des neuen Modells ist die Verknüpfung der Einzelfächer mit den jeweiligen Bezugssystemen. Konkret heißt das, es werden neben Fachblockveranstaltungen spezielle Kompetenzfelder (KF) angeboten. Hier werden häufige Themen der Medizin interdisziplinär aufbereitet. Vom Start des Studiums an bis zum letzten Semester trainieren die Studierenden im Kölner Interprofessionellen Kompetenzzentrum (KIK) patientenbezogene Fertigkeiten. Damit sie auch die Wissenschaft aus erster Hand kennenlernen, werden die Studierenden in zwei wissenschaftliche Projekte eingebunden. Das Studium basiert auf drei Säulen: naturwissenschaftliche Grundlagen, klinische Grundlagen und ärztliche Fähigkeiten. Der Kölner Modellstudiengang dauert die üblichen sechs Jahre: Das zweite Studienjahr wird mit einer Basisprüfung abgeschlossenen, die sich aus Einzelprüfungen am Ende des dritten und vierten Semesters zusammensetzt. Es findet also kein klassisches, durch das IMPP durchgeführtes Physikum statt. Beendet wird das Medizinstudium – wie alle anderen bundesdeutschen Medizinstudiengänge wieder ab 2013 – mit dem schriftlichen Teil des Zweiten Abschnitts der Ärztlichen Prüfung am Ende des fünften Jahres beziehungsweise der mündlich-praktischen Prüfung nach Beendigung des Praktischen Jahres.

Weitere Infos im Internet: www.medi-learn.de/STF769

Aachen

Auch in Aachen wird nur noch der Modellstudiengang angeboten. Gekennzeichnet ist die Ausbildung hier durch eine interdisziplinäre Gliederung des Medizinstudiums mit einer organzentrierten Einteilung der Unterrichtsfächer. Dabei werden klinische Inhalte mit Patientenkontakt in den Vordergrund gerückt. Es besteht zudem die Möglichkeit, eigene Qualifikationsschwerpunkte zu setzen und aus einem breiten Angebot an Wahlpflichtveranstaltungen auszuwählen.
Das Studium in Aachen ist in vier Abschnitte eingeteilt: der erste Studienabschnitt im 1. und 2. Semester, der zweite Studienabschnitt vom 3. bis 6. Semester, der dritte Studienabschnitt (7. bis 10. Semester) sowie das Praktische Jahr (11. und 12. Semester). Jeder Abschnitt wird durch eine hochschulinterne Prüfung abgeschlossen. Die größeren Prüfungen sind in besonderer Form gestaltet. Es gibt keine bundeseinheitliche Prüfung nach vier Semestern. Frühestens nach dem 6. und nach dem 10. Semester findet jeweils eine zusammenfassende Universitätsprüfung statt: nach mindestens drei Jahren Studium die „Ärztliche Basisprüfung“ und nach mindestens fünf Jahren Studium die „Klinische Kompetenzprüfung“. Diese Prüfungen werden in Form eines sogenannten objektiv strukturierten praktischen Examens (OSPE bzw. OSCE) abgehalten, in dem praktische Fähigkeiten und Fertigkeiten, die Sicherheit von Handlungen und das dazu gehörige Hintergrundwissen in einer Kombination von mündlichen, praktischen und schriftlichen Aufgaben geprüft werden („Prüfungsparcours“). Die kleineren Prüfungen werden z. B. auch in Form eines sogenannten „Progress Test“ absolviert, bei dem durch je 200 schriftliche Fragen der Wissensfortschritt zwei Mal jährlich kontinuierlich gemessen wird. Wie bei anderen Modellstudiengängen muss jedoch der Zweite Abschnitt der Ärztlichen Prüfung („Hammer-

examen") auch von den Aachener Studenten durch Teilnahme am bundeseinheitlichen Prüfungsverfahren abgelegt werden.

Weitere Infos im Internet: www.medi-learn.de/STF770

INFO

OSCE = Objective Structured Clinical Examination

Eine OSCE (= Objective Structural Clinical Examination) ist ein moderner Typ einer praktischen Prüfung, der in den medizinischen Studiengängen immer beliebter wird. Bereits 1975 erstmalig in Schottland eingeführt, wird die OSCE an immer mehr deutschen Universitäten durchgeführt.
Statt nur theoretischem Wissen, welches meistens in Form von Multiple-Choice-Klausuren abgefragt wird, geht es bei der OSCE darum, die praktischen Fähigkeiten mitzuprüfen. Insbesondere der Kontakt und Umgang mit Patienten für den späteren Klinikalltag spielt dabei eine wichtige Rolle. Egal ob Anamnese, das Legen eines intravenösen Zugangs oder Patientenmanagement – es gibt ein sehr großes Spektrum an Prüfungsthemen, die aufgrund ihrer Wichtigkeit auch praktisch geprüft werden.
Als Student hast du während einer OSCE in der Regel an mehreren „Stationen" verschiedene Aufgaben in einem vorgelegten Zeitraum zu erfüllen. Die Beurteilung deiner Leistungen erfolgt dann meist durch Ärzte, die eine Checkliste mit klar definierten Bewertungsvorgaben haben.

Hannover

In Hannover studieren die Mediziner im neuartigen Modellstudiengang „HannibaL", der den Patienten und seine Erkrankungen in das Zentrum rückt. Daher stehen der praktische Umgang mit Patienten und die klinische Ausbildung in Diagnostik und Therapie von Anfang an im Vordergrund des Curriculums. Die präsentierten Lehrinhalte sind eng mit den Prüfungen verknüpft, sodass zeitnah Abschlussklausuren und Testate geschrieben werden. Wert wird zudem darauf gelegt, dass die Studenten auch in wissenschaftlichen Fragen ausgebildet werden. Im Laufe der ersten beiden Studienjahre werden Studienleistungen modulweise erbracht, die in der Summe den vorklinischen Inhalten an anderen Unis mit Regelstudiengang ähneln. Studenten aus Hannover nehmen daher nicht am bundesweit einheitlichen Ersten Abschnitt der Ärztlichen Prüfung teil. Jeder Student kann aber theoretisch im Anschluss an die Vorklinik die Uni wechseln, da in Hannover eine Äquivalenzbescheinigung ausgestellt wird. Der Zweite Abschnitt der Ärztlichen

Prüfung („Hammerexamen“) wird hingegen wie bundesweit üblich durch das schriftliche Absolvieren einer IMPP-Prüfung und einem mündlichen Examensteil vor Ort abgehalten. Der Studiengang HannibaL ist in Form von Tertialen aufgebaut, d. h. das Studienjahr wird in drei Abschnitten (und nicht in zwei Semestern) durchlaufen: zwei Tertiale von je zehn Wochen Dauer bilden das Wintersemester, ein Tertial à zehn Wochen das Sommersemester. Vorlesungsfreie Zeit (Semesterferien) ist von Anfang Juli bis Mitte Oktober sowie von Ende März bis Ende April. Für jedes Tertial sind bestimmte Unterrichtsblöcke (sogenannte Module) vorgesehen. Jedes Modul wird mit einer Abschlussprüfung beendet. In den ersten zwei Studienjahren ist die Abfolge der Tertiale für alle gleichermaßen festgelegt, in den klinischen Semestern werden die Studenten auf drei mögliche Tertialfolgen verteilt.

Weitere Infos im Internet: www.medi-learn.de/STF771

Charité Berlin

Seit dem Wintersemester 2010 werden neu immatrikulierte Erstsemester an der Charité Berlin ausschließlich im Modellstudiengang ausgebildet. Während vorher parallel ein Regel- und ein Reformstudiengang existierten, vereint der neue Modellstudiengang laut Charité nun „das Beste aus beiden“ Studienformen. Besonders hieran ist, dass die Trennung von vorklinischer und klinischer Ausbildung verwischt, da klinische Inhalte bereits ab dem ersten Semester bis zum Praktischen Jahr vermittelt werden. Das Curriculum beinhaltet eine deutliche Schwerpunktsetzung in den Bereichen wissenschaftliches Arbeiten, Krankheitsmodelle und Vermittlung praktischer ärztlicher Fertigkeiten in Untersuchung und Gesprächsführung. Dabei setzt die Charité vor allem auf eigengesteuertes Lernen mittels einer gut ausgebauten E-Learning Plattform, aber auch auf Problemorientiertes Lernen (POL) und Teamarbeit an Simulationspatienten.
Von den Studierenden erwartet die Charité: „Einsatzbereitschaft, ein erhebliches Maß an Eigeninitiative, wissenschaftliche Neugier und Kritikfähigkeit“. Außerdem sind sehr gute Englischkenntnisse von Vorteil, da viele wissenschaftliche Texte und Publikationen im Rahmen der Grundausbildung bearbeitet werden. Die Bewerbung erfolgt hier über die Stiftung für Hochschulzulassung.

Weitere Infos im Internet: www.medi-learn.de/STF772

Mannheim

In Mannheim kann seit 2006 das komplette Medizinstudium im Rahmen des Modellstudiums „Mannheimer Reformiertes Curriculum Medizin" (MaReCuM) absolviert werden. Wie für reformierte Studiengänge üblich, ist dieses Modell gekennzeichnet durch einen starken Praxisbezug mit frühzeitigem Beginn der Vermittlung ärztlicher Kernkompetenzen (z. B. Kommunikation, Diagnostik, Analyse und Reflexion, Problemlösung). Daher sind moderne Lehrformen wie bedside-teaching, Patienten-Arzt-Kurse und Kommunikationstrainings mit Schauspielpatienten fester Bestandteil der Lehre. Die Leistungen in den einzelnen Bereichen werden kontinuierlich einer Überprüfung unterzogen (Leistungsfeedback), ein Mentorenprogramm mit erfahrenen Studenten bietet studienbegleitend hilfreiche Unterstützung. Das Studium ist fächerübergreifend an Organen und Krankheiten orientiert aufgebaut und ermöglicht durch frühe Angebote von Qualifizierungswegen zudem ein den persönlichen Neigungen entsprechendes Studium. Als Student besteht die Möglichkeit, aus drei Qualifizierungswegen auszuwählen: Klinische Praxis (= klassischer Arzt), Medizin mit zusätzlichem Masterstudium (z. B. Master of Health Economics oder Medical Physics) oder Schwerpunkt medizinische Forschung (z. B. Master of Translational Medical Research).

Weitere Infos im Internet: www.medi-learn.de/STF773

Heidelberg

Im Heidelberger Curriculum Medicinale – HEICUMED – werden Studenten der Medizin während ihrer klinischen Semester auf ihre zukünftige Arbeit als Ärzte vorbereitet. Die alte, eher theoretische Lehre weicht deutlich mehr praktischen Anteilen. Zudem sollen weniger Fakten zu Krankheitsbildern auswendig gelernt werden, sondern mehr vom Beschwerdebild der Patienten auf die Erkrankung geschlossen werden, was der zukünftigen ärztlichen Aufgabe bedeutend näher kommt. Hiermit sollen Motivation und Eigeninitiative der Studenten gesteigert werden.

Weitere Infos im Internet: www.medi-learn.de/STF774

Kassel School of Medicine / University of Southampton

Das Medizinstudium an der Kassel School of Medicine (KSM) findet in Kassel und Southampton (UK) statt und wird, anders als an anderen deutschen Universitäten, in fünf Jahren absolviert. Damit gewinnen die KSM-

Studenten im Vergleich zum traditionellen Medizinstudium in Deutschland ein Jahr, ein sechstes Jahr muss bis zur „Full Registration“ (Vollapprobation) als Foundation Year absolviert werden. Diese Zeit kann jedoch bei der Facharztweiterbildung angerechnet werden. Die Studierenden verbringen die ersten zwei Jahre des Studiums in der Universitätsstadt Southampton. Dort lernen sie die Grundzüge der Medizin und bekommen früh im ersten Ausbildungsjahr Kontakt zum Patienten. Zum dritten Studienjahr wechseln die KSM-Studierenden in die Kulturstadt Kassel. Dort verfeinern sie in Kleingruppenunterricht nach englischem Modell ihre Kenntnisse und erhalten eine hervorragende klinisch-orientierte Ausbildung. Das Studium schließt mit dem durch das englische General Medical Council (GMC) akkreditierten akademischen Grad eines Bachelor of Medicine, dem traditionellen englischen Medizinerabschluss, ab. Ein Forschungsprojekt im dritten Studienjahr berechtigt bei erfolgreichem Abschluss zum zusätzlichen Führen des akademischen Grades eines Bachelor of Medical Science. Wichtig: Wer das Besondere will, braucht viel Geld! Die Kassel School of Medicine verlangt pro Jahr 12.000 € Studienbeiträge von ihren Studierenden.

Weitere Infos im Internet: www.medi-learn.de/STF775

Universität Oldenburg / Rijksuniversiteit Groningen

Das Studium in Oldenburg und Groningen gliedert sich in zwei Abschnitte, deren Lehrinhalt wie an allen Universitäten im Wesentlichen durch die Approbationsordnung vorgegeben ist. Da der Studiengang in Oldenburg jedoch als Modellstudiengang angeboten wird, sind in gewissen Grenzen Abweichungen erlaubt, was den Ablauf der Ausbildung betrifft. In den ersten drei Jahren werden grundlagenwissenschaftliche genauso wie medizinisch-klinische Inhalte integriert vermittelt. Daneben werden die Studierenden in Kommunikationsfähigkeiten und Forschungstätigkeiten geschult. Einblicke in die ärztliche Praxis erhalten sie durch einwöchige Allgemeinarztpraktika, die einmal pro Semester absolviert werden. Im vierten Jahr nimmt der Praxisanteil im Studium deutlich zu. Es werden vier Blöcke zu jeweils fünf Wochen in Kliniken absolviert, diese Tätigkeit wird durch entsprechende Propädeutikzeiten vorbereitet. Im fünften und sechsten Jahr sind die Studierenden nochmals für vier vierwöchige Blöcke in den Kliniken und absolvieren anschließend ihr Praktisches Jahr. Vor dem Abschluss des Studiums wird noch eine 20-wöchige Forschungsarbeit absolviert.

Die Semesterzeiten im Medizinstudium in Oldenburg sind länger als an anderen Universitäten üblich: Das Studienjahr in Oldenburg dauert 40 Wochen, an anderen Universitäten werden in der Regel pro Jahr zwei Semester zu jeweils 15 Wochen absolviert.
Alle Studierenden der Universität Oldenburg verbringen mindestens ein Jahr ihres Studiums an der Universität Groningen, wofür erst mal keine Studiengebühren fällig werden, wenn sich der Aufenthalt auf ein Jahr beschränkt.

Weitere Infos im Internet: www.medi-learn.de/STF776

GELAUSCHT

Reformstudiengänge

Auch in den Foren von MEDI-LEARN wird intensiv über die Reformstudiengänge gesprochen. Die meisten Diskussionen findest du im Forum „vor dem Studium" und „Vorklinik". Hier einige ausgewählte Links mit Beiträgen zu Reformstudiengängen:

- Modellstudiengänge in Hannover: www.medi-learn.de/STF777
- Diskussion Modellstudiengang allgemein: www.medi-learn.de/STF778
- Modellstudiengänge in Aachen: www.medi-learn.de/STF779
- Modellstudiengänge in Köln: www.medi-learn.de/STF780
- Modellstudiengänge in Bochum: www.medi-learn.de/STF781
- Heicumed in Heidelberg: www.medi-learn.de/STF782

Einen Einblick in einen der Modellstudiengänge gibt das folgende Interview mit Ansgar D. , der als Mitglied der AG Öffentlichkeitsarbeit der Uni Bochum der MEDI-LEARN Zeitung ein Interview zum dortigen Reformstudiengang gegeben hat:

Ansgar, in Bochum wird parallel zum konventionellen Medizinstudium auch ein Reformstudiengang angeboten. Hältst du den Studiengang grundsätzlich für besser?

Da erlaube ich mir nach so kurzer Zeit seit der Einführung noch kein fundiertes Urteil. Zudem kennt man ja nur seine eigene Studienform gut ge nug, um sich ein detailliertes Bild zu verschaffen. Ein Entscheidungskriterium für den Modellstudiengang sollte aber meiner Meinung nach sein, ob man sich zutraut, genügend Lern-Motivation auch ohne wöchentlichen Testat- und Prüfungsstress aufzubringen. Natürlich hat man auch bei uns im Modellstudiengang durch das Problemorientierte Lernen (POL) in Siebener-Gruppen einen gewissen Druck. Abgesehen davon spielt die Fähigkeit und Bereitschaft, sich in Gruppenstrukturen einzufügen, eine wichtige Rolle bei der Wahl zwischen Regel- und Modellstudiengang. „Einzelkämpfer" können wahrscheinlich weniger mit dem neuen Konzept anfangen. Außerdem ist der Regelstudiengang etabliert: Man hat gewisse Erfahrungswerte, kann sich Altklausuren besorgen und die höheren Semester erzählen dir, wie alles abläuft. Im Modellstudiengang herrscht eher Pioniergeist. Mittlerweile ist erst die zweite Generation am Start. Vieles ist einfach neu und ungewohnt. Das hat allerdings auch den Vorteil, dass aktiv mitgestaltet und mitgedacht werden kann.

@ **SURFTIPP**

Reformstudiengänge

Online findest du weitere Einführungsberichte zu den Reformstudiengängen:

- MaReCum: www.medi-learn.de/STF783
- POL in Leipzig: www.medi-learn.de/STF784
- Reformstudiengang HannibaL in Hannover: www.medi-learn.de/STF785
- Theaterspielen in der Medizinerausbildung: www.medi-learn.de/STF786

Das Studienangebot im Reformstudium ist recht neu. Gab es Pannen und Unzulänglichkeiten oder lief alles glatt?

Hin und wieder gab es organisatorische Schwierigkeiten. Zum Beispiel dann, wenn die Zeit knapp wurde, von einem Veranstaltungsort zum nächsten zu gelangen, weil ein Seminar mal länger gedauert hat oder spontan Änderungen im Stundenplan vorgenommen werden mussten. Im Großen und Ganzen gab es aber keine schweren Pannen. Durch die viel persönlichere Struktur kann es bei uns zu individuellen Differenzen kommen, allerdings schulen solche möglichen sozialen Probleme den Dialogcharakter und die Anpassungsfähigkeit, finde ich. Auch nicht unwichtig für den Arzt-Beruf!

Gibt es gemeinsame Veranstaltungen, die Reformstudenten und Normalstudenten in Bochum gemeinsam besuchen?
Nein, bedauerlicherweise nicht. Durch die unterschiedliche Studienkonzeption wäre das schwierig zu realisieren. Trotzdem kennt man sich gegenseitig durch Vorkurse und die Ersti-Fahrt. Weiterhin bekomme ich auch im Fachschaftsrat einiges vom Regelstudiengang mit und natürlich auch umgekehrt. Aber gemeinsame Veranstaltungen gibt es bislang nicht.

Wie stehen die Professoren dem Thema „Reform der Lehre" gegenüber?
Die Meinungen sind recht gespalten. Einige Dozenten zeigen sich den neuen Ideen gegenüber sehr aufgeschlossen. Andere betrachten die naturwissenschaftlichen Grundlagen bei uns als zu stiefmütterlich behandelt und beobachten das Geschehen mit einer gewissen Skepsis, soweit ich das bisher beurteilen kann. Kritik zu üben und Verbesserungsvorschläge mitzuteilen, ist meiner Meinung nach aber auch wichtig für die Weiterentwicklung des Modellstudiengangs. Andernfalls kämen die Ideen und die reformierte Lehre zum Stillstand.

Was denkst du über den Ablauf der Unterrichtsveranstaltungen im Reformstudium?
Eigentlich sollen die Seminare, Praktika und praktischen Übungen interaktiven Charakter haben. Natürlich legt nicht jeder Dozent diesen Begriff gleich aus und einige Seminare haben schon eher Vorlesungscharakter. Trotzdem bin ich begeistert davon, wie eng der Kontakt zu den Dozenten ist und dass man immer die Möglichkeit hat, Fragen zu stellen. Oftmals haben die Veranstaltungen auch den tatsächlich angedachten Dialogcharakter. Das ist dann natürlich besonders erfreulich.

Welche Dinge gäbe es im Reformstudium Bochum zu verbessern?
Mitunter könnten die Lehrveranstaltungen besser aufeinander und auf die Patientengeschichte abgestimmt sein. Einige Seminare sind da manchmal zu speziell. Grundsätzlich aber ist das Engagement der meisten Dozenten schon sehr groß. Unser Physik-Professor zum Beispiel bietet zurzeit einen Crash-Kurs an. Dabei wiederholt er an Wochenenden die bisher behandelten physikalischen Lehrinhalte auf freiwilliger Basis. Das geht über das normale Maß hinaus!

Wie darf man sich die Lehrveranstaltungen der Vorklinik vorstellen?

Im Prinzip besteht der Unterricht aus POL, Seminaren, Praktika und praktischen Übungen. Dazu kommt das Selbststudium: Jeder Student soll sich auf eigene Art – egal ob in Gruppen oder alleine, ob anhand von Modellen oder Lehrbüchern – vorbereiten, zum Beispiel auf das Anatomie-Seminar. Dabei kommt natürlich auch das Problemorientierte Lernen zum Tragen: Hier setzen wir uns anhand von Patientengeschichten einmal pro Woche Lernziele, die es zu erreichen gilt. Dieses Lernsystem ist Grundlage des Modellstudiengangs hier in Bochum. Im Seminar selbst kommen die grundlegenden Inhalte natürlich auch noch zur Sprache, manches wird allerdings vorausgesetzt. Die Veranstaltung selbst läuft dann häufig im fachlichen Gesprächsstil ab. Das heißt, dass der Dozent uns anhand von Präsentationen die Inhalte näher bringt, gleichzeitig aber auch Fragen an uns richtet. Natürlich können Verständnisprobleme aus der Selbstlernzeit dann auch angesprochen und ausgeräumt werden. Der kleinere Rahmen ermöglicht einen viel weniger anonymen Unterricht und motiviert zur aktiven Teilnahme.

Welche Tipps möchtest du zukünftigen Studenten mit auf den Weg geben?

Mein Ratschlag lautet, ein Stück weit auch auf das Bauchgefühl zu vertrauen und kombiniert mit allen Infos, die man bekommen kann, eine Studienwahl zu treffen. Erstsemestern würde ich raten, den Studienalltag so gut wie möglich zu organisieren. Optimal ist es, ausreichend viel für die Uni zu tun, sodass sich kein allzu schlechtes Gewissen ausbreiten kann. Daneben ist es auch sehr wichtig, seinen Hobbys nachzugehen und die bleibende Freizeit zu genießen. Dann ist man auch privat zufrieden und fokussiert das ganze Leben nicht ausschließlich auf das Studium. Diese Gratwanderung ist schon eine echte Herausforderung, finde ich.

Der Schlüssel zur Entscheidung? Die Uni-Rankings

Wo soll ich studieren? Welche Uni hat einen guten Ruf? Die Antwort darauf versprechen Rankings. Alle Jahre wieder publizieren die großen Zeitschriften zu Semesterbeginn Uni-Bewertungen, aus denen man ablesen können soll, an welchem Standort welcher Studiengang „am besten" studiert werden kann. Grundlage dieser Rankings sind meist Umfragen unter Ausbildungsexperten, Dozenten und erst in letzter Linie unter den Studenten. Was die Studenten angeht, so erkennt man schnell, dass in der Regel eine sehr geringe Anzahl an Interview-Partnern rekrutiert wird, zumindest im Bereich Medizin (Internet-Links findest du im Tippkasten auf Seite 17). Nichts aber ist aussagekräftiger als die Meinung von Studenten, wenn es um die Qualität des Studiums an sich und um die Eignung als Uni-Standort geht. In einem eigenen Uni-Ranking, das sich ganz auf die Medizin konzentriert, hat MEDI-LEARN ausführlich einzelne Bereiche des Medizinstudiums unter mehreren tausend Medizinstudenten erfragt: Wie wird die vorklinische Ausbildung bewertet, welche Uni wird von Studenten besonders empfohlen? Wo ist zum Beispiel die Didaktik im Fach Anatomie am besten? Aber auch: Wie gut wird das Freizeit- und Kulturangebot in den einzelnen Städten eingeschätzt? Insgesamt 25 Fragen haben wir deutschlandweit und im Vergleich von Universität zu Universität ausgewertet.

Das Ranking von MEDI-LEARN findest du unter: www.medi-learn.de/STF787

Die Qual der Wahl: Wo soll ich studieren?

Ein Fazit

Wo du am besten studieren solltest, lässt sich natürlich nicht pauschal beantworten. Der eine favorisiert eine Uni nahe der Heimat, der andere möchte möglichst weit weg. Den einen interessiert ein bestimmter Forschungsschwerpunkt, der andere möchte dort studieren, wo er am Wochenende viel unternehmen kann.

Mit den neu entstandenen Reformstudiengängen wird die Qual der Wahl noch ein bisschen größer. Es gilt also, die einzelnen Vor- und Nachteile nach persönlichen Vorlieben abzuwägen. Danach kannst du deine Entscheidung durch unser Uni-Ranking und die Einzelberichte zu den Uni-Städten am Ende des Buches weiter untermauern.

Ganz frei kannst du ohnehin nicht entscheiden: Bei der SfH-Bewerbung kannst du zwar ge-

UNSER TIPP

Die Qual der Wahl

Informationen über die gewünschte Uni erhältst du natürlich am besten vor Ort, z. B. bei den Fachschaften. Dort kannst du dich mit Studenten der Uni unterhalten und einiges an Tipps einholen, was die Uni, den Studiengang und die Stadt betrifft. Ein Besuch ist also mehr als empfehlenswert! Die Links zu den Homepages der Fachschaften findest du auf den Seiten der Medizinischen Fakultäten aller Universitäten oder auf der Seite von MEDI-LEARN unter

- www.medi-learn.de/STF788

nau angeben, wo du gerne studieren möchtest, eine Garantie auf diesen Ort bekommst du aber nicht. Zudem gibt es mehr Bewerber als Studienplätze. Es ist daher sehr wichtig, möglichst viel über das Verfahren der SfH zu wissen, um die realistische Chance auf den Platz auszuloten und clevere Alternativen zu berücksichtigen.

GELAUSCHT

Wo studieren?

Auch die Studenten im Forum von MEDI-LEARN diskutieren die Frage „Wo am besten studieren?" immer wieder sehr intensiv. Hier einige Links zu entsprechenden Diskussionen. Kleiner Tipp: Die Beiträge im Forum sind manchmal sehr von einzelnen persönlichen Erfahrungen geprägt. Du solltest die Meinungen im Forum immer gemeinsam mit den Tipps im letzten Abschnitt und den Aussagen der Studenten in den Stadtberichten betrachten (ab Seite 222).

- Ruf der Medizinerausbildung München
  www.medi-learn.de/STF789
- Medizin in Würzburg – gute Uni?
  www.medi-learn.de/STF790
- Welche Uni bietet dir die beste Ausbildung?
  www.medi-learn.de/STF791

ZUSAMMENFASSUNG

Wo studiere ich am Besten?

Studieren an einer großen Uni
Ein Studium an einer großen, studentenreichen Uni bietet zahlreiche Vorteile, z. B. ein breites Themenspektrum und ein vielfältiges Kultur- und Freizeitangebot. Nachteile: Das Studium verläuft oft anonymer und verlangt z. T. mehr Eigeninitiative (siehe Seite 13).

Kleinere Uni-Standorte
Wem die zeitweilige Hektik in einer großen Uni-Metropole nicht liegt und wer eher auf persönliche Kontakte, günstige Mietpreise und überschaubare Studentenzahlen statt auf breites Themenspektrum und Kultur in rauen Mengen Wert legt, der sollte die kleineren Uni-Standorte bei der Studienortwahl näher unter die Lupe nehmen (siehe Seite 14).

Campus-Uni oder dezentrale Uni – das ist hier die Frage
An einer Campus-Uni (z. B. MH Hannover) finden sich alle Lehr-Gebäude praktischerweise zusammen liegend auf einem Uni-Gelände. Bei der dezentralen Uni (z. B. Charité Berlin) hingegen sind die einzelnen Institute über die ganze Stadt verteilt (siehe Seite 14).

Universitäten mit „hohem" Ansehen
Bundesdeutsche Unis mit hohem Ansehen (z. B. Heidelberg oder Tübingen) erzielen oft glänzende Forschungsergebnisse bzw. können schon auf eine sehr lange Geschichte zurück blicken. Über die Qualität in der Ausbildung ihrer Studenten sagen diese Kennzahlen nicht immer etwas aus, sodass du zur Unterstützung bei der Entscheidung zusätzlich auf Erfahrungen der Studenten vor Ort vertrauen solltest (siehe Seite 16).

Reformstudiengänge für das Medizinstudium
An vielen Uni-Standorten wird ein sogenannter Reformstudiengang Medizin angeboten, der ebenfalls mit der Prüfung zum Arzt abschließt, aber durch einen neuartig gestalteten Studienaufbau gekennzeichnet ist. Reformstudiengänge stellen das an Organ und Krankheit ausgerichtete, Problemorientierte Lernen (z. B. am Krankenbett) in den Vordergrund (siehe Seite 17).

Uni-Rankings
Viele bekannte Hochschul-Ranglisten in großen Zeitschriften (sogenannten „Rankings") stellen die Forschungsleistung der Uni bei der Bewertung in den Vordergrund und vernachlässigen eher die Meinung der dort studierenden jungen Menschen. Das MEDI-LEARN Uni-Ranking hingegen basiert auf den Erfahrungen von mehreren tausend Medizinstudenten, die aus ihren Erlebnissen heraus eine Wertung vornahmen (siehe Seite 30).

DAS IST DER NEUE KINDERCHIRURG !!

SfH, Auswahlverfahren oder Los: Wie bekomme ich einen Studienplatz?

Ganz wichtig: Im Bereich der Studienplatzvergabe haben sich die Zulassungskriterien seit dem Wintersemester 2005 stark geändert. Im Mai 2010 wurde die ehemalige Zentralstelle für die Vergabe von Studienplätzen (ZVS), eine Anstalt des öffentlichen Rechts, in die Rechtsform einer Stiftung öffentlichen Rechts mit dem Namen „Stiftung für Hochschulzulassung" überführt. Diese Stiftung mit Sitz in Dortmund ist die zentrale Anlaufstelle für Studienbewerber. Das Web-Portal der Stiftung findest du auf www.hochschulstart.de.

Immer mehr Unis führen z. B. im Rahmen des Auswahlverfahrens auch Auswahlgespräche vor Ort durch. Weil sich so viel ändert, informieren wir dich auf unserer Webseite www.medi-learn.de immer über den aktuellen Stand der Dinge, z. B. welche Kriterien im Auswahlverfahren an den Unis wichtig sind und wie die Auswahlgespräche aufgebaut sind. Darüber hinaus solltest du dich auf den Seiten von hochschulstart.de über die Auswahl- und Zuteilungswege informieren: So ist in Baden-Württemberg seit 2007 ein offizieller Mediziner-Test wieder eingeführt worden, durch den man seine Zulassungschancen – eine gute Note vorausgesetzt – erheblich verbessern kann.

UNSER TIPP

Bewerbung bei der SfH

Schon an dieser Stelle sei auf die FAQ-Liste (Liste häufig gestellter Fragen) zu hochschulstart.de im Forum verwiesen. Früher oder später wird dir dort ganz sicher eine deiner Fragen beantwortet werden:
Häufig gestellte Fragen zu hochschulstart.de

- www.medi-learn.de/STF792

Eines ist jedoch sicher: Um Medizin studieren zu können, benötigt man eine Hochschulzugangsberechtigung. Diese erlangt man in der Regel über das

Abitur/die Allgemeine Hochschulreife. Daneben gibt es auch andere Wege, so z. B. den fachbezogenen Hochschulzugang oder den Hochschulzugang für besonders Befähigte.
Für den Normalfall gilt: Je besser die Note, desto größer sind die Chancen, schnell einen Studienplatz zu bekommen, denn Humanmedizin ist ein zulassungsbeschränktes Fach. Für Studenten mit einer „durchwachsenen" Abi-Note ist es schwieriger geworden, über den Notenschnitt einen Studienplatz zu bekommen.

Zu allererst kommt die Bürokratie: Die Bewerbung bei der SfH

Auf den Internetseiten von der SfH findest du sämtliche Details zu den angebotenen Studiengängen und den jeweils zur Verfügung stehenden Unis. Bitte beachten: Nicht alle Universitäten bieten den Studienbeginn auch zum Sommersemester an. Darüber hinaus wird auf den Internet-Seiten das Prozedere des Verfahrens erläutert. Die Online-Bewerbung bei hochschulstart.de ist verpflichtend; d. h. es gibt keinen „Papierantrag" mehr. Der Antrag wird über „AntOn" im Internet ausgefüllt und der unterschriebene Ausdruck an hochschulstart.de geschickt. Erforderliche Unterlagen (z. B. Abiturzeugnis) müssen in amtlich beglaubigter Kopie beigelegt werden. Bitte beachten: Keine Originale mitschicken!

UNSER TIPP

Die Qual der Wahl

Auf der Webseite von hochschulstart.de findest du auch mehr als ein Dutzend Merkblätter (u. a. zum Thema Wehr- und Zivildienst, Härtefallantrag oder für ausländische Studienbewerber).

- Der Downloadbereich ist unter www.medi-learn.de/STF793 zu erreichen.

Maßgeblich ist der berühmt-berüchtigte NC, der „Numerus Clausus". Er gibt den Notendurchschnitt an, den man benötigt, um in einem bestimmten Studiengang angenommen zu werden. Er ist keine fixe, willkürlich gesetzte Zahl, sondern ergibt sich aufgrund der Konkurrenzsituation in jedem Bewerbungsverfahren neu aus der Anzahl der Bewerber, ihren Abi-Noten sowie aus der in diesem Fach zur Verfügung stehenden Anzahl an Studienplätzen. Du kannst dich allerdings grob an den Vorjahreswerten orientieren, die unter www.medi-learn.de/STF794 einzusehen sind. Dort einfach links in der Navigation auf „Service-Download" und dann „NC-Werte" klicken. Als zweite Bemessungsgrundlage fungieren die Wartesemester. Das sind die verstrichenen Semester (Halbjahre) seit Datum des Erlangens der Hochschulzugangsberechtigung, in denen nicht studiert wurde. Eine Bewerbung bei der SfH ist nicht notwendig, um Wartesemester angerechnet zu bekommen. Zur Wartezeit zählen auch Ausbildungen nach dem Abi, Wehr- oder Bundesfreiwilligendienst, das Freiwillige Soziale Jahr und ähnliche Dienste, aber auch mehrmonatige Weltreisen, Jobben oder reines Nichtstun – also alles, was in den Bereich des Nicht-Studierens fällt. Nicht zur Wartezeit hingegen zählt also die Zeit, in der man an einer Uni, einer Fachhochschule/Hochschule eingeschrieben ist. Dies gilt es zu berücksichtigen, wenn du nicht sofort einen Studienplatz in der Humanmedizin bekommen hast und ein sogenanntes „Parkstudium" (zum Beispiel Chemie oder Biologie für eventuelle Schein-Anrechnungen) planst. Es mag fachliche Einblicke in medizinische Teilbereiche bieten, bringt aber keine Vorteile für das SfH-Vergabeverfahren!

Abi, Warten oder direkt – das ist hier die Frage: Die Quotenverteilung 20 : 20 : 60

Das Vergabeverfahren wird seit dem Wintersemester 2005/06 angewendet. Danach gehen 20 % der Studienplätze an die Abiturbesten, die sich ihre Wunschhochschule aussuchen können. Die nächsten 20 % der Studienplätze werden nach Wartezeit vergeben. Der Löwenanteil der Studienplätze, 60 % nämlich, wird von den Hochschulen selbst vergeben – allerdings weiterhin koordiniert über die Stiftung für Hochschulzulassung in Dortmund. Bevor also die Universitäten ihr eigenes Auswahlverfahren starten können, werden 40 % der Studienplätze von der SfH zu gleichen Teilen nach Abiturnote und Wartezeit vergeben. Was danach mit den Bewerbungen geschieht, hängt von den einzelnen Bildungsinstituten ab. Durch die Änderung des Hochschulrahmengesetzes haben die Hochschulen die Möglichkeit, sich 60 % ihrer künftigen Studierenden selbst auszusuchen. Mögliche Verfahren sind Vorstellungsgespräche, Studierfähigkeitstests, Motivationsschreiben, die besondere Gewichtung von Einzelnoten, die Berücksichtigung von Berufsausbildungen oder -tätigkeiten in einschlägigen Berufen (Katalog der Unis) oder praktischen Erfahrungen. Auf den Internetseiten von hochschulstart.de bzw. auf den Webseiten der Universitäten solltest du genau recherchieren, welche der Auswahlkriterien an den gewünschten Hochschulen angewendet werden. Doch völlig frei

in der Gestaltung der Auswahlverfahren sind die Hochschulen nicht. Die Abiturdurchschnittsnote muss – so das Hochschulrahmengesetz – weiterhin ein maßgebliches Kriterium sein. Egal, wie die Länder die Vorgabe des Bundes auslegen, eines bleibt klar: Abiturienten mit einem sehr guten Durchschnitt sind weiterhin im Vorteil gegenüber Kandidaten, die wesentlich schlechtere Noten haben. Die Chancen verbessern sich insbesondere für die Bewerber und Bewerberinnen, deren Abiturnote sonst nicht für einen Studienplatz gereicht hätte.
Ein Beispiel: Liegt der Numerus clausus bei 1,8 und der Bewerber hat einen Schnitt von 1,9, so hätten ihm nach altem System bis zu zehn Semester Wartezeit gedroht. Nun hat der Bewerber die Chance, im Vorstellungsgespräch zu überzeugen und das fehlende Zehntel wett zu machen.

Drei Chancen auf einen Studienplatz

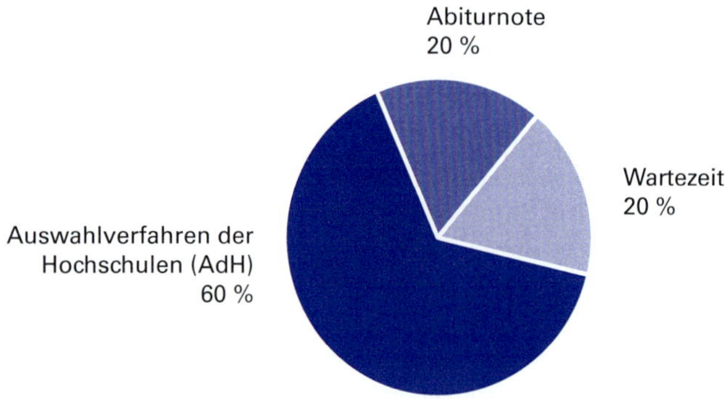

1. Chance: Abiturbestenquote

20 % der Studienplätze je Hochschule werden an die Abiturbesten vergeben. Du kannst bei deiner Studienplatzbewerbung für die Abiturbestenquote maximal sechs Universitäten als Wunsch angeben.

1. Schritt: Auswahl

Bei der Auswahl der Abiturbesten konkurrierst du zunächst mit denjenigen um die Plätze, die im selben Bundesland wie du ihr Zeugnis erworben haben (Landes-NC).

2. Schritt: Verteilung

Gehörst du zu den Abiturbesten deines Bundeslandes, wird im nächsten Schritt geprüft, ob du an deiner erstgenannten Hochschule zugelassen werden kannst. Gibt es dort mehr Interessenten als Plätze, entscheiden die Ortspräferenz und die Abiturnote darüber, wer an dieser Universität seinen Studienplatz bekommt (Hochschul-NC). Sind Ortspräferenz und die Abiturnote gleich, entscheiden die bessere Punktzahl im Zeugnis, dann soziale Gründe, dann das Los darüber, wer an der Hochschule zugelassen werden kann. Konnte der Erstwunsch nicht berücksichtigt werden, prüft hochschulstart.de die Zulassung an der Zweithochschule. An dieser Uni gehen aber diejenigen vor, die diese an erster Stelle genannt haben. Das bedeutet, dass sich deine Chancen auf eine Zulassung an einer nachrangig genannten Hochschule (du kannst maximal sechs Hochschulen nennen) je nach Nachfragesituation verschlechtern können. Wer trotz sehr guter Abiturleistungen in der Abibestenquote an keinem der genannten Studienorte zugelassen werden kann, nimmt mit weiteren Chancen in der Wartezeit- bzw. Hochschulquote an der Studienplatzvergabe teil.

SURFTIPP @

Merkblätter der SfH

Merkblätter der SfH (DER Informationsquelle für die Studienplatzvergabe) findest du auf den folgenden Seiten:

- Abibestenquote: www.medi-learn.de/STF795
- Wartezeitquote: www.medi-learn.de/STF796
- AdH: www.medi-learn.de/STF797

2. Chance: Wartezeitquote

20 % der Studienplätze je Hochschule werden nach Wartezeit vergeben. Du kannst für die Wartezeitquote beliebig viele Studienorte nennen.

1. Schritt: Auswahl

Wartezeit sind die seit dem Abitur verstrichenen Halbjahre. Studienzeiten an deutschen Hochschulen werden nicht als Wartesemester angerechnet.

2. Schritt: Verteilung

Die Verteilung erfolgt nach deinen Ortswünschen. Wenn nicht alle Wünsche erfüllt werden können, entscheiden folgende soziale Kriterien:

1. Schwerbehinderte Bewerber
2. Verheiratete oder Alleinerziehende, die an der jeweils nächstgelegenen Universität studieren wollen
3. Besondere in einem Sonderantrag nachgewiesene Bindungsgründe an den Studienort
4. Bewerber, die bei den Eltern wohnen und an der nächstgelegenen Hochschule studieren wollen
5. Alle übrigen

3. Chance: Hochschulquote

60 % der Studienplätze können die Hochschulen nach eigenen Kriterien vergeben. Du kannst maximal sechs Universitäten nennen. hochschulstart.de meldet dich an diese Hochschulen weiter. Falls du keine Hochschule nennst, kann dein Antrag auch nicht in der Hochschulquote beteiligt werden.

1. Schritt: Vorauswahl

Die Hochschulen haben die Möglichkeit, die Zahl der Teilnehmer am Hochschulauswahlverfahren zu begrenzen. Zur Vorauswahl werden von den Hochschulen die Ortspräferenz, die Abiturnote oder die Kombination beider Kriterien herangezogen.

2. Schritt: Auswahl

Zur endgültigen Auswahl dienen – ggf. miteinander kombiniert – die Kriterien:

- Abiturdurchschnittsnote
- gewichtete Einzelnoten
- fachspezifische Studierfähigkeitstests
- Auswahlgespräche
- Motivationsschreiben
- Berufsausbildung oder -tätigkeit
- gegebenenfalls zusätzliche Kriterien nach Landesrecht

Die Abiturdurchschnittsnote muss jedoch den maßgeblichen Einfluss behalten.

3. Schritt: Abgleich der Hochschulauswahl

Für das Bewerbungsverfahren zum Wintersemester 2013/14 erhalten Bewerber, für die bereits zu diesem Zeitpunkt die günstigste Zulassungsmöglichkeit feststeht (d. h., dass sie sich nicht weiter verbessern können), bereits Anfang September ihre Zulassung. Die Zulassungen und die Ablehnungen für die übrigen Bewerber werden Ende September versandt. Die genauen Bescheidtermine und weitere Einzelheiten dazu findest du auf den Seiten der SfH.

Nicht nur Auszubildende erwartet ein Bewerbungsgespräch: Auswahlverfahren der Unis

Immer mehr Universitäten führen ein Auswahlverfahren durch. Studierfähigkeitstests oder Auswahlgespräche sollen vor allem die Motivation für das Studium und für den späteren Arztberuf feststellen. Manche Unis wenden auch eine Einzelnotengewichtung an, was denjenigen Vorteil verschafft, die medizin-relevante Fächer (insbesondere naturwissenschaftliche und mathematische) in der Oberstufe hatten und entsprechend gute Noten vorweisen können.

SURFTIPP @

Auswahlverfahren der Unis

Darüber hinaus findest du auf der Seite von MEDI-LEARN eine Auswahlgesprächs-Datenbank:

- Auswahlgespräch-Datenbank: www.medi-learn.de/STF798

Ein Beispiel: Daniel B. hat seinen Studienplatz per Auswahlgespräch bekommen. „Im Gespräch ging es hauptsächlich um meine Motivation zum Studium und nachrangig um meine Noten, so dass ich trotz eines Abis von 2,0 einen Studienplatz bekommen habe. Dabei hat mir besonders geholfen, dass ich schon vorher einige Jahre freiwillig im Rettungsdienst tätig war." Mit welchen Dingen gepunktet wird und was du sonst noch beachten solltest, haben drei Teilnehmer im Interview preisgegeben. Auf der SfH-Homepage und unter www.medi-learn.de/STF799 erhältst du übrigens weitere, detaillierte Infos dazu.

Die Fakten zählen

Sebastian Steven hat an der Uni Göttingen ein Auswahlgespräch mitgemacht. „Ich hatte Göttingen auf Position eins angegeben, nur so wird man derzeit in Göttingen überhaupt eingeladen. Zwei Personen waren außer mir beim Gespräch anwesend: eine Psychologin und ein Anästhesist." Wer bei diesen Berufsgruppen die Augenbrauen heben muss, dem kann Sebastian die Sorge nehmen: „Ich konnte meine Situation in einer angenehmen Atmosphäre schildern. Aber Daherschwafeln interessiert die nicht. Es zählen die Fakten, die für die Auswahl relevant sind, danach werden Punkte vergeben und ein Ranking durchgeführt." Fachfragen musste Sebastian nicht beantworten, dafür wurden die persönliche Einstellung und Tätigkeiten abgeklopft.

„Hier konnte ich mit meiner Ausbildung als Rettungssanitäter punkten und mit Bissfestigkeit, also allen Herausforderungen, die man angenommen hat, um etwas zu erreichen. Das waren bei mir z. B. meine vielen sportlichen Erfolge." Sebastian hat einen Platz ergattern können. Was rät er neben den genannten persönlichen Vorzügen noch an Rüstzeug mitzubringen? „Klar ist, dass man den Ablauf des Studiums kennen sollte. Schriftliche Belege von allem, was man gemacht hat, und sei es nur ein vierwöchiges Praktikum: Mitbringen! Empfehlungsschreiben von Lehrern oder Ausbildern ebenfalls." Und der Auftritt? „Selbstsicher, aber bitte nicht arrogant. Und nicht im Anzug erscheinen, die machen das während der Arbeitszeit und haben bei mir im Kittel dagesessen."

„Ich habe eine ordentliche Jeans mit Turnschuhen angezogen und darüber einen Blazer mit Top, weil ich mir nicht sicher war, was die Leute von mir erwartet haben", berichtet Lisa Rauschen. Sie hat das Auswahlgespräch an der Uni Essen-Duisburg mitgemacht. „Vor dem Gespräch habe ich mich über den Aufbau des Studiengangs informiert, was auch gefragt wurde. Auch über weitere Ausbildungsmöglichkeiten sollte man sich ebenso informieren, wie über die aktuelle Gesundheitspolitik, den Marburger Bund oder Hartmannbund oder auch die Grundsätze der Versicherungsleistungen!"

Wie Sebastian konnte auch sie mit einschlägigen Ausbildungserfahrungen Punkte sammeln. „Ich habe meinen Rettungshelfer beim Deutschen Roten Kreuz gemacht und bin anderthalb Monate nach dem Abi Krankenwagen gefahren. Als Leistungskurse im Abi hatte ich Biologie und Chemie, so wurde mein Interesse an Naturwissenschaften und am sozialen Engagement zumindest nicht bezweifelt." „Man sollte das Berufsbild des Arztes gut kennen und seine Pläne für die eigene ärztliche Tätigkeit darlegen können. Es wurde sehr präzise nachgehakt, warum man was später machen möchte! Und es ist ratsam, Informationen zu aktuellen medizinischen und gesundheitspolitischen Themen parat zu haben. Zeitungen lesen!", rät Alexandra Kulicki, die ebenfalls an der Ruhrgebiets-Uni zum Auswahlgespräch eingeladen wurde.

Eigensinn zeigen

„Man sollte zeigen, dass man einen gewissen Eigensinn hat, das Studium auch durchzuziehen. Zum Beispiel habe ich ehrlich zugegeben, dass meine Eltern mich lieber in einer Ausbildung oder in einem Lehramtsstudium sehen wollten, ich aber unbedingt meinen eigenen Weg gehen und Medizin studieren wollte!"
Alexandra hatte Essen-Duisburg auf Position drei ihrer Wunschliste gesetzt, Lisa auf zwei – und hatte bei der Frage, warum sie sich „ausgerechnet Essen" ausgesucht habe, so ihre Probleme. „Ich wollte eigentlich ja woanders hin." Ihre Fragensteller – ein Pathologieprofessor und ein Assistenzarzt – schwärmten ihr denn auch „zwischendurch immer wieder von Essen" und dem guten Angebot der Uni vor. Eine lockere Plauderei war es für Lisa und Alexandra aber nicht. Beide beschrieben die Gesprächssituation durchaus als prüfungsähnlich. „Ich musste meine Antworten sehr häufig belegen oder immer wieder Nachfragen beantworten, die das Gefühl gaben, in die Ecke gedrängt zu werden oder das Falsche gesagt zu haben", so Alexandra. „Insgesamt waren die beiden Herren sehr nett, sie haben mich mit ihren Fragen jedoch manchmal ein wenig aus der Fassung gebracht, wenn ich die Antwort nicht wusste. Der Professor hat jedoch teilweise die Fragen selber beantwortet und mir den Sachverhalt erklärt, was recht lange dauerte und mir vor Augen führte, dass meine Antwort ziemlich falsch war. Deswegen war ich auch nach dem Auswahlgespräch ziemlich fertig und hatte überhaupt kein gutes Gefühl", fügt Lisa hinzu. „Aber auch ein subjektiv nicht so gut verlaufendes Gespräch bedeutet nicht sofort, dass man ‚durchgefallen' ist", kann Alexandra beruhigen. Schließlich hat sie – wie auch Lisa – einen der begehrten Plätze für das Medizinstu-

UNSER TIPP

Frage die SfH direkt

Du kannst deine Fragen an MEDI-LEARN weiter reichen und wir kümmern uns bei der SfH um profunde Antwort. Nutze diesen Service, um Unklarheiten bei deiner Bewerbung zu klären. Dieser Service ist kostenlos und im Internet zu finden unter:

- www.medi-learn.de/STF800

dium in Essen bekommen. „Ich kann nur raten, ganz ruhig zu reden und auf Themen umzuschwenken, die man besser darstellen kann, wenn es die Situation erlaubt."

Nach wie vor gilt: gut vorbereiten!

Fazit: kein Verhör, aber auch kein Kaffeekränzchen. Wer an einer Uni einen Platz in der Medizin haben will, der sollte sich gut vorbereiten. Information über das Studium und das Berufsbild des Arztes, über Rahmenbedingungen und medizinische und aktuelle gesundheitspolitische Themen gehören genauso zur „Prüfungsvorbereitung" wie persönliche Erfahrungen, Praktika, Kurse und vor allem die unbedingte Motivation, genau dieses Fach studieren zu wollen. Insofern ist das neue Verfahren denjenigen zuträglich, die neben guten Noten auch den echten Willen mitbringen, Mediziner zu werden. Wie Sebastian Steven es formuliert: „Man muss den Eindruck erwecken, es wirklich zu wollen." Und wie könnte man das besser, als es in der Tat wirklich zu wollen? Wichtig: Der Bewerbungsablauf ändert sich durch das neue Verfahren indes nicht. Alle Bewerbungen zum Studienbeginn sind weiterhin an die SfH zu richten. Erst ein Wechsel in höheren Fachsemestern bei einem Studienplatztausch läuft über eine Direktbewerbung an der Hochschule, aber das hier nur am Rande. Es werden 20 % der Studienplätze über die Kriterien Abiturnote und 20 % über die Wartezeit vergeben. Von den dann noch nicht zugelassenen Bewerbern werden – koordiniert über die SfH – im Auswahlverfahren der Hochschulen (AdH) die weiteren 60 % der Studienplätze vergeben, auch hier spielt die Abi-Note weiterhin eine maßgebliche Rolle.

So wird die Bewerbung zum Strategie-Spiel
Hinweise zur Ortswahl in der Abiturbestenquote

In der Abiturbestenquote zugelassene Bewerber werden nach Maßgabe ihrer Wünsche an den Universitäten zugelassen. Liegen mehr Zulassungswünsche als Studienplätze für eine Universität vor, entscheidet die SfH nach den unter „Abiturbestenquote" aufgeführten Kriterien wer an der Wunschhochschule seinen Studienplatz bekommt. Erst dann, wenn alle Bewerber mit Erstwunsch für diese Uni einen Platz erhalten haben und noch Plätze frei sind, wird erneut nach den gleichen Kriterien unter denen verteilt, die diesen Ort an zweiter Stelle angegeben haben usw. Das bedeutet: Es macht wenig Sinn, eine Uni, an der du mit an Sicherheit grenzender Wahrscheinlichkeit nicht genommen wirst, an die erste Stelle zu setzen, auch wenn du noch so gerne dort studieren würdest. Denn aufgrund des Verfahrens wirst du so quasi deinen Erstwunsch verschenken. Schlimmer noch: Du wirst vielleicht deswegen auch nicht an der zweitliebsten Uni zugelassen, während du bei Nennung dieser an erster Stelle dort einen Platz bekommen hättest! Also: Es ist ratsam, lieber realistische Wünsche anzugeben und sich damit hinterher böse Überraschungen zu ersparen.

UNSER TIPP

Zuteilung

Mit dem fast liebevollen Namen „AntOn" hat die SfH einen digitalen Service für alle Studienbewerber geschaffen. Hinter „AntOn" verbirgt sich die „Antragstellung Online", welche anfänglich nur Wiederbewerbern zur Verfügung stand, seit Wintersemester 2008/09 dann für alle Bewerber verpflichtend wurde. Alle notwendigen Informationen zu AntOn findest du wie immer online bei hochschulstart.de und im Hochschulstart-Magazin der SfH. Vielleicht geht es dir nach der Antragstellung wie der Studentin Kate aus Heidelberg: „Ich fand AntOn viel einfacher auszufüllen als einen umfangreichen Papierantrag – endlich mal ein Amt, das „kundenorientierte" Serviceleistungen anbietet".

Hinweise zur Ortswahl im Auswahlverfahren der Hochschulen

Durch die neu hinzugetretenen Auswahlverfahren ist es natürlich zu empfehlen, eine Uni zu wählen, die neben realistischen Chancen auch die Möglichkeit bietet, durch ein gutes Auswahlgespräch oder andere Selektionsverfahren an einen Studienplatz zu gelangen! Es ist sehr wichtig, dieses nicht ganz unkomplizierte Verfahren zu verstehen, um gegen eventuelle Enttäuschungen gefeit zu sein und um sich nachher nicht darüber ärgern zu müssen, dass man mit einer anderen Kombination möglicherweise an einen Platz gelangt wäre. Daher: Aktuelle Infos der SfH einholen, alles genau lesen, das Prozedere verstehen, die Wunsch-Unis taktisch klug auswählen und erst dann die Bewerbungsunterlagen online einreichen! Darum ist es sinnvoll, sich schon so früh wie möglich zu informieren, damit ausreichend Planungszeit bleibt. Achtung: Der Bewerbungsschluss für die SfH-Bewerbungen richtet sich nach dem Zeitpunkt des Abiturs (unterschiedliche Bewerbungstermine für sogenannte Altabiturienten und Neuabiturienten) und bei dieser Regelung solltest du ganz genau hinschauen: Wer sich für das Wintersemester 2013/14 bewerben möchte, für den gilt der Stichtag 31. Mai 2013 (Abi vor dem 16. Januar 2013 erworben) oder aber der Stichtag 15. Juli 2013 (Abi zwischen 16. Januar und 15. Juli 2013 erworben). Also: Am besten nochmals genau bei der SfH nachlesen, für welches Semester welche Bewerbungsfristen gelten. Für eine Bewerbung zum Sommersemester gilt die Unterscheidung für Alt- und Neuabiturienten nicht. Hier ist für alle Bewerber der 15. Januar eines Jahres Bewerbungsschluss. Es handelt sich bei allen hier genannten Terminen um Ausschlussfristen, der Online-Antrag muss also bis zu diesem Zeitpunkt der SfH vorliegen! Später eingehende Online-Bewerbungen werden nicht berücksichtigt. Für das Nachreichen von Unterlagen werden Nachfristen eingeräumt. Noch eine Anekdote am Rande: Als die Online-Bewerbung (AntOn) noch nicht die Regel war und es galt, den Antrag fristgerecht einzureichen, gaben Kurzentschlossene am Stichtag bis kurz vor 24 Uhr persönlich die Unterlagen bei der ZVS (so hieß die SfH damals noch) in Dortmund ab. Vor dem Gebäude der SfH wurde auf diese Art manche Party gefeiert.

Lotto spielen für zukünftige Studenten: Das Losverfahren

Wer durch die oben beschriebenen Verfahren nicht untergekommen ist, hat immer noch die Chance, über das Losverfahren einen Studienplatz zu erhalten. Den Versuch sollte es auf jeden Fall wert sein, es kostet pro Uni lediglich einen Brief, einen Umschlag und eine Marke. Einige Hochschulen bieten aber auch bereits für das Losverfahren eine Online-Bewerbung an.

UNSER TIPP

Das Losverfahren

MEDI-LEARN bietet als Service zum Losverfahren eine Aufstellung passender Internet-Links. So ersparst du dir lange Recherchen auf den Uni-Seiten und kannst gleich loslegen mit den „Bewerbungen".

- www.medi-learn.de/STF801

Die Medizinstudentin Marlies L. hat ihren Studienplatz per Losentscheid erhalten: „Ich habe mich damals ganz einfach in ein Café gesetzt und an jede Uni, die am Losverfahren teilnimmt, einen formlosen Brief geschrieben." Mittlerweile ist Marlies als Stationsärztin auf der Intensivstation der Herzchirurgie tätig, kann sich aber noch genau an die Situation erinnern, als der Brief mit der Zusage eines Studienplatzes ins Haus wehte: „Ich selbst war gar nicht zu Hause. Meine Eltern riefen mich an und teilten mir mit, dass ich einen Studienplatz bekommen hätte. Ich konnte es kaum glauben!" Zunächst sollte man sich auch hier über die Webseiten der Unis erkundigen, welche Standorte an dem Losverfahren teilnehmen und welche Fristen die einzelnen Unis setzen. An den Unis werden alle Studienplätze, die nicht durch die verschiedenen SfH- und Uni-internen Verfahren besetzt werden können, über das Los verteilt. Meist genügt ein formloser Antrag, um teilzunehmen. Dieser ist an die jeweilige Uni, nicht an die SfH zu richten! Einzelne Unis verlangen weitere Bescheinigungen; die Infos zum Losverfahren kannst du den entsprechenden Webseiten entnehmen. Wichtig: Bitte halte dich hier unbedingt an die jeweils von der Uni angegebenen Termin-Fristen! Alles weitere Wissenswerte zum Losverfahren ist ebenfalls auf der Webseite der SfH zu finden.

GELAUSCHT

Das Losverfahren

Auch im Forum von MEDI-LEARN wird über das Losverfahren diskutiert, u. a. in folgenden Beiträgen:

- Servicebereich Losverfahren
  www.medi-learn.de/STF802
- Der ultimative Losverfahren-Thread für jedes WiSe/SoSe
  www.medi-learn.de/STF803

Veni Vidi Vici (Ich kam, sah und siegte) – Brauche ich Lateinkenntnisse?

Mancher Studienanfänger denkt, dass er das Latinum für das Medizinstudium unbedingt benötigt. Dies ist so nicht ganz richtig: Sicherlich kann es nicht schaden, auf dem Gymnasium Latein belegt zu haben, da viele medizinische Begriffe sich aus dem Lateinischen ableiten. Andererseits kann das Beherrschen einer zweiten lebendigen Fremdsprache besonders bei Studien- oder Praktikumsaufenthalten im Ausland natürlich sehr hilfreich sein. Fest steht: Wer in der Schule kein Latein gehabt hat, wird deswegen im Medizinstudium nicht scheitern. In den ersten zwei Jahren des Studiums, der Vorklinik, absolviert man nämlich den sogenannten Terminologie-Kurs, in dem die Grundlagen der lateinischen und griechischen Sprache vermittelt werden. Ähnlich verhält es sich mit den Fächern Biologie, Chemie und Physik. Jedes der drei Fächer ist Teil der Ausbildung im Medizinstudium. Auch hier gilt: keine Sorge! Wer zum Beispiel Physik abgewählt hat, hat die Chance, das Fach komplett neu zu erlernen. Die Vorlesungen beginnen sozusagen wieder bei „Adam und Eva". Vorteile können diese Fächer aber bei den Auswahlgesprächen an der Uni bringen. Kompliziert? Es wird Zeit, sich die Bewerbungs-Prozedur genauer anzuschauen. Los geht's.

Keine bundesweite Pflicht: Test für medizinische Studiengänge (TMS)

Mehr als 10 Jahre ist es nun her, dass mit Hilfe eines Eignungstests die Auslese potentiell geeigneter Studenten für das Medizinstudium in Deutschland unterstützt wurde. Von 1986 bis 1996 konnte man mit einem guten Ergebnis im „Test für medizinische Studiengänge (TMS)" seine Chancen auf einen Studienplatz deutlich verbessern. Nachdem der Test zuletzt nur noch in der Schweiz und in Österreich eingesetzt wurde (als „Eignungstest für das Medizinstudium – EMS"), ist er nun an die Unis in Baden-Württemberg, Bochum, Erlangen-Nürnberg, Halle (Saale), Leipzig, Lübeck, Mainz, München, Oldenburg, Regensburg sowie Würzburg wieder nach Deutschland zurückgekehrt. Die Universität Hamburg hat mit dem Naturwissenschaftstest HAM-Nat einen eigenen Auswahltest entwickelt.

UNSER TIPP

Teilnahme am TMS

Für den TMS muss man sich anmelden, d. h. unbedingt nach den Teilnahmefristen erkundigen. Die Anmeldung, die Einladung und Bekanntgabe des Ergebnisses erfolgen ausschließlich online. Da jeder Student nur einmal am TMS teilnehmen kann und das Ergebnis dann für alle Bewerbungen gültig ist, macht es Sinn, sich vorzubereiten. Hierzu zwei Buchtipps: „Test für medizinische Studiengänge I - Originalversion I des TMS" (5. aktualisierte Auflage, ISBN 978-3-8017-2168-8) und „Test für medizinische Studiengänge II – Originalversion II des TMS" (5. aktualisierte Auflage, ISBN 978-3-8017-2169-5). Außerdem kannst du dich auf www.medizinertest-vorbereitung.de mit Originalaufgaben sowie Lösungshinweisen vom Testentwickler optimal auf den Testtag vorbereiten.
Eine kostenlose Infobroschüre findest du unter:

- www.medi-learn.de/STF1056

Reicht meine Abiturnote?

Durch eine Änderung des Hochschulzulassungsgesetzes im Jahre 2005 ist es den Hochschulen seitdem möglich, 60% ihrer Studenten selbst auszuwählen. Bis zu diesem Zeitpunkt wurde die Vergabe der Studienplätze zentral von der damaligen ZVS geregelt. Die oben genannten medizinischen Fakultäten haben daher beschlossen, für das Zulassungsverfahren einen spezifischen Studierfähigkeitstest (Test für Medizinische Studiengänge - TMS) als zusätzliches Auswahlkriterium zur Abiturnote einzusetzen. Die Teilnahme am TMS ist zwar nicht verbindlich, jedoch bietet das Erreichen eines überdurchschnittlich guten Ergebnisses die Möglichkeit, seine Erfolgschancen auf einen Studienplatz deutlich zu verbessern. In Heidelberg geht z.B. das Testergebnis zu 44 % in die Bewerberauswahl ein. Die Gewichtung des Testergebnisses kann sich jedoch zwischen den Hochschulen unterscheiden, da sie von jeder Fakultät selbst bestimmt werden kann. Auskünfte darüber geben die Auswahlsatzungen der beteiligten Hochschulen. In jedem Fall bleibt die Abiturnote das wichtigste Kriterium.

Teilnahme

Jeder, der im Besitz der Hochschulzugangsberechtigung (Abitur) ist oder diese voraussichtlich in den nächsten Monaten erlangen wird, ist zur Teilnahme am TMS berechtigt. Die Teilnahme kann nur einziges Mal erfolgen, die Anmeldung gilt dabei noch nicht als Teilnahme. Das Ergebnis, das dabei erzielt wurde, ist dauerhaft gültig, gilt also fortan für alle nachfolgenden Bewerbungen. Der Test kann nicht wiederholt werden! Die Anmeldung zum Test erfolgt jeweils online auf www.tms-info.org und wird mit Zahlung der Gebühr in Höhe von 50 € wirksam. Ausführliche Infos erhältst du unter: www.medi-learn.de/STF804

Am Testtag

Am Testtag im Mai wird der Einlass von 8 bis 9 Uhr möglich sein. Verspätete Teilnehmer werden nicht mehr eingelassen, auch nicht, wenn sie für die Verspätung nicht selbst verantwortlich sind. Es empfiehlt sich, frühzeitig anwesend zu sein, da zu Beginn jeder Teilnehmer auf unerlaubte Gegenstände untersucht wird. Im Testraum sind u. a. folgende Gegenstände nicht erlaubt:

- Mützen
- Jacken, Mäntel etc.
- Schirme
- Taschen, Rucksäcke, Aktenkoffer etc.
- Sitzkissen
- Kugelschreiber, Bleistifte etc.
- Lineale, Geodreiecke etc.
- Leeres und/oder beschriebenes Papier
- Schreibmäppchen

- Bücher
- Brillenetui
- Taschenrechner
- Mobiltelefon (auch ausgeschaltet), Laptop, PDA, MP3-Player etc.
- Kamera
- Nicht durchsichtige Plastiktüten und/oder Frühstücksdosen
- Zigaretten, Zigarren etc.
- u. ä.

Erlaubt sind folgende Materialien:
- Markierstifte, Textmarker oder Buntstifte
- Taschentücher
- Verpflegung (Essen und Getränke)
- Durchsichtige Dosen oder Beutel
- Uhren und Wecker – jeweils nur ohne Taschenrechnerfunktion
- Medikamente
- Geldbörse

Alle Gegenstände, die mit in den Testraum genommen werden, müssen in einem durchsichtigen Beutel, in dem jeder einzelne Gegenstand deutlich erkennbar ist, transportiert werden. Der Test startet zwischen 9:30 und 10:00 Uhr. Nach einer einstündigen Mittagspause beginnt der zweite Teil um ca. 14:00 und endet etwa um 17:15 Uhr.

Was Du unbedingt mitbringen musst:
- Einen gültigen amtlichen Lichtbild-Ausweis (Personalausweis, Reisepass oder Führerschein),
- den Ausdruck des Einladungsschreibens zum TMS und
- zwei dünne und nicht verwischbare Faserstifte/Filzstifte (Fineliner) in schwarz oder dunkelblau (Bleistifte dürfen nicht benutzt werden).

Die Aufgaben
Der TMS setzt sich aus insgesamt 9 Untertests zusammen und setzt kein spezifisches Wissen voraus. Ziel des Tests ist es solche Fähigkeiten zu messen, welche eine zuverlässige Prognose auf den medizinischen Studienerfolg zulassen.

UNSER TIPP

Beispielaufgaben

Im Rahmen des TMS wird auch das räumliche Vorstellungsvermögen getestet. Im Anhang findest du zur besseren Veranschaulichung fünf Beispielaufgaben. Diese Originalabbildungen (sogenannte Schlauchfiguren) wurden uns samt Lösungshinweisen freundlicherweise von ITB Consulting zur Verfügung gestellt:

- www.itb-consulting.de

Folgende Aufgaben werden im TMS gestellt:

Aufgabentyp	Bearbeitungszeit	Anzahl der Aufgaben
Muster zuordnen	22 Min	24
Med.-Naturwiss. Grundverständnis	60 Min	24
Schlauchfiguren	15 Min	24
Quantitative und formale Probleme	60 Min	24
Konzentriertes und sorgfältiges Arbeiten	8 Min	1.600 Zeichen
Pause – 1 Stunde		
Figuren lernen (Lernphase)	4 Min	20
Fakten lernen (Lernphase)	6 Min	15
Textverständnis	60 Min	24
Figuren lernen (Reproduktion)	5 Min	20
Fakten lernen (Reproduktion)	7 Min	20
Diagramme und Tabellen	60 Min	24

Die jeweiligen Einzelfragen sind nach dem Prinzip des Multiple-Choice-Verfahrens aufgebaut. Zu jeder Aufgabe, außer in der Aufgabengruppe „Konzentriertes und sorgfältiges Arbeiten", werden fünf Lösungsmöglichkeiten (‚A' bis ‚E') vorgegeben, von denen jeweils genau eine richtig ist. Dieser Lösungsbuchstabe muss auf dem Antwortbogen bei der entsprechenden Frage markiert werden.

Beispielaufgabe:

Die Teilnahme am TMS ist für alle Bewerber verpflichtend, die

a) sich in Deutschland auf einen Humanmedizin-Studienplatz bewerben.
b) voraussichtlich über die Stiftung für Hochschulzulassung keinen Studienplatz zugeteilt bekommen.
c) eine Abiturnote von 2,0 oder schlechter haben.
d) an einer baden-württembergischen Universität oder in Lübeck Humanmedizin studieren möchten.
e) Die Teilnahme am TMS ist für keine Bewerbung verpflichtend.

(Richtige Lösung: E)

Die Auswertung

Punktzahl → Standardwert/Testwert → Prozentrang

Zunächst wird für jeden Aufgabentyp die Anzahl der korrekt gelösten Aufgaben ermittelt. Dies ergibt die ‚Punktzahl'. Nicht richtig gelöste Aufgaben werden dabei, außer in der Aufgabengruppe „Konzentriertes und sorgfältiges Arbeiten", nicht berücksichtigt. Anschließend wird die erreichte Punktzahl standardisiert, d. h. die Punktzahl wird in Bezug gesetzt zu den Ergebnissen der anderen Teilnehmer (‚Standardwert'). Der Mittelwert aller Teilnehmer wird dabei auf eine Skala umgerechnet, die einen Mittelwert von 100 hat. Die Abweichungen werden so skaliert, dass eine Abweichung von +/- 10 Punkten um den Mittelwert herum insgesamt rund 68 % aller Teilnehmer erfasst. D. h., dass 68 % aller Teilnehmer einen Standardwert zwischen 90 und 110 Punkte erreicht haben. Dies bedeutet auch, dass ein Teilnehmer mit einem Standardwert von 105 in einem Aufgabentyp eine überdurchschnittlich gute Leistung erbracht hat.

UNSER TIPP

Welche Unis berücksichtigen den TMS?

Zum Wintersemester 2013/14 berücksichtigen die Unis Bochum, Erlangen-Nürnberg, Freiburg, Halle (Saale), Heidelberg, Heidelberg-Mannheim, Leipzig, Lübeck Mainz, München, Oldenburg, Regensburg, Tübingen, Ulm und Würzburg den TMS. Weitere Infos findest du hier:

- www.medi-learn.de/STF805

Die Umrechnung in Standardwerte ermöglicht es nun, die verschiedenen Ergebnisse in den einzelnen Aufgabengruppen miteinander bzw. mit dem Gesamtergebnis zu vergleichen, und zwar unabhängig von der Anzahl der Aufgaben oder deren Schwierigkeit. Schließlich wird neben dem Standardwert noch der Prozentrang errechnet. Dieser besagt, wie viele der Testteilnehmer besser bzw. schlechter abgeschnitten haben. So besagt ein Prozentrang von 85, dass 15 % aller Teilnehmer besser, und 85 % ebenso gut oder schlechter abgeschnitten haben.

Der (Gesamt-)Testwert

Zuletzt werden die Punktzahlen aller Aufgabentypen addiert und wiederum in einen Standardwert (= „Testwert“) umgerechnet. Und auch hier gibt der Prozentrang Auskunft über die Güte des Ergebnisses im Vergleich mit den anderen Teilnehmern. Schließlich wird für den Testwert ein ‚Notenäquivalent‘ errechnet, das einen Vergleich bzw. eine Kombination mit der Abiturnote zulässt. Dies ist für das Auswahlverfahren der Hochschule wichtig, das z. B. das Testergebnis mit einem Gewicht von 44 % in die Entscheidung einfließen lässt. Dabei verteilen sich die Notenäquivalente aller Testteilnehmer auf der Notenskala im selben Maß, wie die Noten der Hochschulzugangsberechtigung (Mittelwert und Abweichung gleich).

Das Ergebnis

Der Testentwickler, die ITB-Consulting GmbH, Koblenzer Str. 77, 53177 Bonn, korrigiert die Tests und veröffentlicht die Ergebnisse meist bis zum 30. Juni des Jahres. Das persönliche Ergebnis kann dann über den eigenen Account auf der Seite www.tms-info.org abgerufen werden. Wichtig: Da der Account zum 1. August wieder gelöscht wird, ist es unbedingt erforderlich, dass der Teilnehmer sein Testergebnis ausdruckt und sorgfältig aufbewahrt. Im Falle eines überdurchschnittlich guten Testergebnisses bewirbt sich der Teilnehmer mit dem Testergebnis und seinem Abiturzeugnis bei der SfH und ggf., je nach der Regelung der gewünschten Hochschule (entsprechend der Auswahlsatzungen), zusätzlich direkt an der Fakultät um einen Studienplatz im AdH.

An einigen deutschen Universitäten werden Teilstudienplätze verlost

Wie ein Lottogewinn mag vielen ein Teilstudienplatz in Medizin erscheinen. Doch ihre Freude über den endlich gelungenen Einstieg ins Traumfach hält vielleicht nicht lange an: Diese besondere Form der Zulassung endet automatisch mit dem Physikum, also der großen Zwischenprüfung nach den vier vorklinischen Semestern. Die anschließende Übernahme in den klinischen Abschnitt ist keinesfalls sicher. Die Situation ist also ähnlich wie die eines Bachelor-Studenten, dem ebenfalls nicht garantiert wird, dass er nach dem ersten Studienabschluss einen Master-Platz erhält. Für junge Mediziner ist das bisher die seltene Ausnahme: Nur wenige Unis bieten Teilstudienplätze an. Sie werden im Nachrückverfahren unter jenen zunächst erfolglosen Bewerbern ausgelost, die mindestens einen der genannten Orte für einen Platz aus der Wartezeit-Quote angegeben oder aber gar keine geografische Einschränkung gemacht hatten. War dir die Glücksfee hold, solltest du die Zulassung für einen Teilstudienplatz auf jeden Fall annehmen. Zum einen ist es möglich und ratsam, sich bei der SfH weiterhin um einen Vollplatz zu bewerben. Das schon begonnene Studium wird nicht von deiner Wartezeit abgezogen. Zum anderen ist nun zusätzlich eine direkte Bewerbung an jeder Hochschule um einen Platz im nächst höheren Fachsemester möglich. Mit einem erneuten Umzug an einen anderen Studienort innerhalb von nur zwei Jahren musst du ebenso rechnen wie mit einer Verlängerung deines Studiums. Denn in welches, eventuell niedrigeres Fachsemester du von der neuen Universität beim Wechsel tatsächlich eingestuft wirst, ist mehr oder weniger Glückssache. Aber das war die Zulassung per Losverfahren ja schließlich auch.

Wunsch-Uni nicht erhalten – was kann ich tun? Informationen zum Studienplatztausch

Die Freude ist groß, wenn du deine Zusage für einen Studienplatz erhältst. Doch beim zweiten genaueren Blick auf den Uni-Ort trüben sich manche Gedanken, wenn es nicht die erste Wahl war. Doch hier heißt es – wie so oft im Leben – die Hoffnung nicht aufgeben. Wer nicht gleich an den Studienort gelangt ist, an dem er gerne studieren wollte, dem bleibt immer noch die Möglichkeit des späteren Studienplatzwechsels. So kann beispielsweise direkt nach dem ersten Semester gewechselt werden oder, wie es der Großteil der Studenten macht, nach einem der großen Examina (etwa nach dem Physikum, also nach zwei Jahren). Prinzipiell gibt es zwei Möglichkeiten, die Uni zu wechseln: Entweder bewirbt man sich direkt bei der Ziel-Uni und bekommt einen Studienplatz zugeteilt oder man findet einen Tauschpartner, mit dem man den Studienplatz wechselt. Zunächst zur ersten Variante: nicht ganz unanstrengend. Das Bewerbungsritual ist bei jeder Uni verschieden; nahezu jede hat ihre eigenen Bewerbungsformulare für den Wechsel

und auch eigene Fristen, die einzuhalten sind. Manchmal reicht das Zusenden einer amtlich beglaubigten Kopie des Abiturzeugnisses aus, manchmal muss es eine notariell beglaubigte Kopie sein. Kurz: Die sicherste Methode ist, sich zunächst im Internet die Unis herauszusuchen, an denen man sich bewerben möchte und dort auf den Seiten des Studiendekanates (Studentensekretariates) Infos einzuholen und einmal dort anzurufen.
Es ist ratsam, eine Checkliste über die benötigten Dokumente zu erstellen, bei Mehrfachbewerbungen in tabellarischer Form. Einige Unis bieten die Formulare bereits zum Download an, bei anderen bekommt man sie auf Anfrage zugesendet, manchmal muss erst ein frankierter Rückumschlag zugeschickt werden. Sind die Formulare ausgefüllt und rechtzeitig zurückgeschickt, heißt es warten. Meist kommen die Zusagen erst kurz vor dem neuen Semesterbeginn, aber selbst nach Beginn des Semesters können sie noch eintrudeln. Dann muss recht schnell gehandelt werden, denn wer sich auf eine Zusage binnen eines seitens der Uni festgelegten Zeitraums (meist wenige Tage) nicht meldet, der verliert den Platz gleich wieder. Soweit zur ersten Variante, den Studienplatz im Wunschort durch direkte Bewerbung und Losverfahren an der Ziel-Uni zu erhalten. Die zweite Variante ist der Wechsel des Studienplatzes mit einem Studenten in der anderen Stadt. Wir stellen euch diese Variante, den Studienplatz zu tauschen, nun ausführlich vor.

Online tauschen – nichts leichter als das: Die Studienplatztauschbörse

Man kann seinen Studienplatz auch mit einem anderen Studenten aus der Wunsch-Stadt tauschen, der bereit ist, die Uni zu wechseln. Die Unis erlauben den Tausch von Studienplätzen. Hierfür muss man zunächst natürlich einen Studenten finden, der bereit ist, zu tauschen. Zahlreiche Tauschbörsen stellen den Dialog her. Eine Tausch-Plattform für Medizinstudenten bietet MEDI-LEARN unter www.medi-learn.de/STF807. Findet sich kein direkter Tauschpartner für die Wunsch-Uni, gibt es noch eine clevere Alternative: den Ringtausch.
Hier werden die Plätze unter mehreren Personen ausgetauscht, was von Seiten der Unis ebenfalls möglich ist. So kann man beispielsweise seinen Platz in Bonn gegen Heidelberg eintauschen, um diesen wiederum gegen den eigentlich gesuchten Platz in Ulm zu tauschen. Das hat schon viele in die Uni-Stadt ihrer Träume gebracht. Auch ein Tausch über vier Positionen ist möglich. Wichtig ist, dass man sich dabei fest mit den Tauschpartnern einig ist.

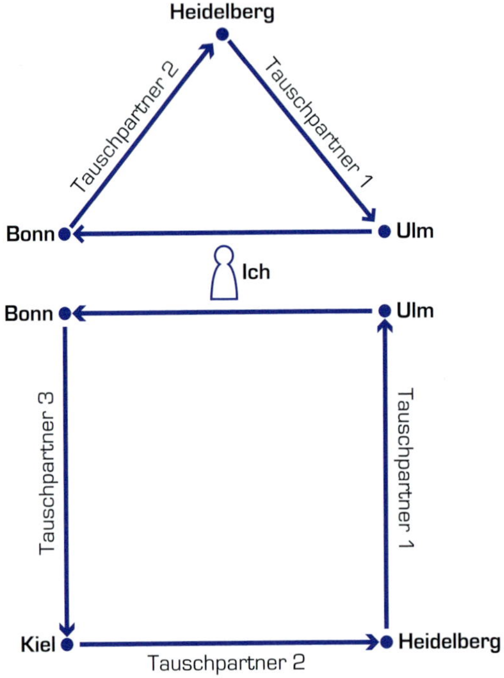
Heidelberg
Tauschpartner 2
Tauschpartner 1
Bonn
Ulm
Ich
Bonn
Ulm
Tauschpartner 3
Tauschpartner 1
Kiel
Heidelberg
Tauschpartner 2

ZUSAMMENFASSUNG

SfH, Auswahlverfahren oder Los

Bewerben bei der Stiftung für Hochschulzulassung
Die SfH ist erster und wichtigster Ansprechpartner bei der Studienplatzbewerbung. Das Magazin „hochschulstart" gibt es als E-Paper zum Donwload auf hochschulstart.de. Es informiert über die Zulassung. Der Antrag wird online ausgefüllt, im Nachgang unterschrieben und mit Kopien wichtiger Nachweise eingeschickt. Der NC (Numerus clausus) stellt die Notenuntergrenze dar, mit der man noch einen Studienplatz erhalten hat und ergibt sich in jedem Verfahren neu aus den Abinoten der aktuellen Bewerber und der Zahl der zur Verfügung stehenden Plätze. Wartesemester ist die seit Erwerb der Hochschulzugangsberechtigung verstrichene Zeit in Halbjahren, die nicht mit Studieren zugebracht wurde (siehe Seite 36).

Die Quotenverteilung bei der Studienplatzvergabe ist 20 : 20 : 60
20 % der Studienplätze gehen an die Abitur-Besten, 20 % an die Wartezeit-Besten und 60 % werden von den Hochschulen im sogenannte „Auswahlverfahren der Hochschulen (AdH)" selbst vergeben (siehe Seite 37).

Die Abiturbesten-Quote
Ein Fünftel der Studienplätze wird unter den Abitur-Besten vergeben. Die für diese Quote an jeder Uni zur Verfügung stehende Studienplatzzahl wird zunächst auf Bundesländer aufgeteilt. Innerhalb dieser für die Abiturienten eines Bundeslandes vorgesehenen Plätze konkurrieren nun die Abitur-Besten um die Plätze (Landes-NC). Die „Sieger" im Landes-NC werden nun entsprechend der Rangfolge der von ihnen genannten Universitäten (und den dort verfügbaren Plätzen wie auch den Bewerbern) an die einzelnen Hochschulen aufgeteilt (Hochschul-NC) (siehe Seite 39).

Die Wartezeit-Quote
Ein weiteres Fünftel (20 %) wird an diejenigen vergeben, die mit der höchsten Anzahl an sogenannten Wartesemestern aufwarten können. Wartesemester sind die Halbjahre seit dem Abitur, die nicht mit einem Studium verbracht wurden (siehe Seite 39).

Die Hochschul-Quote und das Auswahlverfahren der Hochschulen (AdH)
Den Löwenanteil von 60 % der Studienplätze dürfen die Unis im sogenannten Auswahlverfahren der Hochschulen (AdH) vergeben. An einigen Universitäten wird zunächst eine Vorauswahl nach bestimmten Kriterien getroffen, innerhalb derer dann die Entscheidung über die Studienplatzvergabe erfolgt. Einige Universitäten führen in diesem Rahmen u. a. auch ein Auswahlgespräch mit den Bewerbern durch (siehe Seite 41).

ZUSAMMENFASSUNG

SfH, Auswahlverfahren oder Los

Hinweise zur Ortswahl
Bei der Ortswahl und Angabe in Frage kommender Unis macht es Sinn, realistische Wünsche anzugeben. Dazu ist es ratsam, den Erstwunsch unter Berücksichtigung der eigenen Note und Wartezeit auf der einen und den Vorjahreswerten der Lieblings-Unis auf der anderen Seite geschickt zu platzieren (siehe Seite 44).

Das Losverfahren als Nebenweg zum Ziel
Neben den über die SfH vergebenen Plätzen kannst du dich an vielen Unis auch über das Losverfahren um einen Studienplatz bewerben. Hier gilt es, die auf den Uniseiten bekannt gegebenen Terminfristen und Verfahrenshinweise unbedingt zu beachten (siehe Seite 46).

Der Studienplatztausch
Wer nicht an seiner Wunsch-Uni gelandet ist, kann von der Möglichkeit des Studienplatztausches Gebrauch machen. Dieser ist durch Direktbewerbung oder aber mittels Tauschpartner möglich (siehe Seite 54).

Keinen Studienplatz erhalten – und jetzt?

Anfangs ist der Frust verständlicherweise groß: Da hatte man gehofft, in diesem Jahr einen Studienplatz zu erhalten und doch kam keine Zusage von der SfH. Hier heißt es: Nicht gleich die Flinte ins Korn werfen, denn viele Wege führen nach Rom, und mit dem Medizinstudium verhält es sich nicht anders. Es gibt eben nicht nur den direkten Weg, sondern manchmal müssen Umwege in Kauf genommen werden. Was also tun, wenn wider Erwarten keine Zusage für einen Studienplatz kommt?

Studienort-Alternativen: Witten-Herdecke, Budapest und Hradec Králové

Wer für sich weder durch die Abiturnote noch über die Wartezeit realistische Chancen ausrechnet, in absehbarer und vertretbarer Zeit einen Studienplatz zu erhalten, aber dennoch möglichst bald ein Medizinstudium aufnehmen möchte, für den gibt es drei Alternativen, die wir hier kurz vorstellen möchten: die Privat-Universität Witten-Herdecke, die Semmelweis-Universität in Budapest und die Karls-Universität Prag am Standort Hradec Králové (Königgrätz).

Das Wittener Hochschulmodell fußt auf der anthroposophischen Lehre Rudolf Steiners, welche auch die Waldorfschulen maßgeblich bestimmt. Neben der medizinischen Ausbildung durchlaufen die Wittener Studenten das sogenannte „studium fundamentale“, das der Vertiefung der Allgemeinbildung dienen soll. Ebenso wird in hohem Maße Wert auf Praxisnähe und eine ethische Reflektion der ärztlichen Tätigkeit gelegt.

Die Auswahl der Studierenden erfolgt über eine ausführliche Bewerbung und einen Interviewtag. Hinzu kommt der Nachweis eines sechsmonatigen Pflegepraktikums vor dem Studium.

> @ **SURFTIPP**
>
> Studienort Alternativen
>
> Infos zum Medizinstudium in Witten-Herdecke gibt es auf der Uni-Homepage:
> - www.medi-learn.de/STF808

Die Studiengebühren liegen bei insgesamt rund 15.000 €, die wahlweise monatlich während des Studiums, in Raten nach Beendigung oder in Kombination entrichtet werden können.

Die zweite Alternative ist ein Studium in Ungarn, zum Beispiel in Budapest: An der altehrwürdigen Semmelweis-Universität besteht seit 1983 die Möglichkeit, Medizin auch in deutscher Sprache zu studieren. Das Studium der Vorklinik können deutsche Studenten nämlich in ihrer Muttersprache absolvieren.
Erst ab dem dritten Studienjahr werden Ungarischkenntnisse vorausgesetzt, denn von nun an treten die Studenten in Kontakt mit Patienten der Lehrkrankenhäuser. Für diesen Studienabschnitt werden seit 1989 Veranstaltungen in Englisch angeboten. Mit 30 % ist der Ausländeranteil unter den rund 4.000 Studenten der Fakultäten Humanmedizin, Zahnmedizin und Pharmazie entsprechend hoch.
Im Fach Medizin werden pro Jahr maximal 150 Studenten aufgenommen.
Im Vergleich zu Witten-Herdecke sind in Budapest sehr hohe Studiengebühren fällig: Satte 6.700 € pro Semester sind zu berappen. Viele der deutschen Studenten versuchen auch aus diesem Grund, nach ein paar Semestern wieder in heimische Gefilde zu wechseln. Dafür sind die Lebenshaltungskosten besonders für einheimische Produkte in der pittoresken ungarischen Hauptstadt recht niedrig, sodass sich viele Studenten weitläufige Wohnungen in den stadttypischen Gebäuden mit Innenhof leisten können.

SURFTIPP @

Uni Budapest

Weitere Infos zum Thema „Medizinstudium an der Semmelweis-Universität Budapest" findest du online unter:

- www.medi-learn.de/STF809
- www.medi-learn.de/STF810

Daneben bieten auch die Universitäten in Szeged, Pecs und Debrecen Medizin für deutsche Studenten an. Wie in der ungarischen Hauptstadt ist auch hier die Möglichkeit eines Studiums in erster Linie abhängig von den finanziellen Möglichkeiten.
Wer an ungarischen Unis zugelassen wird, das entscheidet übrigens nicht direkt ein Numerus Clausus, sondern wird individuell anhand der Abinote, der Zusammensetzung der Abifächer (wobei Naturwissenschaften vorteilhaft sind) und Vorkenntnissen (Rettungsdienst, Krankenhauspraktika) entschieden. Den Faktor Wartezeit gibt es nicht, wer also ein Parkstudium macht und sich dann in Ungarn bewirbt, hat dadurch zumindest hier keine Nachteile.
Die dritte Alternative ist ein Studium an der Medizinischen Fakultät der Karls-Universität in Tschechien. Am Standort Hradec Králové (Königgrätz) besteht seit 1992 die Möglichkeit, Medizin in englischer Sprache zu studieren. Jedes

Jahr stehen für Studienanfänger aus dem Ausland 45 Plätze für Humanmedizin zur Verfügung. Wie in Ungarn beginnt ab dem dritten Studienjahr der Patientenkontakt, die Teilnahme an Tschechisch-Kursen in den ersten beiden Jahren ist daher Pflicht. Zugangsvoraussetzungen: Abitur, das Bestehen einer Aufnahmeprüfung in den naturwissenschaftlichen Fächern und Mathematik sowie ein Interview. Die Kosten betragen rund 11.100 € pro Studienjahr.

GELAUSCHT

Studium in Ungarn

Da rund um das Studium in Ungarn zahlreiche Fragen im Forum von MEDI-LEARN gestellt werden, haben wir hierfür ein Extra-Unterforum eingerichtet, das du unter folgendem Link findest:

- Ungarn-Forum: www.medi-learn.de/STF811

Österreich und die Schweiz

Bisher galt für Österreich Folgendes: Wer dort als Deutscher Medizin studieren wollte, musste auch in Deutschland einen Studienplatz in der Medizin vorweisen können. Das hat sich geändert: 2005 entschied der Europäische Gerichtshof, dass die geltenden Bestimmungen eine Diskriminierung Studienwilliger aus anderen EU-Ländern darstellen und damit gegen EU-Recht verstoßen. Dies hatte den Effekt, dass in jenem Jahr noch so mancher deutsche Student an den Medizin-Unis in Innsbruck, Graz oder Wien einen Platz ergattern konnte. Schnell wurde in Österreich daher eine Quotenregelung eingeführt, nach der 75 % der Studienplätze Österreichern vorbehalten sind. 20 % gehen an EU-Ausländer und die restlichen an 5 % Nicht-EU-Ausländer. Diese umstrittene Regelung gilt vorläufig und ist noch in der rechtlichen Prüfungsphase. Wer in Österreich Medizin studieren will, muss in Wien und Innsbruck außerdem den Eignungstest Medizinstudium (EMS) bestehen, der dem ehemaligen Medizinertest ähnelt. In diesem Test werden unter anderem Gedächtnistests durchgeführt, konzentriertes Arbeiten und medizinisch-wissenschaftliches Grundverständnis geprüft. Um sich über die aktuelle Vergabepraxis österreichischer Universitäten auf dem Laufenden zu halten, lohnt also der Blick auf die Internet-Seiten der Unis jenseits der Alpen. Wie ist es im Nachbarland Schweiz um einen Studienplatz bestellt? In der Schweiz als Nicht-EU-Land können ausländische Studenten nur dann ein Medizinstudium aufnehmen, wenn sie schon mindestens fünf Jahre wohnhaft in der Schweiz sind. An den Medizin-Unis der deutschsprachigen Schweiz in Basel, Bern, Fribourg (Freiburg) und Zürich wird ebenfalls der EMS durchgeführt, in der französischsprachigen Schweiz (Genf, Lausanne und Neuchâtel) gilt der Notenschnitt des Schweizer Abiturs.

GELAUSCHT

Studieren in Österreich und der Schweiz

Analog zum Ungarn-Forum findest du online auch Foren zum Studieren in Österreich und der Schweiz:

- Österreich Forum: www.medi-learn.de/STF812
- Schweiz Forum: www.medi-learn.de/STF813

Die Schweiz ist wegen dieser strengen Regelung für deutsche Studienanfänger nicht besonders interessant. Zum Praktischen Jahr (PJ) ändert sich das: Viele deutsche Medizinstudenten absolvieren einen der drei Abschnitte dieses Praktischen Jahres (ein Tertial) in der Schweiz, unter anderem weil sie hier eine recht gute Bezahlung dafür bekommen und mehr Verantwortung übernehmen dürfen als in Deutschland. Im MEDI-LEARN Onlinebereich zum Praktischen Jahr findest du viele Erfahrungsberichte und Informationen zum Thema PJ in der Schweiz.

SURFTIPP

Nachbarland Schweiz

Zum Studieren in der Schweiz findest du online folgende Erfahrungsberichte:

- Ein Hopp in die Schweiz: www.medi-learn.de/STF814
- Studieren in Zürich: www.medi-learn.de/STF815
- So nah und doch so fern: www.medi-learn.de/STF816

Studien-Alternativen: Healthcare und Co.

Muss es denn wirklich Medizin sein? Diese Frage musst du dir natürlich selbst beantworten. Hier sei nur kurz darauf hingewiesen, dass in den letzten Jahren viele sogenannte medizinnahe Studiengänge entstanden sind. Ein paar

Stichworte: Medizin-Technik, Medizin-Informatik, Krankenhausmanagement, Health Care Management sowie Public Health/Gesundheitswissenschaft. Daneben gibt es natürlich die klassischen Studiengänge Zahnmedizin, Tiermedizin und Pharmazie. Wir können in diesem Buch keinen kompletten Überblick über sämtliche alternative, medizinnahe Studienmöglichkeiten geben, aber über eine Internetsuche mit diesen Stichworten wirst du auf weitere Angebote an Unis und Fachhochschulen stoßen!

Ausbildung/Wartesemester sammeln

Wartesemester sind eines von mehreren Kriterien für die Vergabe von Studienplätzen. Zur Verbesserung des persönlichen „Wartesemester-Accounts" zählt nicht die Möglichkeit, einen anderen Studiengang zu absolvieren: Solltest du dir eine bessere Chance ausrechnen, einen Medizinstudienplatz über das Kriterium „Wartesemester" zu erhalten, so empfiehlt es sich in diesem Falle also nicht, einen anderen Studiengang zu beginnen. Wenn es mit dem Studienplatz nicht auf Anhieb geklappt hat, bieten sich dir dennoch zahlreiche Möglichkeiten, durch eine Ausbildung in medizinnahen Bereichen zum einen Praxis-Erfahrungen in der Medizin zu sammeln und zum anderen dein persönliches Wartesemester-Konto aufzufüllen. Absolvierst du beispielsweise nach dem Abi zunächst eine dreijährige Ausbildung, ergibt das 3 x 2 = 6 Semester Wartezeit, die du sinnvoll genutzt hast.

Mögliche medizinnahe Ausbildungsberufe sind:

- Gesundheits- und Krankenpfleger(in)
- Altenpfleger(in)
- Pflegehelfer(in)
- Arzthelfer(in)
- Physiotherapeut(in)
- Rettungssanitäter(in)
- Rettungsassistent(in)
- Hebamme/Entbindungspfleger

Daneben gibt es folgende medizinnahe Assistentenberufe:

- Medizinisch-technische(r) Assistent(in) (MTA)
- Chemisch-technische(r) Assistent(in) (CTA)
- Medizinisch-technische(r) Radiologieassistent(in) (RTA)
- Pharmazeutisch-technische(r) Assistent(in) (PTA)
- Operations-technische(r) Assistent(in) (OTA)

Diese und weitere Ausbildungsmöglichkeiten im Bereich des Gesundheitswesens findest du auf den Berufsinformationsseiten der Arbeitsagentur näher erläutert.

SURFTIPP

Ausbildung & Wartesemester

Auf den Webseiten von MEDI-LEARN findest du Erfahrungsberichte von Studenten, die vorab eine Ausbildung gemacht haben:

- Medizin auf den zweiten Blick
  www.medi-learn.de/STF817
- Krankenpflege als Alternative
  www.medi-learn.de/STF818

Vorteile einer medizinnahen Ausbildung

Neben der Tatsache, dass du während einer Berufsausbildung in medizinnahen Bereichen Wartesemester anhäufst, die deine Chancen auf einen Studienplatz im Vergabeverfahren erhöhen, sammelst du bereits praktische Erfahrungen in der Medizin bzw. in den angrenzenden Bereichen. Zudem hast du nach dem kompletten Durchlaufen der Ausbildung schon einmal einen beruflichen Abschluss und kannst dir eventuell Teile dieser Ausbildung später im Medizinstudium anrechnen lassen. Bestimmte Pflichtkurse müssen während des Studiums dann nicht mehr absolviert werden (z. B. das Krankenpflegepraktikum oder der Erste-Hilfe-Kurs). Die letztendliche Entscheidung darüber liegt allerdings beim zuständigen Landesprüfungsamt.

Ein weiterer dicker Pluspunkt: In den Auswahlgesprächen, die manche Unis mit ihren Bewerbern führen, ist es vorteilhaft, bereits praktische Kenntnisse und Fertigkeiten wie auch eine abgeschlossene Ausbildung im pflegerischen bzw. medizinischen Bereich absolviert zu haben. An einigen Unis führen Ausbildungen in bestimmten Berufen sogar zu einer Verbesserung des Notendurchschnitts und erhöhen somit indirekt ebenfalls die Chance auf den Studienplatz – ein Grund mehr also, über eine derartige Ausbildung nachzudenken. Nicht zuletzt hilft dir solch eine Ausbildung, dein Studium zu finanzieren. Viele examinierte Krankenschwestern und -pfleger finanzieren sich z. B. durch Pflegetätigkeiten im Nebenjob (Sitzwache, Nachtwache) weite Teile des Studiums selbst – und das mit einer medizinischen Tätigkeit.

Nachteile

Eine Ausbildung vor dem Studium zu absolvieren, bringt aber auch Nachteile mit sich. Wer erst einige Jahre einen Beruf erlernt, kommt vergleichsweise spät an die Uni. Die meisten Mitstudenten dürften dann ein ganzes Stück jünger sein, was nicht immer einfach für die Kommunikation ist. Vor allem jedoch wirst du später und älter in den Arztberuf einsteigen, was bei manchen Auswahlgesprächen wiederum einen Minuspunkt bringt. Auch hier gilt: Abwägen, was dir wichtig ist!

SURFTIPP

Freiwilliges Soziales Jahr (FSJ)

Weitere Informationen zum Freiwilligen Sozialen Jahr findest du unter den folgenden Internet-Adressen:

- www.medi-learn.de/STF819
- www.medi-learn.de/STF820

Freiwilliges Soziales Jahr

Das Freiwillige Soziale Jahr (FSJ) stellt ebenfalls eine Möglichkeit dar, ein wenig Berufserfahrung zu erwerben und die Überbrückungszeit bis zum Studienbeginn sinnvoll zu nutzen. Sofern du ein FSJ in einem Pflegeheim, einem Altersheim oder im Krankenhaus absolvierst, hast du hier zudem die Möglichkeit, Teile der dort erfolgten Einweisungen und Ausbildungen (Erste-Hilfe-Kurs, krankenpflegerische Tätigkeiten) im Laufe des späteren Medizinstudiums ganz oder teilweise anrechnen zu lassen, sodass du entsprechende Nachweise und Kurse dann eventuell nicht mehr belegen musst.

GELAUSCHT

Wartezeit sinnvoll nutzen

Wie fast zu jedem Thema hast du auch bei der Ausbildung die Möglichkeit, im Forum über die Erfahrungen anderer zu lesen:

- Das Dilemma mit der Ausbildung
  www.medi-learn.de/STF821
- Rettungsassistent oder Physiotherapeut?
  www.medi-learn.de/STF822
- Krankenpflegeausbildung oder FSJ?
  www.medi-learn.de/STF823

Das Studium vorfinanzieren

Ein Studium ist teuer und nicht jeder erhält hinreichende Unterstützung in Form von BAföG, Stipendien oder elterlichen Zuschüssen. Die Wartezeit bis zum Antritt des Studiums kann ebenfalls genutzt werden, um durch Jobben schon einmal den ein oder anderen Cent für spätere Engpässe zu erwirtschaften. Das empfiehlt sich besonders dann, wenn dein Studienbeginn absehbar ist, also im nächsten oder übernächsten Semester ansteht.

Für das Studium vorlernen?

Immer wieder wird an die MEDI-LEARN Redaktion die Frage herangetragen, ob man die Zeit des Wartens auf den Studienplatz nicht schon einmal nutzen sollte, um das ein oder andere Medizin-Fach per Literaturstudium zu lernen. Zwar mag es sinnvoll sein, im Vorfeld schon einmal eine Buchhandlung zu besuchen und in den medizinischen Lehrbüchern zu blättern, um einen ersten Eindruck zu erhalten. Ein hartnäckiges Bücherwälzen vor dem eigentlichen Studium halten wir allerdings für nicht empfehlenswert. Die Lektüre medizinischer Fachbücher bringt erst dann einen echten Lerneffekt, wenn sie mit Vorlesungen, Praktika und den anderen Lehrveranstaltungen an der örtlichen Uni verbunden wird, man also eingeschriebener Student ist.

SURFTIPP @

Finanzen

Ausführliche Infos und zahlreiche Anregungen zum Thema „Nebenjobs“ findest du unter der folgenden Internet-Adresse:

- www.medi-learn.de/STF824

Fazit zur Studienplatzvergabe

An dieser Stelle ist ein Fazit nicht ganz so leicht zu ziehen. Wer den gewünschten Studienplatz nicht erhalten hat, ist verständlicherweise nicht gerade bester Dinge, besonders, wenn mit einer Ablehnung überhaupt nicht gerechnet wurde. Es ist immer sinnvoll, Plan B in der Tasche zu haben, um für den Fall einer Ablehnung einen alternativen Weg beschreiten zu können – sei es für eine Überbrückung bis zur nächsten Bewerbung, für einen anderen Studiengang oder für eine andere Form der Ausbildung.

Früher war es noch härter: Lag der Numerus Clausus zum Beispiel bei 1,8 und die eigene Abinote war eine 1,9, so drohten bis zu zehn Semester Wartezeit. Durch die neu geschaffenen Auswahlverfahren der Universitäten, die nun 60 % ihrer Studenten selber auswählen können, wurde mehr Flexibilität ge-

schaffen. Wer also wegen des Notendurchschnitts in der Auswahl der Abiturbesten (Abi-Quote) abgelehnt wurde, muss nicht gleich den Kopf hängen lassen, sondern kann sich schon mal fit für etwaige Auswahlgespräche und Studierfähigkeitstests machen, um hier zu punkten.
An seinen Zielen festzuhalten, halten wir für ratsam. Falls diese Ziele jedoch völlig illusorisch sein sollten oder man sich mehrere Male vergeblich bemüht hat, einen Platz zu bekommen, sollte man seine Zukunftspläne überdenken und sich z. B. mit einer der genannten Studienalternativen beschäftigen.

GELAUSCHT

Wartezeit

Da die Wartezeit für viele eine echte Härteprobe darstellt, seien an dieser Stelle noch einige Forendiskussionen genannt. Tipp von unserer Seite: Lass dich nicht entmutigen; wer unbedingt Medizin studieren möchte, schafft es auch irgendwann, einen Studienplatz zu bekommen:

- Wartezeitdepressionen: www.medi-learn.de/STF825
- FAQ Wartesemester: www.medi-learn.de/STF826

Im Namen des Gesetzes

Die sogenannten Studienplatzklagen (eigentlich gerichtliche Kapazitätsverfahren) gibt es, seit es die Stiftung für Hochschulzulassung und den Numerus clausus gibt. Grundlage ist eine Entscheidung des Bundesverfassungsgerichts aus den 70er Jahren, nach der festgestellt wurde, dass die Universitäten verpflichtet sind, so viele Studierende wie möglich aufzunehmen. Damit wurde das sogenannte Kapazitätserschöpfungsgebot aus der Taufe gehoben. Dies bedeutet, dass die Universitäten im Prinzip verpflichtet sind, jeden Bewerber für einen Studienplatz aufzunehmen und auszubilden. Die Praxis sieht natürlich anders aus: Nach wie vor gibt es einen hohen Numerus clausus, der in den medizinischen Studiengängen bis zu einer Wartezeit von sechs Jahren oder länger führen kann. Die Verwaltungsgerichte, die für diese Verfahren zuständig sind, ermitteln nicht zusätzliche Studienplätze, sondern verdeckte Plätze. Bei der Ermittlung der Anzahl der Studienplätze je Universität muss eine umfangreiche und in weiten Teilen sehr komplizierte Berechnung durchgeführt werden, bei der immer wieder Fehler passieren. In manchen Bundesländern werden die Hochschulen durch die

Ministerien angewiesen, nur eine bestimmte Anzahl von Studienplätzen zur Verfügung zu stellen, die mit der Wirklichkeit anhand der Kapazitätsberechnung nicht immer übereinstimmen. Der Erfolg der Studienplatzverfahren in den vergangenen Jahren hat deren Bedeutung zum wiederholten Male gezeigt. Die Verfahren richten sich nicht gegen die Stiftung für Hochschulzulassung, sondern gegen einzelne Universitäten. Hierbei sind es in erster Linie die Gerichte, die die zusätzlichen Studienplätze ermitteln. Die Kapazitätsunterlagen werden von den Gerichten angefordert und eingehend überprüft. Hierbei hilft ein wichtiges Gesetz, das nach der o. g. Entscheidung des Bundesverfassungsgerichts in den 70er Jahren verkündet wurde: Es handelt sich um die Kapazitätsverordnung, deren Umsetzung durch das jeweilige Landesrecht jede Universität bei der Ermittlung der Studienplätze beachten muss.

SURFTIPP @

Studienplatzklage

In unserem Forum wird das Thema Studienplatzklage auch diskutiert. Schau einfach mal hier:

- www.medi-learn.de/STF827

Die Studienplätze fallen nicht „vom Himmel"

Die Anzahl richtet sich nach Ausstattung der Universität (z. B. Lehrpersonen, Laborplätze, Umfang des Lehrdeputats, Unterrichtsverpflichtung eines Hochschullehrers, Lehraufträge). Wenn beispielsweise ein Hochschullehrer durch ein Forschungssemester nicht unterrichten kann, muss geprüft werden, ob „seine" Stelle bei der Kapazitätsberechnung noch mitgezählt wird. Weiter prüfen die Gerichte, ob und wie viele Studierende das Studium im Laufe der Semester wieder aufgeben oder aus anderen Gründen die Hochschule verlassen. Da insoweit dann weniger Lehre abgefragt wird, muss im Rahmen einer sogenannten Schwundberechnung überprüft werden, wie sich dies auf die Kapazität zu Beginn des Studiums (also bei den Studienanfängern) auswirkt. Das Bundesverfassungsgericht hat (damit) festgestellt, dass absolute Zulassungsbeschränkungen für Studienanfänger einer bestimmten Fachrichtung nur dann verfassungsgemäß sind, wenn sie in den Grenzen des unbedingt Erforderlichen unter erschöpfender Nutzung der vorhandenen Ausbildungskapazitäten angeordnet werden. Weiter liegt insoweit eine Rechtmäßigkeit nur dann vor, wenn Auswahl und Verteilung der Bewerber nach sachgerechten Kriterien mit einer Chance für jeden Bewerber und unter möglichster Berücksichtigung der individuellen Wahl des Ausbildungsortes erfolgen.

Wenn Unis sich verrechnen

Die Kapazitätsprozesse sind dann erfolgreich, wenn sich also die Universität „verrechnet" hat und wenn sich die neue Berechnung aufgrund einer gerichtlichen Überprüfung anders darstellt, als zunächst in den Bundesländern für die einzelnen Hochschulen festgesetzt war. Damit ordnen nicht die Universitäten oder Rechtsanwälte, sondern die Gerichte an, unter welchen Voraussetzungen zusätzliche Studienplätze verteilt werden. Dies erfolgt regelmäßig durch das Los. In einigen Bundesländern werden die Studienplätze nur an die Kläger mit den besten Voraussetzungen nach einer bestimmten Rangfolge verteilt. Studienplatzverfahren enden gelegentlich auch durch einen Vergleich. Darin einigen sich die Parteien, dass ohne gerichtliche Entscheidung zusätzliche Plätze unter den Bewerbern verlost werden.
Die Zahl der Studienplatzbewerber, die sich für ein Klageverfahren entscheiden, ist seit ca. einem Jahr rückläufig. Solltest du dich dafür entscheiden, parallel mehrere Verfahren gegen verschiedene Hochschulen durchzuführen (beispielsweise zehn an der Zahl), liegt die Chance bei 50 % bis 60 %. Wichtig ist, dass es der Anwaltskanzlei gelingt, die wirklich aussichtsreichen Verfahren herauszusuchen. Hier spielt die Erfahrung der auf diesem Rechtsgebiet spezialisierten Rechtsanwaltskanzleien eine entscheidende Rolle.

Wir danken Herrn Karasek!
Bei Rückfragen zum Studium kannst du dich gerne an ihn wenden.

INFO

Im Namen des Gesetzes

Dieser Abschnitt wurde verfasst von:
Reinhard Karasek, Rechtanwalt
Postfach 11 69, 35001 Marburg
Tel: 06421-1 68 96-0, Fax: 06421-1 68 96-78
E-Mail: info@kanzlei-karasek.de
Homepage: www.kanzlei-karasek.de

Schule vorbei, ich will Medizin studieren, Abi 3,1 und nun?

An dieser Stelle möchten wir dich an den Erfahrungen von Sascha M. teilhaben lassen, der über seine Erlebnisse im Rahmen der Studienplatzklage berichtet:

Du hattest doch erst vor Kurzem von einer Freundin gehört, dass sie sich eingeklagt hat, um studieren zu können. Da könnte man ja einmal nachfragen.

Einige Tage später traf ich mich mit ihr und musste erfahren, dass sie sich für Psychologie einklagt hatte. Ob das auch für das Gebiet Medizin geht, wisse sie zwar nicht, gab mir aber trotzdem die Nummer ihres Anwalts. Dieser wohnt im Süden Deutschlands und ich entschied mich, ihn einmal anzurufen – fragen kostet ja bekanntlich nichts. Nach einem ca. 15-minütigen Telefonat wusste ich, dass das Einklagen für Medizin möglich ist, allerdings kostet es Geld. Wenn man unbedingt Medizin studieren will und keine fünf Jahre warten möchte, ist dies die einzige Chance, so dachte ich damals zumindest. Nach Rücksprache mit meinen Eltern und einem Blick auf mein mühsam Erspartes war klar, ich klage mich ein.

Nach einem erneuten Telefonat mit dem Anwalt erhielt ich bereits zwei Tage später die Unterlagen inklusive erster Rechnung. Wie hoch der Betrag genau war, weiß ich nicht mehr, aber so ca. 3.000 € ließ er sich seinen „Aufwand" kosten. Dazu kamen dann noch jedes Mal Kosten pro verklagter Uni, aber da musste ich nun durch.

Es verging einige Zeit, bis die ersten Briefe von ein paar Plätzen an zwei Unis kamen. Diese wurden unter allen Klägern an diesen Unis verlost und ich landete immer unter „ferner liefen". Dieses Spiel wiederholte sich dann noch einige Male. In Leipzig wurden damals 100 und in Dresden 80 Plätze verlost. Meine Wunsch-Uni Göttingen verloste damals 32 Plätze, aber ich hatte leider kein Glück.

Ein Semester verging und ich stand noch immer ohne Studienplatz da, wurde allerdings von meinem Anwalt beruhigt, dass es vielen anderen Studenten auch so erging. Zum nächsten Semester würden dann die Unis erneut verklagt werden und dann würden auch nur diese Kosten anfallen und keine weiteren Anwaltskosten.

Das Spiel „Plätze, die verlost werden" ging also weiter: Allerdings waren es noch Klagen aus dem vorangegangenen Semester – auch dort lief es nicht gut für mich. Jede einzelne Nachricht war damals für mich ein neuer Tiefschlag, an dem ich sehr zu knabbern hatte. Meine Hoffnung hingegen wollte ich aber nicht aufgeben, nicht für den Traum vom Medizinstudium!

Der Osterhase als Überbringer der Freudennachricht

Es war Samstag vor Ostern. An diesem Tag war ich unterwegs zu einer Taufe in Würzburg und kam auf dem Weg von Bremen unweigerlich an mei-

ner Uni-Traumstadt Göttingen vorbei. Viele Träume und Wünsche gingen mir auf dem Weg nach Würzburg durch den Kopf. Allerdings überkam mich eine gewisse Art der Trauer auf der Rückfahrt, da ich mich fragte, ob mein Wunsch jemals in Erfüllung gehen würde.
Bereits drei Stunden später ging dann mein Ostermärchen tatsächlich in Erfüllung! Daheim angekommen lag ein Brief von der damaligen SfH im Briefkasten. Ziemlich verwundert fragte ich mich innerlich, was die wohl von mir wollten; vielleicht die Absage vom normalen Vergabeverfahren bestätigen? Ich öffnete den Brief: Da war er, mein Studienplatz in Göttingen! Aber halt, da stand etwas von „Teilstudienplatz" und die SfH führte dazu noch einiges im Brief aus. Ich durfte nun also in Göttingen anfangen und dort zumindest schon einmal die Vorklinik verbringen. Was danach geschehen würde, wusste ich zwar noch nicht, aber wenigstens war ich nun an meiner Wunsch-Uni angenommen worden.
Bereits eine Woche später sollte alles losgehen. Ein paar Tage später habe ich dann meinen Anwalt angerufen und ihm die guten Neuigkeiten mitgeteilt. Er meinte, ich wäre auch in Rostock und Mainz angenommen worden – einen Beweis dafür hatte er allerdings nicht. Das war mir jedoch egal, zumal ich durch die Zusage der SfH noch ein paar Klagen zurückziehen und somit Geld sparen konnte.
Nach der ersten Uni-Woche wurde ich auf das Forum von MEDI-LEARN aufmerksam. Beim Durchlesen wurde mir klar, dass ich eine Menge Geld hätte sparen können. Von Teilstudienplätzen hatte ich ja vorher noch nichts gehört und wusste auch nicht, dass andere Anwälte noch günstiger gewesen wären.

Eine Garantie, dass man per Klage einen Studienplatz erhält, gibt dir leider niemand. Ein Kommilitone von mir hat beispielsweise zwei Jahre lang geklagt und ist ebenfalls per Teilstudienplatz der SfH an sein Studium gekommen.
Die Anwälte selbst berichten zwar von Ausnahmen, aber wenn man sich umhört ist es fast schon normal geworden, dass man eher mehr als ein Semester klagen muss, ehe man Erfolg hat.
Letztendlich muss jeder selbst entscheiden, ob er diese Möglichkeit wahrnehmen möchte und sie sich vor allem leisten kann. Ich persönlich würde es nicht noch einmal machen.

ZUSAMMENFASSUNG

Keinen Studienplatz erhalten – und jetzt?

Studienalternativen an anderen Universitäten im In- und Ausland
Die Universitäten in Witten-Herdecke, im ungarischen Budapest und im tschechischen Hradec Králové bieten interessante Studienalternativen. Zu einem Platz in Witten-Herdecke gelangt man über ein erfolgreiches Bewerbungsgespräch. An den ausländischen Unis gilt es, auf die Unterrichtssprache zu achten, z. B. bietet die Semmelweis-Uni in Budapest in den ersten vier Semestern Unterricht in Deutsch. Ebenfalls wichtig: Es werden nicht unerhebliche Studiengebühren in Höhe von mehreren Tausend Euro je Semester fällig (siehe Seite 60).

Österreich und Schweiz
Auch an den österreichischen Unis in Innsbruck, Graz und Wien ist für Bundesbürger die Bewerbung um einen Studienplatz möglich, in Wien und Innsbruck muss ein Test namens EMS (Eignungstest Medizin) absolviert werden. Schwieriger ist die Aufnahme eines Medizinstudiums in der Schweiz mit ihren Unis in Basel, Bern, Genf, Lausanne, Neuchâtel, Zürich und Fribourg, denn dazu musst du mindestens fünf Jahre in der Schweiz gelebt haben (siehe Seite 62).

Wartezeit mit Ausbildung sinnvoll nutzen
Wartesemester ist die Zeit in Halbjahren seit Erwerb der Hochschul-Zugangsberechtigung, die nicht mit einem Studium verbracht wurde. Du kannst diese Zeit für eine Weltreise, fürs Faulenzen oder aber sinnvoll für ein Freiwilliges Soziales Jahr oder eine medizinnahe Ausbildung (Gesundheits- und Krankenpfleger, Rettungssanitäter, MTA u. a.) nutzen (siehe Seite 64).

Das Studium vorfinanzieren
Als angehender Student ist es empfehlenswert, schon in Ruhe vor Studienbeginn durch Jobben den ein oder anderen Euro auf die hohe Kante zu legen (siehe Seite 67).

Soll ich für das Studium schon vorher lernen?
Gegen ein Blättern in Büchern aus deiner Bücherei ist nichts einzuwenden, aber höhere Aufmerksamkeit solltest du dem potenziellen Lernstoff VOR dem eigentlichen Studium nicht widmen, denn du kannst noch nicht unterscheiden, worauf es genau ankommt und was wirklich wichtig ist. Warte also, bevor es an der Uni losgeht (siehe Seite 67).

Im Namen des Gesetzes: Studienplatz-Klage
Auch dieser Umweg kann zum Ziel führen: Über das Spezialgebiet z. B. einer sogenannten Kapazitätsklage kannst du – mit anwaltlicher Hilfe – einen Studienplatz in einem Gerichtsverfahren – meist als Sammelklage – erstreiten (siehe Seite 68).

Mehr Cartoons unter:
www.medi-learn.de/cartoons
www.facebook.de/medilearn

Eigener Herd ist Goldes wert

Der Weg zur neuen Bleibe

Dein Studienort steht fest und du hast einen Studienplatz erhalten? Herzlichen Glückwunsch! Nun gilt es, eine neue Bleibe zu finden, sofern der Auszug aus dem elterlichen Domizil angesagt ist. Du kannst natürlich Glück haben und zufälligerweise auf dem Unigelände mit jemandem zusammenstoßen, der gerade sein Studium beendet hat und ganz dringend einen Nachmieter für seine große, günstige Wohnung in zentraler Lage sucht. Mit Whirlpool. Das ist aber eher seltener der Fall – für die Wohnungssuche solltest du daher ein paar Tage mit Luftmatratze und Schlafsack in der Jugendherberge, im Hotel, bei Freunden (oder Freunden von Freunden von Freunden) oder Verwandten einplanen. Falls du überhaupt nicht weißt, wo du während der Suche übernachten sollst, kann dir oft auch die Fachschaft oder der AStA (siehe Seite 76) weiterhelfen!

Erste Anlaufstelle sind meist die Annoncen in der örtlichen Zeitung oder in den Stadtmagazinen. Du kannst hier in den Wohnungsangeboten stöbern oder aber selbst eine Annonce aufgeben. Bekanntlich lassen sich die Blätter die Wohnungsanzeigen allerdings teuer bezahlen, zudem ist die Anzahl der Zeichen innerhalb einer Anzeige sehr beschränkt. All das zwingt dich, den Text möglichst komprimiert darzustellen. Auch hier werden sehr viele Abkürzungen verwendet, deren Entschlüsselung so manchem (Erst-) Wohnungssuchenden Schwierigkeiten bereiten kann.

Ein paar einschlägige Abkürzungen – und ihre Bedeutungen – liefern wir dir an dieser Stelle:

1 ZKB	1 Zimmer, Küche, Bad
Abl.	Ablöse
Court.	Courtage (Vermittlungsgebühr des Immobilienmaklers)
D'bad	Duschbad (nur Dusche, keine Badewanne)
EBK	Einbauküche
erf.	erforderlich
Fb'hzg	Fußbodenheizung
Gem.-Ant.	Gemeinschaftsantenne
Hs.-Mst.	Hausmeister

inkl.	inklusive Nebenkosten (Achtung: meist ohne Heizkosten bzw. Strom)
MM	Miete pro Monat
Nsphzg.	Nachtspeicherheizung – nutzt kostengünstigeren Nachtstrom (ist meist trotzdem recht teuer)
RMH	Reihenmittelhaus
sof. frei	sofort frei
V'bad m.Fe	Vollbad mit Fenster
Ww	Warmwasser
Zhzg.	Zentralheizung

UNSER TIPP

Umzug

Eine ausführliche Liste findest du im Add-On-Dokument „Umzug und Wohnungssuche". Hier stehen dir auch weitere nützliche Dinge zur Verfügung, wie z. B. ein Muster eines Wohnungsbesichtigungs-Protokolls und ein Rechenbeispiel, wie viele Umzugskartons du benötigen wirst:

- www.medi-learn.de/STF828

Als zweite Anlaufstelle bei der Wohnungssuche dienen die Einrichtungen der Uni: zum einen das Studentenwerk. Wer einen Platz in einem Studenten-Wohnheim beantragen will, ist hier richtig aufgehoben. An vielen Unis gibt es allerdings Wartelisten für die Wohnheime. Manche Studentenwerke vermitteln auch private Unterkünfte. Bitte im Einzelfall nachfragen!
Zum anderen kannst du dein Glück beim AStA (Allgemeiner Studierendenausschuss, sozusagen „die Schülervertretung an der Uni") versuchen, der in der Regel ebenfalls eine Vermittlung anbietet oder dir zumindest Tipps zur leichteren Suche vor Ort geben kann. Hier findest du auf jeden Fall ein großes schwarzes Brett. An diesem befinden sich meist so viele Angebote und Gesuche, dass von der schwarzen Grundfarbe nicht mehr viel zu sehen ist! Wenn du einen eigenen Aushang machen willst, kann ein bisschen Kreativität in der Gestaltung nicht schaden, um ihn optisch etwas abzuheben. Einen „Standard" solltest du aber auf deinem Aushang führen: die eigene Nummer, am besten natürlich die Handynummer, in höherer Anzahl

unten auf dem Blatt zum Abreißen (Blatt mit Schere einschneiden) angeben. Das erleichtert die Kontaktaufnahme. Kleiner Tipp: ein bis zwei Adresszettelchen schon kurz nach dem Aushang abreissen, dann trauen sich auch die anderen ...
Die dritte Anlaufstelle, die immer beliebter wird, sind die diversen Wohnungsbörsen für Appartments und Wohngemeinschaften, die das Internet zu bieten hat. Die bekanntesten haben wir hier für dich zusammengetragen:

Wohnungsbörsen

Immobilienscout: www.medi-learn.de/STF829
Zimmersucher: www.medi-learn.de/STF830
Wohnfinder: www.medi-learn.de/STF831
WoWi: www.medi-learn.de/STF832

WG-Börsen

Studenten-WG: www.medi-learn.de/STF833
Studentenwohnungsmarkt: www.medi-learn.de/STF834
WG gesucht: www.medi-learn.de/STF835
WGcompany: www.medi-learn.de/STF836
WG-Homepages: www.medi-learn.de/STF837
WG-Börse: www.medi-learn.de/STF838

Darüber hinaus sind Ratgeber und Checklisten rund um das Thema Umzug und Wohungssuche im Netz vorhanden, die dir einige wichtige Tipps geben können:
Einfacher umziehen: www.medi-learn.de/STF839
Umzugs-Checkliste: www.medi-learn.de/STF840
Umzugsratgeber: www.medi-learn.de/STF841
Umzugstipps: www.medi-learn.de/STF842
Musterformulare: www.medi-learn.de/STF843
Umzugs-Check: www.medi-learn.de/STF844
Nachsendeservice: www.medi-learn.de/STF845
Mein Umzug: www.medi-learn.de/STF846

UNSER TIPP

Wohnberechtigungsschein

In vielen Städten kannst du einen Wohnberechtigungsschein (sogenannten B-Schein) beantragen, mit dem du – sofern dein Einkommen überschaubar ist – eine günstige Unterkunft ergattern kannst. Und das muss nun wirklich keine Bruchbude sein! Viele Berliner Studenten beispielsweise nutzen diese Möglichkeit. Ebenso solltest du dich erkundigen, ob du eventuell Anspruch auf Wohngeld hast. Infos erhältst du in der Regel über die Homepage der jeweiligen Stadt.

Abenteuer Wohnungssuche

Damit du einen kleinen, realistischen Einblick in das „Abenteuer Wohnungssuche" bekommst, gibt es an dieser Stelle einen Beitrag von MEDI-LEARN Autorin Yvonne B. , die in unterhaltsamer Erzählform von ihren Erlebnissen während der Wohnungssuche zum Beginn ihres Medizinstudiums in Gießen berichtet.

Zimmer frei!

Erfreuliche Post von der Uni: Der Studienplatz war mir sicher! Aber wie würde mein zukünftiges Zuhause aussehen? In Gießen eingetroffen, grase ich die schwarzen Bretter am Hauptgebäude der Uni ab. Plötzlich lacht mich ein sonnengelbes DIN A4-Blatt an: „Nette WG sucht Dich! Wir (zwei weibliche und ein männlicher Student), suchen eine(n) nette(n) Mitbewohner(in), Küche, Bad, ISDN- Anschluss, Tiere sind herzlich willkommen."
Das Herz schlägt höher. Ich denke an Designer-Möbel, eine große Wohnküche, nackte, gut trainierte Oberkörper von netten Mitbewohnern – wie in der Fernseh-WG von „Unter Uns". Noch halb im Seifenoper-Traum, höre ich eine etwas verschlafene Stimme am Telefon, im Hintergrund das Gebell eines Hundes. „Hallo, ich rufe wegen des Zimmers an." „Einen Moment", sagt die andere Stimme am Hörer. „Ey, da ruft schon wieder jemand für das Zimmer an!" Das Genuschel der anderen verstehe ich nicht. Mir kommen erste Zweifel. Ob das meine WG ist? „Wann möchtest du dir das Zimmer denn anschauen?" „Am besten wäre heute." Heute ist in Ordnung.

Ein Heim für Tiere

Eine Stunde später besteige ich die Stiege eines dunklen Flurs hinauf zu einer Dachwohnung. Während ich mit zittriger Hand die Klingel drücke, stolpere ich fast über einen mit Schlamm beschmierten Reitstiefel. Die Tür geht einen Spalt auf. Etwas stürzt auf mich zu, dann sitze ich auf dem Boden. Das Etwas ist feucht und will nicht von meinem Hals weichen. „Jana, Pikko und Dalli weg – kommt zu Herrchen! Keine Sorge, die machen nichts." Ich komme langsam auf die Beine und erkenne, dass Jana ein Bernhardiner, Pikko ein Dackel und Dalli anscheinend ein Labradormischling ist. Ich bin in einer Vetmed-WG gelandet – angehende Tierärzte also. Ein wenig verstört, mit dem Bernhardiner zwischen meinen Beinen herlaufend, bekomme ich Einblick in die Küche. Neben der Herdplatte: eine offene Dose Hundefutter und Möhren.

Im Flur lerne ich Pünktchen und Anton kennen, zwei Widderhasen mit Schlappohren. Im Wohnzimmer lebt ein Zwerghamster. Als ich mich zu ihm beuge und ihm den Finger durch den Käfig zustecke, faucht er giftig. „Ach, das ist Rambo, unser Zwerghamster. Günther hat ihn vor einem Schlangenfraß gerettet. Vorsicht, er beißt."

Schließlich sehe ich „mein" Zimmer, welches recht freundlich wirkt, mit dem hellen Teppich. Doch dieser eigenartig strenge Geruch, den ich kaum zuordnen kann, lässt mich dann doch noch einmal nachhaken. „Ach ja, Katja, die vorher in dem Zimmer gewohnt hat, hatte zwei Chinchilla-Babys. Hat `ne Weile gedauert, bis die gelernt haben, das Klo zu benutzen. Echt, du riechst das?" Mit den Worten "Wenn du diejenige bist, dann melden wir uns" begleiten mich Franzi und das Hundetrio zur Türe.

Das ZKB in JWD

Es dauert eine Weile, bis ich das beschriebene Haus der nächsten Anzeige, der ich nachgehe, gefunden habe. „ZKB in ruhiger Lage, 25 m², möbliert, mit großem Garten und zentraler Anbindung, 200 € warm" stand in der Zeitungsannonce.

Die Fahrt führt mich in eines der entlegenen Dörfer um Gießen herum – Hüttenberg. Es ist das letzte Haus im Dorf, der große Garten entpuppt sich als die angrenzende Weide. Ein ziemlich betagter Herr schüttelt mir überraschend dynamisch und kräftig die Hand. Dahinter sehe ich nun auch seine Frau, eine gutmütig lächelnde, zahnlose ältere Dame im Arbeitskittel.

Die mit „ZKB" betitelte Annonce entpuppt sich als ein der Scheune angegliedertes Zimmer. Die Wandtapete in Olivgrün mit großen Kringeln und ein Gemälde mit röhrendem Hirsch verraten, dass das Zimmer seit den 50ern keine Veränderung gesehen hat. Die Kirschbaummöbel wirken gepflegt, das Bett sieht mir jedoch ein wenig schief aus. Die angepriesene Küche entlarvt sich als Herdplatte. Es geht zum Bad, eine graue, ebenfalls im 50er Jahre-Stil „gehaltene" Nasszelle. Der Spülkasten des Klos ist offen. Herr Mayer beginnt zu erklären. Das System sei einfacher, als man zunächst glaubt, man muss nur zwei-, dreimal üben. Wenn man die Kordel zum Abdrücken zieht, dann muss man diesen und jenen Hebel im Kasten umlegen – er demonstriert – und ein bedrohliches Gluckern und Rumoren lassen mich zurückweichen. „Beeilen Sie sich, das Zimmer ist bald weg", sagt Herr Mayer mir zum Abschied.

Zehn Quadratmeter Privatsphäre

Das könnte tatsächlich so sein. Denn die Wohnungslage ist nach Aussage der Studentenwerkverwaltung angespannt. So kommt es zu Semesterbeginn in Gießen nicht selten vor, dass Matratzen im Keller als Notlager für 80 € pro Woche vermietet werden und die Jugendherberge oder gar das Hotel die erste Bleibe für viele Studenten darstellt. Am schlimmsten trifft es hierbei die Nachrücker, also Studenten, die verspätet die Zusage zu einem Studienplatz bekommen, wenn ein anderer aus irgendwelchen Gründen zurückgetreten ist. Oft kommen sie in einer Nacht- und Nebelaktion hunderte von Kilometer entfernt angereist, um den Studienplatz anzutreten. Für diese gesonderte Delegation hält das Studentenwerk in seinen Heimen aber immer einige Zimmer frei.

Fündig geworden!

So folgt eine Wohnungsbesichtigung der nächsten. Immer mit einer netten Verabschiedung und der Zusicherung, man würde sich melden, während man schon den nächsten potenziellen Mitbewohner kommen sieht. Und wie so häufig, macht auch hier die Not Freunde. Man grüßt sich untereinander, trifft sich immer wieder und scherzt, ob man denn nicht im schlimmsten Falle eine Zeltsiedlung unter der Brücke eröffnen solle.

Bei Einbruch der Dämmerung werde ich doch noch fündig. Tatsächlich zentral gelegen, finde ich Gefallen an einem Zimmer mit 20 m^2. Die WG ist mir auf Anhieb sympathisch. Vor allem scheint sie „normal" zu sein. Und diesmal soll es so sein: Ich bekomme das Zimmer!

Eigener Herd...

Rückblickend habe ich viele schöne Erinnerungen an meine WG-Zeit: Die Videoabende und die gemeinsamen Verschönerungsaktionen des Badezimmers und des Flurs, das gegenseitige Austauschen von CDs und die gemeinsam durchlebten Lernphasen.

Bald werde ich mein allererstes Studentenreich, welches ich nun fünf Jahre bewohne, mit einem lachenden und einem weinenden Auge verlassen, wobei die Aussicht auf eine schöne Wohnung mit richtiger Küche, Bad und Waschmaschine schon verlockend ist.
Mit zwei Koffern habe ich angefangen, nun werde ich ganz bestimmt einen kleinen Laster zum Auszug brauchen. Aber alles hat seine Berechtigung. Ich habe festgestellt, dass es die kleinen Details sind, die ein Zuhause ausmachen. In diesem Sinne: Ich wünsche allen Anfängern einen guten Start und „Home sweet home"!

Soweit unsere Tipps und Yvonnes Erfahrungen zum Thema Wohnungssuche. Beim Thema Wohnen stellen sich unweigerlich die Fragen nach Miete und Bezahlung, oder anders formuliert: Wie finanziere ich eigentlich Leben, Wohnen und Studium? Damit beschäftigt sich unser nächstes Kapitel im Studienführer.

ZUSAMMENFASSUNG ✓

Wohnungssuche

Der Weg zur neuen Bleibe
Vor das Lernen und Studieren haben die Götter das Finden einer Studentenwohnung gesetzt. Es gilt, auf dem Weg zur neuen Bleibe die passende Wohnung zu finden. Die ersten paar Tage kann es empfehlenswert sein, vom Stützpunkt einer Jugendherberge oder einer preisgünstigen Pension aus die Wohnungssuche in Angriff zu nehmen (siehe Seite 75).

Wege zum Ziel
In Frage für das Sichten oder Einholen von Wohnungsangeboten kommen z. B. das eigene Inserat in Zeitung und Stadtmagazin, das Anbringen von Aushängen an Schwarzen Brettern, der Besuch beim Studentenwerk oder bei der Fachschaft und dem AstA („Studentenvertretung" an der Uni). Zudem bieten Wohnungsbörsen im Internet eine nicht unerhebliche Anzahl insbesondere von Studenten-Buden (siehe Seite 77).

Für immer und ewig? Mitnichten! Alles zu seiner Zeit
Manchmal muss die anzustrebende Erst-Wohnung auch nicht für immer bewohnt werden, sondern dient lediglich als Startpunkt für die nächste Suche – dann allerdings in Ruhe in der Zeit nach Studienbeginn.

Ohne Moos gar nix los!

Tipps für die Studienfinanzierung

Ein Medizinstudium kostet einiges: Zeit, Energie, Nerven und vor allem Geld. Rechnet man alle Kosten zusammen, die für den persönlichen Lebensunterhalt, das Wohnen und das Studium selbst ausgegeben werden, so ergibt sich ein Richtwert von 600 €, der zur Deckung des Mindestbedarfes notwendig ist.

Hier gibt es natürlich erhebliche Unterschiede, die sich abhängig von örtlichen Lebenshaltungskosten, persönlichem Konsumverhalten und dem zur Verfügung stehenden Budget gestalten. Die „Standardausgaben" für Miete, Nahrungsmittel, Mobilität (Bahn, Auto, öffentliche Verkehrsmittel) und Freizeitaktivitäten (Kino, Sport, Reisen etc.) variieren von Student zu Student und von Stadt zu Stadt. Dennoch fallen für jeden Student aber bestimmte Beträge an, die in jedem Falle berücksichtigt werden müssen.

UNSER TIPP

Studienfinanzierung

Mach dir zu Studienbeginn eine Liste aller Ausgaben und Einnahmen, die du einplanen musst. Das Beste ist, wenn du diese mit deinen Eltern und/oder Freunden, die schon studieren, durchgehst und gegebenenfalls korrigierst. So weißt du von Anfang an, was dir zur Verfügung steht.

Zum einen werden an jeder Universität pro Studienhalbjahr sogenannte Semestergebühren und gegebenenfalls Studiengebühren fällig: Diese setzen sich z. B. zusammen aus Beiträgen für den Verwaltungsaufwand, für den AStA (die Studierendenvertretung an der Uni) oder das Semesterticket (falls es angeboten wird, kannst du damit die öffentlichen Verkehrsmittel kostenfrei nutzen). Der Betrag variiert erheblich, die Spanne reicht von unter 50 bis über 200 €. Je höher der Betrag, desto größer ist in der Regel das Gebiet, in dem du das Semesterticket nutzen kannst. Teilweise kannst du so mehrere hundert Kilometer Bahnstrecke mit dem Ticket fahren. Wer zum Beispiel in Göttingen studiert, kann mit dem Zug bis nach Hamburg fahren.

Es lohnt sich auf jeden Fall, sich über den Geltungsumfang des Tickets zu informieren. Häufig gibt es auch weitere Ermäßigungen für Studenten. Zum anderen kann sich der Aufwand für Lehrbücher und weitere Materialkosten (Kittel, Stethoskop, Präparierbesteck) insbesondere zu Studienanfang in Bereiche von bis zu einigen hundert Euro erstrecken.

In späteren Semestern müssen insbesondere für Bücher auch noch höhere Beträge veranschlagt werden. Durchschnittlich 634 € finden sich auf den Konten monatlich zur Lebensführung ein. Ein genauerer Blick auf die Verteilung zeigt allerdings zwei interessante Tendenzen: Zum einen muss ein Fünftel der Studenten mit nur 428 € und weniger im Monat haushalten, während auf der anderen Seite der Skala beinahe ebenfalls ein Fünftel der Umfrageteilnehmer über ein Budget verfügt, das 857 € und mehr beträgt.

>> Monatsbudget von Medizinstudenten

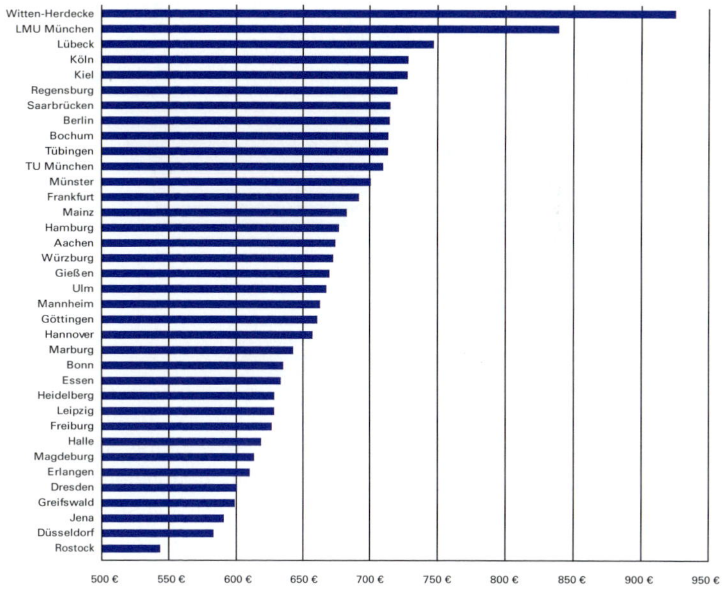

Welche Geldquellen gibt es?

Diverse Einnahme- und Geldquellen sorgen für monatliche Zahlungen auf den Konten der Studenten: Die monatliche elterliche Finanzspritze, Zahlungen nach dem Bundesausbildungsförderungsgesetz (BAföG), Kreditprogramme der öffentlichen Hand, Kindergeld, möglicherweise Stipendien und natürlich die Einnahmen aus eigener Arbeit, also aus studentischen Nebenjobs.

Elterliche Finanzzuwendungen

Die meisten Studenten erhalten finanzielle Unterstützung von ihren Eltern, die sich zwischen einigen hundert und zum Teil auch über 1.000 € bewegen. In einer Umfrage haben wir die durchschnittliche elterliche Zuwendung erfragt, wobei hier die Angaben sehr schwankten: Rund 437 € lassen sich die Eltern das monatliche Sponsoring ihrer Zöglinge kosten. Allerdings fallen an den Extremen sowohl dasjenige Zehntel auf, das ohne Elternzuschuss zurechtkommen muss, als auch diejenigen 30 %, die 605 € und mehr im Monat „sponsored by mom & dad" verbuchen können.

>> Finanzielle Unterstützung durch die Eltern

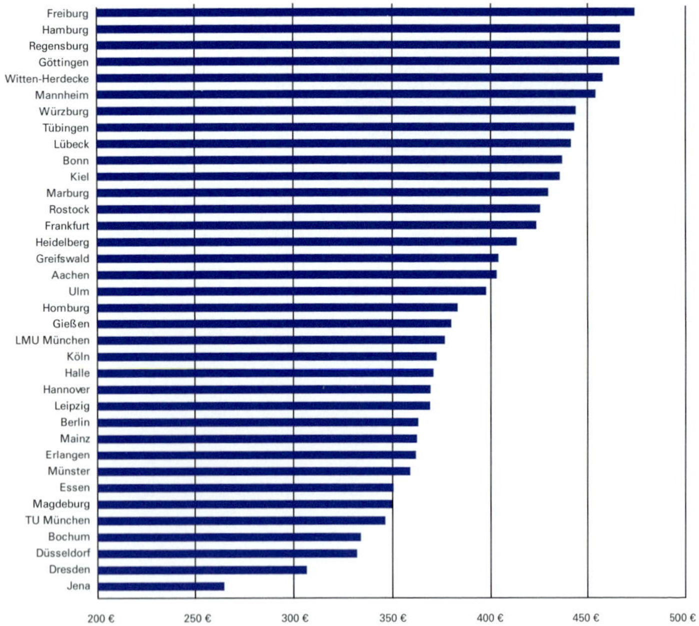

Zahlungen nach dem Bundesausbildungsförderungsgesetz (BAföG)

Seltsamerweise gilt für viele das BAföG immer noch als Almosen. So zu denken, ist allerdings nicht besonders clever. Genauso wenig, von vorn herein zu glauben, man habe keinen Anspruch. Der Freibetrag für das eigene Vermögen liegt derzeit bei immerhin 5.200 € (Singles ohne Kind).

>>Durchschnittliche BAföG-Leistungen von Medizinstudenten

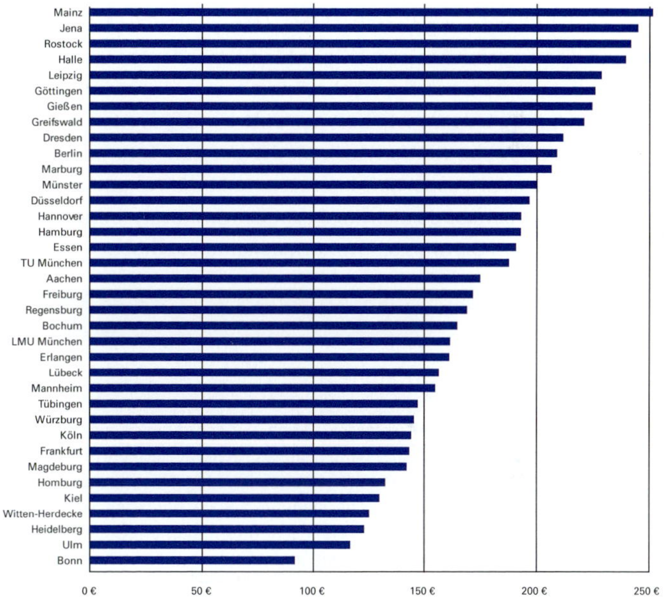

Also haben auch Studierende, deren Konto nicht ganz so leer ist, eine gute Chance, die Ausbildungsförderung zu erhalten. Und genau das sollte darunter verstanden werden: Eine Förderung, die sich schon dann lohnt, wenn sie nur die Bücherkosten auffängt! Wie viel du tatsächlich ausgezahlt bekommen kannst, richtet sich natürlich auch nach der Höhe des elterlichen Einkommens und gegebenenfalls nach der Höhe eines eigenen Einkommens. Grundsätzlich wird BAföG für den Medizinstudiengang nur für eine Förderungshöchstdauer von 13 Semestern gewährt. Weiterhin wird BAföG als zinsloses Darlehen gewährt, sodass du BAföG-Leistungen später zur Hälfte zurückzahlen musst. Bei der Rückzahlung gibt es allerdings Sonderregelun-

gen, die zum Teil zu einer Verminderung des Rückzahlungsbetrages führen: Wer besonders schnell studiert, wer zu den besten seines Studienjahrgangs gehört oder wer größere Summen des Schuldbetrages auf einmal zurückzahlen kann, bekommt einen Erlass der BAföG-Schulden. Die Mindestrate der monatlich zu leistenden Rückzahlung, zu der man nach fünf Jahren nach Ende der Förderungshöchstdauer durch die Bundesfinanzverwaltung aufgefordert wird, liegt bei derzeit 105 € (Stand 2013). Die Raten werden vierteljährlich eingezogen. Unter den Medizinstudenten nehmen weniger als 20 % eine finanzielle Förderung gemäß BAföG in Anspruch. Der Durchschnittsbetrag, den die vergleichsweise wenigen Medizinstudenten mit BAföG-Bezug gezahlt bekommen, beträgt rund 367 €.
Einen BAföG-Antrag bekommst du an der Uni beim eigens dafür eingerichteten BAföG-Amt. Meist werden auch an der Uni von Tutoren oder engagierten Studenten der Fachschaft interessante Einführungen zum Thema BAföG angeboten, sodass du dich diesbezüglich umhören solltest und/oder die Aushänge an den Schwarzen Brettern beachten solltest.

UNSER TIPP

BAföG

Du solltest dir gleich bei der Immatrikulation (Einschreibung) einen Antrag mitnehmen, damit bis zum Studienbeginn der Formalkram erledigt ist und du bei Gewährung recht schnell einen monatlichen Zahlungsfluss erzielst. Es gilt rückwirkend das Datum der Antragseinreichung, sodass bei längerer Bearbeitungszeit eine Nachzahlung erfolgt. Detaillierte Informationen, Gesetzestexte, Möglichkeiten zum Download entsprechender Formulare und einen BAföG-Beispielrechner findest du auf den folgenden Internet-Seiten:

- www.medi-learn.de/STF847
- www.medi-learn.de/STF848

Das BAföG

Die Leistungen nach Bundesausbildungsförderungsgesetz (kurz: BAföG) werden in Abhängigkeit von Einkommen und Vermögen von dir und deinen Eltern berechnet. BAföG dient für Studierende im Erststudium zur Deckung der Lebenshaltungskosten und kann als sogenannte bedarfsorientierte Förderung zu maximal 648 € (Höchstsatz inkl. Zuschlag für Kranken- und Pflegeversicherung) je Monat gezahlt werden. Dabei wird eine vom Studien-

gang abhängige Förderungshöchstdauer (Medizin: 13 Semester) zugrunde gelegt. Unter Bedarf versteht das BAföG die Geldsumme, die Auszubildende nach der Vorstellung des Gesetzgebers typischerweise für ihren Lebensunterhalt (Ernährung, Unterkunft, Bekleidung etc.) und ihre Ausbildung (Lehrbücher, Fahrtkosten zur Ausbildungsstätte etc.) benötigen.
Der Finanzierungsbeginn kann bei Aufnahme der Ausbildung bis Vollendung des 30. Lebensjahres erfolgen. BAföG wird vom Gesetzgeber als zinsloses Darlehen gewährt, das im Anschluss an das Studium zur Hälfte wieder zurück bezahlt werden muss. Fünf Jahre nach Ablauf der Förderungshöchstdauer (also in der Regel nach Abschluss deines Studiums) wirst du aufgefordert, die Hälfte des seinerzeit in Anspruch genommenen Betrages in erträglichen Monatsraten von z. B. 105 € in einem Zeitraum von bis zu 20 Jahren zurück zu zahlen. Es gibt einige Möglichkeiten, die Restschuld nochmals zu minimieren (bei Zahlung in größeren Teilbeträgen oder für die Prüfungsbesten). Wer sein Darlehen zum Beispiel ganz oder zu größeren Teilen vorher tilgt, kann – je nach Höhe des Ablösungsbetrages – nochmals zwischen acht und 50,5 Prozent weniger zurück zahlen. Gehörst du zu den 30 % der Prüfungsbesten deines Jahrgangs und hast du zudem dein Studium in Regelstudienzeit beendet, mindert sich die Restschuld um 15 bis 25 %. Weitere Informationen erteilt das örtliche Studentenwerk an deiner Uni, in dem du das BAföG-Amt findest, oder folgende Webseite:
www.medi-learn.de/STF849

Kindergeld

Anfang 2010 wurden auch wichtige Neuerungen in der Zahlung des Kindergeldes festgelegt. Im Folgenden stellen wir die wichtigsten Fakten dar, für weitere Informationen schau einfach auf folgender Internetseite vorbei: www.medi-learn.de/STF850. Kindergeld wird monatlich in folgender Höhe gezahlt: Für das erste und zweite Kind gibt es 184 €, für das dritte Kind erhalten deine Eltern 190 €, für jedes weitere Kind zahlt Vater Staat 215 €. Als in der ersten beruflichen Ausbildung stehender Studierender hast du (bzw. deine Eltern) bis zur Vollendung deines 25. Lebensjahres Anspruch auf Kindergeld. Die Zahlung verlängert

SURFTIPP @

Kindergeld

Informationen zur Zahlung während des Studiums findest du hier:

- www.medi-learn.de/STF851

sich bei absolviertem Bundesfreiwilligen- oder Wehrdienst (beide freiwillig) um die entsprechenden Monate. Seit 2012 gibt es im Hinblick auf dein Einkommen keine Einkünfte- und Bezügegrenze mehr, d. h. du brauchst keine Angst zu haben, dass das Kindergeld gestrichen wird, falls du zu viel verdienen solltest (z. B. weil du in den Semesterferien jobbst). Für weitere Einzelheiten in deinem konkreten Fall ist vor Studienbeginn eine Rücksprache mit der Familienkasse der Bundesagentur für Arbeit anzuraten, um die mögliche Zahlung des Kindergeldes für die Zeit des Studiums zu klären.

Eigene Arbeit und Jobben

Viele Studenten verdienen sich durch Nebenjobs ein paar Euro dazu, einige bestreiten gar ihren ganzen Lebensunterhalt durch studentische Tätigkeiten. Das Angebot an Nebenjobs für Studenten ist vielfältig: Neben Klassikern wie Nachhilfe-Geben, Kellnerjobs in Restaurants und Kneipen, Pizza-Ausliefern, Paketverfrachten bei der Post und Promotion-Tätigkeit im Tierkostüm gibt es einige Nebentätigkeiten, die nicht nur Geld einbringen, sondern vor allem auch eine inhaltliche Nähe zur Medizin aufweisen. Solche Jobs sind natürlich besonders sinnvoll.

UNSER TIPP

Nebenjob

Besonders für Medizinstudenten sollte der Job nebenbei auch als solcher verstanden werden. Das Studium hat Priorität! Außerdem sind die aktuellen Einkommens-Höchstgrenzen (u. a. für das BAföG) zu beachten. Welche Nebenjobs Studenten der Medizin wahrnehmen, kannst du aus folgenden Listen ersehen: www.medi-learn.de/STF852
Auch im Forum von MEDI-LEARN wird das Thema Jobben immer wieder diskutiert:

- Wie viele Stunden sollte man max. pro Monat jobben?
  www.medi-learn.de/STF853
- Arbeiten und Studieren gleichzeitig
  www.medi-learn.de/STF854
  www.medi-learn.de/STF855

So bieten sich Posten als studentische Aushilfskraft an der Medizinischen Fakultät an: Hier kannst du als Sitz- und Nachtwache auf Station arbeiten, in den Laboren jobben, in der Bibliothek arbeiten und, wenn du erst einmal einige Semester studiert hast, als Tutor (studentischer Hilfslehrer „Hiwi" z. B. im Anatomie-, Biologie- oder Biochemie-Kurs) tätig sein. In der Regel werden Verträge auf Stundenbasis abgeschlossen. Für Zahnmediziner bietet es sich auch an, im Dentallabor zu jobben. Allerdings ist darauf zu achten, ob diese häufig recht zeitintensiven Jobs mit dem Studium vereinbar sind.

Geld regiert die Welt – Wichtige Finanzquellen im Überblick

Nachfolgend möchten wir dir zu den wichtigsten Finanzquellen für Studenten (KfW-Studienkredit, Bildungskredit, Studienbeitragsdarlehen einzelner Bundesländer usw.) wichtige erläuternde und zusätzliche Informationen geben. Bitte beachte zu diesem Thema unbedingt auch die abschließenden Hinweise sowie die nützlichen Tipps am Ende dieses Abschnittes.

Der KfW-Studienkredit

Zur Finanzierung von Lebenshaltungskosten im Erststudium kannst du den sogenannten Studienkredit der Kreditanstalt für Wiederaufbau (kurz: KfW) in Anspruch nehmen. Die KfW Förderbank vergibt diesen Wissenskredit u. a. an Studenten. Die Zahlungen werden unabhängig vom Einkommen der Eltern errechnet. Die Auszahlung von Monatsbeträgen zwischen 100 € und 650 € ist möglich, die Zinsobergrenze liegt derzeit bei 8,6 %. Der Finanzierungsbeginn kann bis Vollendung des 31. Lebensjahres erfolgen. Die Höchstdauer liegt bei zehn Fachsemestern, auf begründeten Antrag hin ist eine Verlängerung um weitere max. vier Semester möglich. Nach Abschluss des Studiums müssen für einen Zeitraum zwischen sechs bis 23 Monaten zunächst keine Rückzahlungen vorgenommen werden (sog. Karenzphase). Dann setzt die Tilgungsphase mit Rückzahlung des in Anspruch genommenen Betrages in einem Zeitraum von meist zehn, maximal 25 Jahren ein. Ausführliche Infos bekommst du unter: www.medi-learn.de/STF856

Der Bildungskredit

Eine weitere Finanzquelle des Bundes in fortgeschrittenen Ausbildungsphasen neben BAföG stellt der Bildungskredit dar. Es handelt sich um ein zeitlich befristetes Kreditprogramm mit geringen Zinsen (derzeit 5,1 %), das in der Studien-Endphase einen erfolgreichen Studienabschluss sicherstellen soll. Die Förderung sollte mindestens drei und kann maximal 24 Monate in Anspruch genommen werden. Sie ist bis zur Vollendung des 36. Lebensjahres möglich. Der Bildungskredit wird unabhängig von Einkommen und Vermögen der Eltern gewährt, meist werden 300 € monatlich (Förderungshöchstsumme: 7.200 €) durch die KfW-Förderbank gezahlt. Eine Einmalzahlung bis zu 3.600 € ist auf Antrag in Fällen eines begründeten, erhöhten außergewöhnlichen Aufwands (z. B. kostenintensive Arbeitsmaterialien) möglich. Da es sich um einen „offiziellen Kredit des Bundes“ handelt, sind die Konditionen (Zinshöhe, Rückzahlung) recht günstig: Der Zinssatz liegt bei derzeit 5,1 %, die Rückzahlung beginnt vier Jahre nach der ersten Auszahlung in Raten zu augenblicklich monatlich 120 €. Achtung: Das Budget wird jährlich neu festgelegt und die Mittel sind begrenzt, es besteht also – anders als beim BAföG – kein Rechtsanspruch auf den Erhalt von Leistungen. Du kannst den Bildungskredit schriftlich beim Bundesverwaltungsamt (Postanschrift: Bundesverwaltungsamt (BVA), 50728 Köln) oder online unter www.medi-learn.de/STF857 beantragen.

UNSER TIPP

MEDI-LEARN Club

Zusammen mit unserem Kooperationspartner Deutsche Ärzte Finanz bieten wir exklusiv für MEDI-LEARN Clubmitglieder das Seminar „Studienfinanzierung“ an. Dieses wird regelmäßig an jeder Universität angeboten und gibt dir die Möglichkeit, deine Fragen rund um das Thema mit einem Experten zu besprechen und wertvolle Tipps zu bekommen. Ein Seminar, mit dem du ganz sicher einige Euros sparen wirst. Weitere Infos unter:

- www.medi-learn.de/STF858

Das Studienbeitragsdarlehen

Ein sogenanntes „Studienbeitragsdarlehen“ einzelner Bundesländer (z. B. derzeit Niedersachsen, Bayern) ermöglicht Studierenden im Erststudium (Aufnahme vor Vollendung des 35. Lebensjahres), die in manchen Bundesländern anfallenden Studiengebühren zu zahlen. Hier fließt also kein Bargeld, sondern der Kredit wird direkt zur Zahlung der Studiengebühren verwendet. Die Leistungen (500 € je Semester) werden unabhängig von Einkommen und Vermögen gezahlt. Du kannst das Studienbeitragsdarlehen bis zu vier Semester über die Regelstudienzeit hinaus in Anspruch nehmen. Der Darlehenshöchstbetrag liegt bei bis zu 15.000 € (Summe aus Studienbeitragsdarlehen und BAföG). Die Rückzahlung startet zwei Jahre nach Ende deines Studiums und sollte innerhalb von zehn, maximal 20 Jahren abgeschlossen sein. Weitere Infos unter: www.medi-learn.de/STF859.

UNSER TIPP

Bedarfslücke und Tilgungskalkulator

Auf den Seiten der KfW-Förderbank stehen zwei sinnvolle Hilfen zur Verfügung, die dich bei der Entscheidung für eine Kreditaufnahme aus den hier beschriebenen Quellen unterstützen: Du kannst zum einen deinen monatlichen Finanzbedarf genau berechnen und dann feststellen, ob sich bei dir eine Lücke im Bedarf ergibt, die es z. B. durch einen Nebenjob, BAföG oder aber einen Kredit zu überbrücken gilt. Weiterhin kannst du im Tilgungsrechner die genaue monatliche Belastung in der Rückzahlungsphase nach dem Studium durchspielen und so einen Eindruck erhalten, mit welchen zusätzlichen Belastungen du dann im Berufsleben zu rechnen hast.

- Bedarfslücke erkennen: www.medi-learn.de/STF860
- Tilgungsrechner: www.medil-learn.de/STF861

Wichtiger Ratschlag zum Schluss

Kredite sind verlockend und für Studenten vergleichsweise leicht erhältlich. Achtung: Sei hier bitte sehr kritisch und bedenke, dass du im Falle der Inanspruchnahme eines Kredites dann bei Berufsbeginn bereits einen nicht unerheblichen Schuldenberg vor dir herschieben könntest, der sich – über viele Jahre hinweg – als monatliche Belastung spürbar bemerkbar machen kann. Überlege also gut, ob und wie viel Geld zur Studienfinanzierung du dir auf diesen Wegen organisieren möchtest. Gegebenenfalls bist du mit einem kleinen studentischen Nebenjob ebenso gut bedient.

Mit dem Erlebnisbericht von Bernd C. möchten wir dir einen Einblick in einen möglichen Nebenjob geben:

Jobben auf der Intensivstation

Nach dem Physikum hatte ich mehr Zeit für einen Nebenjob und so machte ich mich auf die Suche, um etwas für meinen Geldbeutel zu tun. Ich habe nach kurzer Suche und Abklopfen der Schwarzen Bretter der Uni sowie Umhören bei Bekannten einen Job auf der Intensivstation eines bekannten Hamburger Krankenhauses gefunden. Dort hatte ich schon Teile meines Krankenpflegepraktikums absolviert und zufällig war ein „Alt-Student", der dort bisher jobbte, gerade ausgeschieden. Das Ganze wurde mit 9 € pro Stunde samt Nachtzuschlag (Pauschal 25 € pro Nacht zusätzlich) gut bezahlt. Ich habe mich also auf den Weg zur Pflegedienstleitung gemacht und schon nach kurzer Zeit stand für beide Seiten fest, dass ich den Job antreten würde.

Vor dem ersten Arbeitstag war ich schon ein wenig nervös, da ich nicht so genau wusste, was auf mich zu kommen würde und was von mir an Fähigkeiten erwartet wird. Denn schließlich hatte ich ein Krankenhaus schon seit zwei Jahren nicht mehr von innen gesehen und nach vier Semestern Vorklinik konnte ich mich sicherlich nicht als der Praktiker vor dem Herrn bezeichnen. Ich beruhige mich in solchen Situationen dann immer mit dem Wahlspruch meiner Oma: „Mach dir nicht schon heute die Sorgen von morgen und das Leben unnötig schwer: alles zu seiner Zeit". So weit meine Oma.
Ich war der Kardiologie zugeteilt worden. Im Herz-Zentrum verbergen sich gleich drei große kardiologische Praxen mit 30 Belegbetten, die Patienten aus dem gesamten norddeutschen Raum rekrutieren. Der Komplex verfügt auch über eine Intensivstation und ein angeschlossenes Herzkatheter-Labor. Ich war so mutig, bei der Auswahl möglicher Bereiche ausdrücklich auch die Intensivstation anzugeben, denn schließlich hatte ich dort schon einen Teil meines Krankenpflege-Praktikums absolviert. Ich kannte also den ein oder anderen Arzt und die ein oder andere Schwester noch, einige hatte es auch schon nach anderswo verschlagen oder sie hatten sich der Familiengründung gewidmet, wie ich bei einer Tasse Tee und Plausch während meiner Vorstellungsrunde erfuhr. Alles in allem ein illustres, aber sehr nettes Team, in dem alle auf Du und Du waren und ich mich von Anfang an gut aufgenommen fühlte.
Die Einarbeitungszeit verlief sehr anstrengend, aber auch interessant. Ich musste mich höllisch konzentrieren, denn viele Dinge in Hinblick auf ärztliche Tätigkeiten waren für mich neu und es gab zahlreiche Fertigkeiten zu erlernen: Ich wurde immer besser in der Blutabnahme aus Venen und auch Arterien (davor hatte ich anfangs besonders Angst), konnte Braunülen legen, Blutgas-Analysen (auf Intensiv sehr, sehr wichtig) durchführen oder assistierte schon mal bei der Anlage eines Zentralen Venenverweilkatheters (ZVK). Daneben nahmen mich natürlich auch pflegerische Tätigkeiten wie Betten machen, säubern und Blutdruckmessungen in Anspruch. Hier war ich ja eigentlich hauptberuflich „tätig". Ich konnte auf der Intensiv in kurzer Zeit wirklich sehr viele praktische Dinge erlernen, von denen ich auch später in Famulaturen immer wieder profitiert habe. Nicht zu vergessen natürlich die Reanimationen – es gab sehr häufig Herz-Kreislaufstillstände samt Defibrillation, manchmal auch Kardiokonversionen mittels Elektroschock.

Langweilig wurde es also nie. In diesen Situationen galt es dann, die Wiederbelebung im Team zu praktizieren. Es war anfangs für mich erstaunlich zu sehen, wie routiniert und flink das Team dabei vorging. Am Anfang schaute ich oft nur zu, später wirkte ich auch mit, wenn jemand abgelöst werden musste.

Was gab es sonst so zu sehen, erleben und wie lief der Tag ab? In der Frühschicht (6 bis 14 Uhr) wurden Patienten direkt nach dem Wecken gewaschen, das haben wir oft zu zweit oder dritt gemacht. Einige mussten noch auf spezielle Untersuchungen (z. B. Katheter-Untersuchung) vorbereitet werden. Für die anderen, die bei Bewusstsein waren, gab es dann Frühstück. Danach ging es weiter mit Dingen wie Medikamentenausgabe (bzw. Wechsel am Perfusor), Verbandwechsel, Kontrolle der i.V.-Zugänge und Infusionen wurden angehangen. Besonders die beatmeten Patienten wurden aufmerksam kontrolliert. Ab und an kam ein Notfall dazwischen, der dann das Team aufspaltete in diejenigen, die mit der Routine weitermachten und diejenigen, die den Notfall-Patienten übernahmen und versorgten. Bewundernswert dabei, wie Pflegepersonal und Ärzte kollegial Hand in Hand arbeiteten, das habe ich später oft auch anders erlebt bzw. bei Kommilitonen davon gehört. Hier galt der Spruch: „Wenn du haben möchtest, gib. Und wenn du mehr haben möchtest, dann gib auch mehr." Der Team-Gedanke wurde sichtbar gelebt. Soweit zum Frühdienst. Im Spätdienst (14 bis 21 Uhr) galt es vor allem, die am Vormittag frisch an Herz oder Lunge operierten Patienten und die Patienten, die eine PTCA (Ballonerweiterung von erkrankten Herz-Kranzgefäßen) erhalten hatten, kunstgerecht zu versorgen (Verbände, Medikamente, Infusionen etc.). Die Nachtschicht lief von 21 bis 6 Uhr in der Frühe, hier konnte es vorkommen, dass man die ganze Nacht totale Ruhe hatte oder aber absolut kein Auge zu bekam, denn oftmals waren die Nächte entweder langweilig hoch vier oder aber so ereignisreich, dass man ausgelaugt und hundemüde nach Hause kam und ins Bett fiel.

Wenn ich so zurückblicke auf die Erlebnisse, bin ich super zufrieden mit meiner Entscheidung: Ich werde gut bezahlt (9 € ist durchaus ein ordentlicher Preis, vom Nachtzuschlag in Höhe von 25 € mal ganz abgesehen), ich konnte enorm viel und vor allem praktische Dinge für meine Tätigkeit als Arzt mitnehmen, bin fit im Reanimieren und Teil eines Team gewesen, das vielen Menschen durch intensive Behandlung das Leben gerettet hat. Mein Fazit: Sehr empfehlenswert!

Blutspende und Co.

Für Medizinstudenten eine in jeder Hinsicht nahe liegende Einnahmequelle ist das Blut spenden. Wer sich an den Blutspende-Dienst der Uni-Klinik wendet, bekommt nicht nur Erbsensuppe oder Schnittchen als Entlohnung, sondern auch bares Geld. Rund 25 € erhält man für eine Spende, bei der 450 ml Blut abgezapft werden. Bei regelmäßigem Spenden kommt man eventuell auch für eine Thrombozyten-Entnahme in Frage, dafür wird noch mehr gezahlt.

Für Doktorarbeiten oder andere Studien werden oft Probanden gesucht, die beispielsweise Konzentrationsaufgaben lösen oder im Schlaflabor übernachten müssen. Auch hier winken je nach Aufwand ein paar Scheinchen.

Den Studi-Status clever nutzen

Der Studenten-Ausweis als Rabatt-Kärtchen: Zum einen gilt er an vielen Standorten als Ticket für den öffentlichen Nahverkehr der Stadt, in der du studierst, oft auch für den ganzen umliegenden Verkehrsverbund (sofern es entsprechende Vereinbarungen mit dem ÖPNV-Betreiber gibt). Manchmal kannst du sogar weitere Personen „auf dem Ticket" mitnehmen, das ist praktisch bei Besuch! Zum anderen bekommst du in vielen Kinos, Theatern, Schwimmbädern, Museen, Discos, Restaurants und anderen Einrichtungen Rabatte gewährt. Als Student erhältst du bei vielen Banken ein kostenloses Girokonto. Für Auslandsaufenthalte, egal ob Urlaub oder im Rahmen des Studiums, lohnt sich die Beantragung eines internationalen Studierendenausweises (mehr Infos unter www.medi-learn.de/STF862), der so gut wie überall anerkannt wird, wo es Studi-Rabatte gibt. Darüber hinaus können auch Zeitungen und Zeitschriften, Handytarife, Reisen, Flüge, Computer und vieles mehr als Student günstiger erworben werden. Solltest du dir also mal etwas anschaffen wollen: Ein bisschen

UNSER TIPP

Stipendium

Es ist auch möglich, noch im Laufe des Studiums für ein Stipendium durch einen Hochschullehrer vorgeschlagen zu werden. Auch im Rahmen der Doktorarbeit werden Stipendien durch die Studienstiftung vergeben. Darüber hinaus bietet die Studienstiftung eine Reihe sogenannter „offener Programme" an, für die du kein Stipendiat sein musst. Das ist also auch für „Otto Normalstudi" interessant!

- Nähere Infos zur Studienstiftung des deutschen Volkes findest du unter: www.medi-learn.de/STF863

Stöbern im Internet lohnt sich! In jedem Fall solltest du deinen Studentenausweis sorgfältig aufbewahren (Kopie anfertigen) und das Original immer bei dir tragen.

Stipendien

Eine ganze Reihe von Institutionen gewährt besonders befähigten oder engagierten Studenten Stipendien, also Zuwendungen in materieller und immaterieller Form. Wie ein solches Stipendium zu bekommen ist, was man als Stipendiat beachten muss und welche Vorzüge man im Einzelnen dadurch genießt, ist so unterschiedlich wie die verschiedenen Organisationen, die Stipendien vergeben: Die Einrichtungen sind in kirchlicher Trägerschaft, werden von der Industrie unterstützt oder sind parteinah. Vom Evangelischen Studienwerk bis zur Rosa-Luxemburg-Stiftung decken sie so ein breites Spektrum gesellschaftlicher Interessengruppen ab.
Alles zu den Stipendien findest du unter www.medi-learn.de/STF864

Studienstiftung des deutschen Volkes: unterstützt das Studium finanziell und ideell

Die Studienstiftung des deutschen Volkes ist das älteste deutsche Begabtenförderwerk; seit 1925 werden Studentinnen und Studenten gefördert – finanziell, aber auch ideell, also durch Workshops, Mentorenprogramme, Sprachkurse etc. Stipendiaten erhalten ein Lebenshaltungsstipendium von monatlich bis zu 597 €, zusätzlich noch ein monatliches Büchergeld von 150 € (Erhöhung vorgesehen auf 300 €).
Lange Zeit mussten Studierende darauf hoffen, von der Schule oder durch Hochschulprofessoren für das Stipendium vorgeschlagen zu werden. Eine direkte Bewerbung durch einen Studierenden war 80 Jahre lang nicht vorgesehen. Erst seit Februar 2010 ist dies möglich. Heute kann jeder Student sich selber für das Stipendium bewerben! Den „klassischen" Weg über eine Empfehlung gibt es heute immer noch.

Wie läuft die Selbstbewerbung ab?

Studierende im ersten oder zweiten Studiensemester (bezogen auf den Zeitpunkt der Anmeldung) können sich auf der Webseite der Studienstiftung (www.studienstiftung.de) zu einem Auswahltest anmelden. Dies ist ein allgemeiner Studierfähigkeitstest, er misst also kein Fachwissen, sondern Fähigkeiten, die für erfolgreiches Studieren wichtig sind. Er wird computergestützt in wohnortnahen Testzentren unter Aufsicht durchgeführt. Zahlreiche Beispielaufgaben stehen auf der Webseite kostenfrei zur Verfügung. Die Studienstiftung verlangt eine Gebühr für die Teilnahme, und zwar normalerweise 50 €. Die reduzierte Teilnahmegebühr beträgt 25 € (für BAföG-Empfänger und Studierende aus nicht-akademischen Elternhäusern). Das Verfahren wird von der ITB Consulting entwickelt. Die renommierten Testexperten entwickeln zum Beispiel auch den Medizinertest.

Wie geht es nach dem Test weiter?

Die besten Kandidaten werden dann zu einem mündlichen Auswahlverfahren („Auswahlseminar") eingeladen. Meist bestehen die Verfahren aus zwei Einzelgesprächen und aus Gruppendiskussionen mit Kurzreferaten. Übrigens ist diese letzte Auswahlrunde für alle Kandidaten gleich; egal, ob sie sich selbst beworben haben oder vorgeschlagen wurden.

Anhand eines Erfahrungsberichts stellen wir die Förderung durch die Studienstiftung des deutschen Volkes vor.

Studienstiftung des deutschen Volkes

Ricarda M. studiert in Heidelberg und erhält ein Stipendium der Studienstiftung des deutschen Volkes. Die Studienstiftung versteht sich als eine politisch und weltanschaulich unabhängige Stelle zur Vergabe von Stipendien. Ricarda erinnert sich an das Aufnahmewochenende und die ersten Semester der Förderung, die sie bislang erhalten hat: „Es begann alles nach der mündlichen Abiturprüfung. Unser Schulleiter hatte mich nach der Bekanntgabe der mündlichen Abiturnoten zu einem persönlichen Gespräch gebeten, in dem er mir mitteilte, dass er mich für ein Stipendium der Studienstiftung vorschlagen möchte. Als ich erfahren wollte, womit ich mir das denn verdient habe, lobte er mein Engagement in verschiedenen AGs unserer Schule. Ich war Mitglied der Bibliothek-AG, der Schulgarten-AG und der Ökologie-AG.
Kurz nach Semesterstart und Beginn des Medizinstudiums erhielt ich einen Brief der Studienstiftung. Ich wurde zu einem Wochenende eingeladen, an dem Auswahlgespräche stattfinden sollten. Mit gemischten Gefühlen fuhr ich hin. Nach der ersten Kennenlern-Runde am Freitag ging dann das offizielle Programm für den Samstag/Sonntag los: Jeder hatte in einer Gruppe zu sechs Personen ein ausführlicheres Referat vorzutragen, das dann anschließend im Gruppenkreis diskutiert wurde. Zudem fanden zwei Einzelgespräche mit Mitgliedern der Auswahlkommission über rund 45 Minuten statt, in de-

nen über den Lebenslauf, die persönlichen Ziele und die Motivation für das Studium gesprochen wurde. Es lief sehr locker ab. Ich konnte mich so geben, wie ich immer bin und habe nicht versucht, mich zu verstellen oder besonders klug zu wirken. Ein paar Wochen später kam die Zusage per Post. Einen kleinen Jubelsprung im Hausflur nach dem Öffnen des Briefes habe ich dann schon gemacht, als ich las, dass ich als Stipendiat in die Studienstiftung aufgenommen worden bin!

Ich erhalte nun 520 € Stipendienbetrag und 80 € Büchergeld. Dafür muss ich nach jedem Semester einen kleinen Bericht über meine Erfahrungen beim Vertrauensdozenten abgeben. Das ist ein Hochschullehrer, der die Studienstiftler an der Uni betreut. Zudem treffen wir uns meist einmal pro Semester zu einem Grillabend oder einem Theaterbesuch oder gehen zusammen ins Museum, um uns gegenseitig kennen zu lernen und untereinander auszutauschen. Die Studienstiftung bietet zudem sogenannte Sommerakademien an, das sind Seminare zu wissenschaftlichen und künstlerischen Themen. Hinzu kommen Sprachkurse und die Unterstützung bei der Vorbereitung und Durchführung von Auslandsaufenthalten. Das ist schon super!“

Fazit zum Thema Studienfinanzierung

Money makes the student´s world go round. Wer das erste Mal seinen eigenen Hausstand finanzieren muss, bei den Buchpreisen für medizinische Werke Schwindelanfälle bekommt und daraufhin vor dem Konservenregal die Entscheidung trifft, zur besonders günstigen Ravioli-Dose zu greifen, der wird merken: Ein Haushaltsplan muss her. Viele Studenten erstellen deshalb einen groben Einnahmen-Ausgaben-Vergleich, mit dem sie ungefähr einschätzen können, wie viel Geld sie nach Abzug der fixen Kosten (Miete, Nebenkosten, Versicherungen etc.) für den Uni-Bedarf und für Lebensmittel, Freizeit und Fahrten benötigen. So lässt sich recht einfach berechnen, wie viel Geld reinkommen muss. Was Eltern, BAföG und andere Töpfe nicht leisten können, muss selbst erbracht werden.

Wie schon gesagt: Der Nebenjob sollte als solcher verstanden werden. Aber er kann auch einen Ausgleich zum trockenen Uni-Alltag bieten. Bei der Auswahl der Beschäftigung darf man ruhig etwas wählerisch sein – es gibt oft interessante und gut bezahlte Jobs.

ZUSAMMENFASSUNG

Studienfinanzierung

Ohne Moos nix los
Rund 600 € monatlich brauchst du als Student, um den Mindestbedarf zu decken. Neben Miete und Nahrungsmitteln werden Semestergebühren (örtlich an der Uni zu entrichten) ebenso fällig wie mancherorts Studiengebühren. Auch die Lehrbuch- und Materialkosten (z. B. Präpbesteck und Stethoskop) fordern ihren Tribut und nagen am Geldbeutel (siehe Seite 82).

Elterliche Finanzspritze
Im Durchschnitt erhalten Studenten monatlich 288 € von ihren Eltern dazu, die Beträge variieren in diesem Bereich allerdings stark (siehe Seite 84).

BAföG
Leistungen nach dem Bundesausbildungsförderungs-Gesetz (BAföG, Anträge gibt es beim Studentenwerk oder BAföG-Amt) nehmen nur 20 % der Medizinstudenten in einer Höhe von durchschnittlich 250 € in Anspruch. BAföG wird höchstens 13 Semester gewährt, es muss im Anschluss zur Hälfte wieder zurückbezahlt werden. Wer besonders gut im Studium abschneidet oder viel auf einmal zurückzahlen kann, dem wird zusätzlich noch mehr von seiner Rest-Schuld erlassen (siehe Seite 85).

Kindergeld
Exakt 184 € monatlich für das erste und zweite Kind sowie 190 € für das dritte und 215 € für jedes weitere Kind zahlt Vater Staat für die in der ersten beruflichen Ausbildung stehenden jungen Menschen bis zum 25. Lebensjahr (siehe Seite 87).

Jobben und eigenes Geld erwirtschaften
Auch an der Uniklinik bieten sich dir als Medizinstudent einige Nebenjobs: Sei es als Nachtwache auf Station, als Aushilfe im Labor, als Tutor im Präpkurs oder als Blutspender – die Palette der Erwerbsmöglichkeiten an der Medizinischen Fakultät ist sehr vielfältig. Zahlreiche Anregungen, wo du jobben kannst, bietet dir die MEDI-LEARN Umfrage zum Thema Nebenjobs, die wir hier vorstellen (siehe Seite 88).

Weitere Geldquellen
Im Zuge von Bildungskredit, Studienbeitragsdarlehen und KfW-Studienkredit sowie Stipendien ergeben sich weitere mögliche Quellen zur anteiligen oder vollen Finanzierung des Studiums (siehe Seite 89).

Endlich geht es los!

Die ersten Tage an der Uni

Nun kann es endlich losgehen: Nach Erhalt der Zusage für den Studienplatz steht das erste Semester ins Haus und eine wichtige Phase im Leben vor der Tür: Sechs oder mehr Jahre Studium mit vielen Eindrücken und Erfahrungen warten darauf, begonnen zu werden!

Einschreiben

Eines gleich vorweg: Viele neue Gesichter, große Gebäude, zahlreiche Formulare und Fragen über Fragen – Unklarheiten sind besonders in den ersten Uni-Tagen vorprogrammiert. Hier gilt es, nicht zu zögern und stattdessen freundlich und höflich zu fragen, wenn man etwas nicht verstanden hat oder nicht weiß, an wen man sich zu wenden hat. Jeder ältere Student, dem du begegnest, kennt diese Probleme aus eigener Erfahrung und wird dir in der Regel gerne weiterhelfen! Zunächst erfolgt die offizielle Einschreibung und Belegung für das erste Semester im Studiendekanat/Studentensekretariat. Das geschieht meist im September/Anfang Oktober bzw. im März/Anfang April für das jeweils anschließende Semester.

UNSER TIPP

Vorlesungsverzeichnis

Gerade ganz zu Anfang lohnt es sich, ein Uni-Gesamtverzeichnis sowie ein KOMMENTIERTES Vorlesungsverzeichnis für Medizin zu kaufen. Im Gesamtverzeichnis findest du das komplette Personalverzeichnis und alle anderen Veranstaltungen, die an der Uni angeboten werden. Das kommentierte Vorlesungsverzeichnis erläutert die Fachveranstaltungen detaillierter, führt Literaturhinweise auf und kann wichtige Infos zu Studienbeginn und –verlauf enthalten.

Dazu solltest du einen entsprechenden Brief erhalten haben, der über die Termine und die örtlichen Gegebenheiten (Plan der Universität, Einrichtungen, Ansprechpartner etc.) informiert. Bei der Einschreibung bekommst du dein Studienbuch ausgehändigt, in das du später die in den jeweiligen Semestern belegten Kurse eintragen und durch das Studiendekanat bestätigen lassen wirst. Was du dort eintragen musst, erfährst du meist durch ausliegende Zettel und Informationen des Studiendekanats. Bei der Einschreibung werden dir oftmals auch wichtige Unterlagen ausgehändigt, die du für die Behörden und andere Einrichtungen benötigst: Immatrikulationsbescheinigungen (in mehrfacher Ausführung zur Vorlage beim BAföG-Amt, bei der Krankenkasse, bei der Kindergeldstelle etc.) sowie der Studentenausweis.

Belegen

Der zweite offizielle Teil, den du nun absolvieren musst, ist die Kursbelegung. An manchen Unis bekommst du deinen Stundenplan quasi in die Hand gedrückt, musst dich also um die Kursbelegung nicht kümmern. Meist bist du dann auch schon in die einzelnen Seminargruppen der jeweiligen Unterrichtsfächer eingeteilt. An anderen Unis musst du dich darum selbst kümmern. Vor Ort wirst du das dort übliche Prozedere erfahren. Und das natürlich am besten, indem du dich in Eigeninitiative erkundigst, wie die Belegung an deiner Uni geregelt ist. Sei darauf vorbereitet, dass manche organisatorische Regularien an den Unis sehr eigentümlich gestaltet sein können! Damit du dich in diesem Dschungel besser zurechtfindest, gibt es an fast jeder Uni die Erstsemester-Woche.

> @ **SURFTIPP**
>
> **Studienbeginn**
>
> Wenn du dir schon einmal beispielhaft eine Ersti-Woche anschauen möchtest, empfehlen wir dir folgende Seite der Uni Marburg:
>
> - www.medi-learn.de/STF865
>
> Darüber hinaus haben Marburger Medizinstudenten einen Film im Stil der Sendung mit der Maus gedreht, der das Medizinstudium beschreibt – Prädikat: absolut empfehlenswert:
>
> - www.medi-learn.de/STF866

Die Erstsemester-Woche

Hast du den eher formellen Teil der Einschreibung hinter dir gelassen, darfst du dich auf die sogenannte Erstsemester-Woche mit vielen Einführungsveranstaltungen freuen, die das Zurechtfinden an der Uni und im Studentenalltag erleichtern. Die Erstsemester werden von Studenten höherer Semester auch liebevoll „Erstis“ genannt, daher heißen diese Wochen auch an vielen Universitäten „Ersti-Wochen“. Meist in studentischer Initiative von der Fachschaft (quasi die Schülervertretung an der Uni) oder von AGs zum Thema Erstsemesterarbeit organisiert, werden hier in kleinen Gruppen Rundgänge über das meist noch völlig unbekannte Universitätsgelände gemacht und für jeden neuen Studenten wichtige Fragen beantwortet: Wo liegt die Mensa, in der du Mittag essen kannst (in den Augen mancher Studis die wichtigste Uni-Einrichtung)? Wo findest du die Bibliothek(en), um Lehrbücher anzuschauen oder auszuleihen? Wo sind die Hörsäle für die Vorlesungen und wo die Seminarräume? Und vor allem: An welchen Veranstaltungen nehme ich überhaupt teil? All das erfährst du jetzt ebenso wie die Info, wo du dir deinen weißen Kittel kaufen kannst, den du ab jetzt häufiger tragen wirst – schließlich willst du ja Mediziner werden! Einige Unis haben sogenannte Tutorenschaften eingerichtet: Ältere Studenten bekommen einen „Frischling" zugeteilt, dem sie in den ersten Wochen mit Rat und Tat zur Seite stehen. Eine löbliche Sache, denn so erhalten die Neuankömmlinge auch gleich einige „inoffizielle" und oft sehr wertvolle Tipps und Tricks für ihr Studium. Manche Fachschaften organisieren darüber hinaus gemeinsame abendliche Kneipentouren durch die für viele noch unbekannte Uni-Stadt. Mitmachen, selbst wenn du kein Kneipengänger bist! Schließlich kannst du hier deine Mitstudenten etwas besser kennenlernen.

Die Einführungsveranstaltungen

Nun geht es endlich richtig los: Die Begrüßungsvorlesung steht auf dem Plan. Meist durch den Dekan, so heißt der Leiter jeder Fakultät, in deinem Fall also der Medizinischen Fakultät, werden die neuen Studenten feierlich empfangen. Hier erfährst du in der Regel ein wenig über den Studiengang und seine Geschichte; die Fachschaft und wichtige Ansprechpartner stellen sich vor. Meist ab der zweiten Woche beginnen die Vorlesungen in den Fächern der Vorklinik. Für jeden sind die großen Säle gewöhnungsbedürftig, in denen oft mehrere hundert Studenten sitzen und die Veranstaltung „hören", wie es im Studi-Jargon heißt. Es wird aber schnell zur Normalität! Wichtig sind noch zwei Abkürzungen im Zusammenhang mit den Veranstaltungen: s. t. und c. t. Schaust du in das Vorlesungsverzeichnis, so steht hinter den Vorlesungen oftmals eine dieser beiden Abkürzungen, die etwas über den Zeitpunkt der Vorlesung aussagen. Mit s. t. bezeichnete Vorlesungen beginnen zur vollen Stunde (8 Uhr s. t. bedeutet also genau 8:00 Uhr), mit c. t. bezeichnete Vorlesungen beginnen eine Viertelstunde später, das sogenannte akademische Viertel (8 Uhr c. t. bedeutet also 8:15 Uhr). Die Abkürzungen stammen aus dem Lateinischen, stehen für das sogenannte „Akademische Viertel" und besagen für s. t. (sine tempore) = „ohne Zeit"

= zur vollen Stunde bzw. für c. t. (cum tempore) = „mit Zeit“ = immer um Viertel nach. Veranstaltungen, für die die Termine nicht zur vollen Stunde angesetzt sind, beispielsweise 10:30 Uhr, beginnen ebenfalls „ohne Zeit“, das heisst s. t. und in diesem Falle also um Punkt 10:30 Uhr.

Lerngruppenbildung

An einigen Universitäten werden die Kurse des ersten und zweiten Abschnitts im Studium in festen Lerngruppen absolviert, die mit drei bis sechs Personen eine überschaubare Größe haben. Meistens hast du die erste oder auch die zweite Woche im Semester Zeit, dich mit deinen Mitstudenten zusammen zu finden und auf entsprechenden Listen einzutragen. Hier solltest du versuchen herauszufinden, welche der Kommilitonen dir sympathisch erscheinen und ob du dir vorstellen kannst, eine nicht unerhebliche Zeit mit eben diesen drei bis sechs Personen als Lerngruppe zu verbringen.

Erstsemester-Party und Ersti-Fahrt

Absolutes Pflichtprogramm für den Uni-Start sind die Erstsemester-Party (die nicht die einzige Party bleiben wird) und die Ersti-Fahrt, die an vielen Unis freundlicherweise von den Fachschaften organisiert werden. Nutze die Chance, in ungezwungener und lockerer Atmosphäre die anderen Neuankömmlinge kennenzulernen und gemeinsam ein wenig den Beginn des Studiums zu feiern! Sechs Jahre eines eindrucksvollen, erfahrungs-, lern- und lehrreichen Studiums liegen vor dir. Auch wenn nicht jeder, den man bei diesem „extreme kennenlearning“ auftut, gleich ein Freund fürs ganze Studium oder das ganze Leben wird, ist das Knüpfen von Kontakten wichtig. Denn je mehr Leute du kennst, desto weniger rat- und orientierungslos wirst du vor den vielen kleinen Hürden stehen, die der Studienbeginn mit sich bringt. Gemeinsam lässt sich vieles leichter bewältigen!

Nicht verzagen!

Ein paar Bemerkungen zum Unistart

Der Start an der Universität bedeutet auch: Ein neuer Lebensabschnitt beginnt. Eine neue Stadt, die erste Wohnung, mehr oder weniger weit entfernt von Familie, Freunden und vielleicht dem oder der Liebsten, zahlreiche neue, positive und auch negative Eindrücke, viele Fragen und Unklarheiten: Alles in allem ergibt sich eine Herausforderung, die unglaublich spannend ist, aber auch zu Unbehagen führen kann. Auch die eingangs erwähnte, neu erlangte

„Freiheit“ kann bisweilen umkippen in das komische Gefühl, plötzlich mit allem alleine dazustehen. Jeder „Frischling“ hat irgendwann mal einen Kloß im Hals. Daher ist es ganz wichtig, möglichst früh Anschluss zu suchen und viel gemeinsam mit den neuen Mitstudenten zu unternehmen. Übrigens auch am Wochenende, denn wer immer sofort im Anschluss an die letzte Veranstaltung heimfährt, hat es schwerer, sich hineinzufinden und Kontakte zu knüpfen. Ehemalige Schulkollegen anzurufen oder ihnen zu mailen, kann auch hilfreich sein. Viele von ihnen fangen schließlich auch gerade mit dem Studium an, sodass man sich über die ersten Erfahrungen austauschen kann! Soviel ist sicher: Nach einiger Zeit wird sich der Nebel lichten, vieles wird verständlicher, leichter und im Nachhinein wird alles gar nicht so schlimm gewesen sein. Auf keinen Fall solltest du den Mut verlieren. Stattdessen freu dich lieber darüber, dass du jetzt Medizin studieren darfst! Es dauert auch gar nicht so lange, dann hat dich der studentische Alltag erfasst – und der ist für Mediziner nicht immer die helle Freude – sodass du dir die turbulente Zeit des Uni-Auftakts manchmal zurückwünschen wirst. Solltest du allerdings in Anbetracht der neuen Lebenssituation mit sehr starken Ängsten zu kämpfen haben, die dein Wohlbefinden über das übliche und normale Maß hinaus beeinträchtigen, so zögere bitte nicht, dich an die Psychologische Beratung der Uni zu wenden und dort einen Termin zu vereinbaren, damit du durch professionelle Hilfe die Kraft wiederfindest und für das Studium verwenden kannst.

Aus dem Leben eines Erstis berichtet Barbara S. in ihrem Erlebnisbericht:

Alles halb so schlimm – Aus dem Leben eines Erstis

Der Papierkrieg mit der SfH und dem Studentenwerk war vorbei. Der Studienplatz und ein Zimmer im Wohnheim waren gesichert. Da flatterte eines morgens ein Brief vom Dekan in den Briefkasten meines neuen Heims ein. Ich erfuhr, dass in ein paar Tagen eine „obligatorische Einführungsveranstaltung“ stattfinden würde. Obligatorisch. Das klang ja schon viel versprechend. Die bis dahin verdrängte Angst vor dem Studienstart brach nun prompt aus. Fragen über Fragen quälten mich nächtelang. Dann war es schließlich soweit.

„Bist Du auch ein Erstsemestler?“

Den Panikreaktionen meines Körpers hilflos ausgeliefert, näherte ich mich unsicher der Menge, die vor dem Hörsaal stand. Ich packte all meinen Mut

zusammen und sprach eine der Personen an: „Und, bist du auch ein Erstsemestler?“ Als ich die Antwort: „Ja! Du auch?“ erhielt, fiel mir nicht nur ein Stein vom Herzen, sondern meine Angstschweißproduktion nahm auch merklich ab. Zusammen mit meiner neuen Kommilitonin betraten wir den Hörsaal und sahen uns erst einmal um. So viele Menschen, und das soll nur ein Semester sein? Nach den trockenen Begrüßungsreden von diversen Herren, bei denen ich bis heute noch nicht sicher bin, welche Funktion sie an der Uni haben, stellte sich die Fachschaft vor.
Die Fachschaftler, eine gutherzige Spezies für sich, führten uns über den Campus und mir schwirrte nur das Wort „Reizüberflutung“ im Kopf herum. Freundlicherweise lieferten sie uns auch noch Infos über die Profs, die besten Bücher, das Uni-Leben an sich, die Partyzone der Stadt, die Mensa. Ganz ehrlich: Ich habe nichts behalten. Wie ich später erfahren sollte ging es meinen Kommilitonen da ganz ähnlich.

Geradezu mit Infos beworfen

Danach wurden wir in die Mensa geführt. Ein fataler Fehler, wenn man jemanden von der Schönheit des Studenten-Daseins überzeugen will. Mit halbwegs sattem Magen und auf jeden Fall übersättigt an Infos wurden wir dann noch bei gefühlten 50 Grad fotografiert. Heute schmunzelt man darüber, damals empfand man es als reine Schikane. Nach der Session versammelten wir uns in einem anderen Hörsaal und wurden über den Ablauf des Studiums, die Scheine sowie diverse Anmeldungen und Registrierungen informiert. Auch hier hätte ich gerne etwas zum Schreiben mitgehabt, denn man wurde geradezu mit Infos beworfen.
Fix und fertig verließ ich nach fast acht Stunden den Campus. Zu müde und für Angsthaben viel zu beschäftigt mit Anmeldungen, Bücherkauf etc., wartete ich auf den ersten „richtigen“ Uni-Tag.

Studenten aus den höheren Semestern helfen gerne weiter!

Der erste Unitag kam schneller als man dachte und schockierte mehr als man erwartet hätte: Zunächst eine Stunde Chemie, danach Physik, Anatomie, Biologie, Terminologie. Nach kurzer Begrüßung ging es los mit Orbital-Modellen, Mechanik, Herz-Kreislaufsystem, Prionen...

Nach einiger Zeit gewöhnte ich mich daran, und auch wenn es doch etwas härter ist als Schule, macht das Studium ungeheuren Spaß und man lernt unheimlich schnell neue, nette Leute kennen, die über die gleichen ekligen und makabren Witze lachen wie man selbst.
Und wenn man mal nicht weiter weiß oder sich verlaufen hat, sind immer noch die Studenten aus den höheren Semestern da, die mit einem Lächeln auf den Lippen weiterhelfen werden. Zögere nicht, sie zu fragen, ihnen ging es früher genauso!

Hier noch ein paar Tipps, die euch den Anfang erleichtern werden:

Keine Panik, alles halb so schlimm.
Suche Kontakt zu anderen Erstsemestern, gemeinsam findet sich vieles leichter! Kaufe dir einen Stadtplan und einen Busfahrplan/S-Bahnplan. Versuche dir schon vor dem Vorlesungsbeginn einen Bibliotheksausweis und eine Mensa-Card zu besorgen. Informiere dich, wo die Fachschaft ist. Da bekommst du später die Altfragen, mit denen du gezielt für die Klausuren lernen wirst. Außerdem hilft dir die Fachschaft immer weiter, bei Fragen also dorthin gehen!
Beschaffe dir einen Internetzugang, denn oft sind Skripten, Klausurergebnisse, Stundenpläne und ähnliches online zu bekommen. Kaufe keine Bücher vor dem Studium! Warte erst mal ab, was die Professoren raten und frage dann gegebenenfalls noch in der Fachschaft oder bei höheren Semestern nach, oft gibt es auch dann noch gute Alternativen! Es gibt auch immer an Schwarzen Brettern (Bibliothek, Fachschaft, vor diversen Hörsälen) Angebote für den Kauf alter Bücher.

Ich wünsche dir viel Spaß und viel Erfolg im Studium!

ZUSAMMENFASSUNG

Endlich geht es los!

Einschreiben als Student
Kurz vor Semesterbeginn schreibst du dich offiziell als Student der Humanmedizin an einer bundesdeutschen Hochschule ein (Immatrikulation). Hierbei füllst du im Studentensekretariat bzw. -dekanat die nötigen Formulare aus. Auch zu späteren Semestern musst du dich jedes Mal wieder als Student zu den Lehrveranstaltungen des neuen Semesters zurückmelden! Bei deiner Immatrikulation erhältst du übrigens wichtige Nachweise zur Vorlage bei Behörden, BAföG-Amt und Kindergeldkasse, wie z. B. Studentenausweis und Immatrikulationsbescheinigung (siehe Seite 99).

Belegen der Kurs
Nicht nur die Tatsache, dass du studieren möchtest, sondern auch, was du an Kursen im neuen Semester belegen möchtest, musst du deiner Universität mitteilen. Und so füllst du dann im Zuge der Erst-Einschreibung (Immatrikulation) im Rahmen des als „Belegen" bezeichneten Vorgangs den Kursplan des Semesters in deinem Belegbogen aus. Hier gibt es ebenfalls örtlich unterschiedliche Regelungen, die man dir vor Ort ausführlich erläutern wird (siehe Seite 100).

Die Erstsemester-Woche
Keine Sorge, es gibt bereits ein Empfangskomitee, das die neuen Studenten an die Hand nimmt: In der sogenannten Erstsemesterwoche zeigen dir erfahrene Studenten höherer Semester die wichtigen Stellen an der Uni (Mensa, Bibliothek, Hörsäle) und führen dich auf dem Gelände herum. Hier hast du die wichtige Chance und Gelegenheit, erste Kontakte zu deinen neuen Mitstudenten (Kommilitonen) zu knüpfen (siehe Seite 100).

Weitere Einführungsveranstaltungen
Die erste Vorlesung mit offizieller Begrüßung hält meist der Dekan, doch auch und gerade die weiteren Einführungsveranstaltungen sind einen Besuch wert: In der ersten Semesterwoche wird dir in Vorlesungen ausführlich erklärt, was dich alles erwartet und worauf du achten musst. Gewöhne dir gleich die universitäre Uhrzeit von s. t. und c. t. an, die besagt, dass eine Vorlesung zur vollen Stunde (s. t. also um 10:00 Uhr) bzw. um viertel nach (c. t. also um 10:15 Uhr) beginnt (siehe Seite 101).

Lerngruppenbildung
Keiner muss alleine studieren, denn Seminare, Kurse und Praktika werden an vielen Unis in Form von Lerngruppen bestehend aus drei bis sechs Studenten durchlaufen. Manchmal kann man sich selber aussuchen, mit wem, manchmal wird man zugeteilt (siehe Seite 102).

Erstsemester-Party
Du solltest die obligatorische Erstsemester-Party auf keinen Fall verpassen, um dein neues Semester kennen zu lernen und in den Uni-Alltag reinzufeiern (siehe Seite 102).

Mehr Cartoons unter:
www.medi-learn.de/cartoons
www.facebook.de/medilearn

Nicht gleich die Buchhandlung plündern!

Literaturtipps zum Semesterstart

Eigentlich müsste es „Literaturtipps nach Semesterstart" heißen, denn wenn du dein erstes Semester beginnst, brauchst du dir im Vorfeld oder am ersten Uni-Tag zunächst noch keine Bücher zu kaufen. Davon raten wir dringend ab, denn entweder ist das erstandene Werk (trotz seines Aufklebers „für Studienanfänger") nicht das richtige für die Veranstaltung oder du kommst persönlich nicht damit klar.

Hinweise zu relevanten Büchern bekommst du in den einführenden Sitzungen der jeweiligen Veranstaltungen. Doch da beginnt schon das nächste Dilemma: Nicht immer sind die Bücher die besten, die dir hier empfohlen werden. Oftmals stellen die Professoren in den Vorlesungen unterschiedliche Bücher für ihr Fach vor und proklamieren, welches Buch das absolut wichtige und richtige für ihr Fach sei. Gerne natürlich auch ihr eigenes. Die Erfahrung zeigt, dass einige Professoren gerne sehr umfangreiche, seitenstarke Lehrbücher empfehlen, die nicht immer unbedingt auch für studentische Belange passend sein müssen. Einmal mehr können dir hier die Studenten höherer Semester weiterhelfen. Oftmals ist es so, dass aus studentischer Sicht auch kürzere Lehrbücher für das Studium empfohlen werden. In diesen wird kompaktes Wissen präsentiert, das an den Prüfungen orientiert ist.

UNSER TIPP

Schulzeit

Schulbücher aufheben! In den Fächern des ersten Studienabschnitts werden dir viele Themen der Schulzeit wieder begegnen, besonders aus den naturwissenschaftlichen Fächern. Es kann sehr hilfreich sein, dann den Stoff noch einmal in den Werken nachschlagen zu können, mit denen du über Jahre hinweg gearbeitet hast!

Standardlehrbücher oder lieber Kurz- und Kompaktlehrbücher?

Grundsätzlich unterscheidet man folgende Buchtypen:

Das Standardlehrbuch: groß, seitenstark, viele Erläuterungen zum Lernstoff.

Das Kompakt- oder Kurzlehrbuch: klein, weniger Seiten, Präsentation des wesentlichen Lernstoffes ohne ausführliche Erläuterungen zu allen Themen.

Das Kompendium oder Repetitorium: oft im Hosentaschenformat, stichwortartige Darstellung der wesentlichen, auf das Notwendigste reduzierten Fakten.
Die Examensliteratur: Originalfragen aus den Prüfungen samt Lerntexten zur Vorbereitung auf die Examina.

Ob du dir für die einzelnen Fächer eher ein Standardlehrbuch, ein Kurzlehrbuch oder ein Kompendium anschaffen solltest, hängt im Wesentlichen von drei Faktoren ab: der Wichtigkeit des Faches, dem Zeitpunkt des Einsatzes und der persönlichen Arbeitsweise.
In den großen Fächern (Anatomie, Biochemie, Physiologie, Psychologie) ist eher ein Standardlehrbuch empfehlenswert, denn hier wird relevantes Wissen auch einmal mit Hintergrundinformationen erläutert, was für diese essenziellen Fächer auch angebracht ist.
In den kleineren Fächern (Chemie, Biologie, Physik) hingegen kann auch durchaus ein Kurzlehrbuch angebracht sein, denn diese Fächer verstehen sich als Ergänzungen und Hilfswissenschaften für die großen Fächer. Die wesentliche Lern- und auch Lesezeit sollte daher eher den großen Fächern vorbehalten sein.

Ein Kompendium oder Repetitorium, also ein Buch, das die wesentlichen Fakten nochmals schlagwortartig aufführt, kann nach dem Lernen des Stoffes benutzt werden, um die Materie zu rekapitulieren, aber auch vor dem eigentlichen Lernen, um einen Überblick zu erhalten, welche Themen zu einzelnen Kapiteln wichtig sind. Du kannst es auch gut unterwegs mit dir führen, um zwischendurch immer mal wieder zu prüfen, ob du zu den jeweiligen Themen auf Anhieb etwas sagen kannst. Die Examensliteratur wird meist zu einem späteren Zeitpunkt angeschafft, nämlich dann, wenn nach zwei Jahren der Erste Abschnitt der Ärztlichen Prüfung auf dem Plan steht.

Es ist aber durchaus empfehlenswert, parallel zum Lernstoff im Semester ab und an einmal einen Blick in die Examensliteratur zu werfen: Denn hier kannst du ersehen, welche der vielen Themen, die in den einzelnen Fächern angeboten werden, auch im Examen gestellt werden und in welchem Umfang sie geprüft werden. Das wiederum ist für die Arbeitsökonomie während des Semesters hilfreich.

Und nicht zuletzt spielt die eigene Arbeitsweise eine Rolle: Dem einen liegt es eher, die „Bibel“ der jeweiligen Disziplin durchzuarbeiten, der nächste paukt mit Kurzlehrbüchern und legt selbst Karteikarten an, statt diese zu erwerben. Und nicht wenige sichern sich zwar durch Fachbücher ab, lernen aber vorwiegend mit studentischen oder offiziell vom Lehrstuhl herausgegebenen Mitschriften – den sogenannten Skripten, die wir dir im nächsten Abschnitt kurz erläutern möchten.

GELAUSCHT

Fachbücher

Im Forum bei MEDI-LEARN gibt es einen sehr umfangreichen Beitrag zum Thema „Welches Buch für welches Fach?“ Diesen findest du unter:

- www.medi-learn.de/STF867

Skripten

Skripten sind veranstaltungsbegleitende Schriften. Grundsätzlich gibt es drei Arten:

1. Vom Lehrstuhl an der jeweiligen Uni herausgegebene Schriften: Sie eignen sich dafür, einen kompakten Überblick der Lehrveranstaltung zu bekommen.
2. Studentische Skripte: Diese werden von Semester zu Semester weitergereicht. Stilistisch nicht immer der ganz große Wurf, dafür aber mit Liebe gemacht. Doch Vorsicht: Sie weisen nicht selten fachliche Fehler auf. Zudem gibt es sehr viele studentische Skripte im Internet, sodass die Gefahr besteht, sie zu sammeln und zu archivieren, man aber später vor dem Problem steht, eine geeignete Fassung für sich selbst ausfindig zu machen. Kurzlehrbücher bringen dann oft mehr.
3. Dein selbst geschriebenes Skript: Während der Vorlesungen, die du besuchst, das Wichtigste des Stoffes mitzuschreiben, ist empfehlenswert: Denn erfahrungsgemäß behält man diejenigen Sachen besonders gut im Kopf, die man selbst zu Papier gebracht hat. So hast du auch die Teile des Stoffs parat, auf die der Dozent in der Prüfung besonders viel Wert legen könnte und die in der begleitenden Literatur oftmals nicht so tiefgehend behandelt werden.

Bücherinfos bei MEDI-LEARN

Im Forum Bücherplausch innerhalb der Foren von MEDI-LEARN besteht zudem die Gelegenheit, Fragen zu den Lehrbüchern („Welches Buch für welches Fach?") bundesweit zu stellen. Das Forum Bücherplausch findest du hier: www.medi-learn.de/STF868
Gebrauchte Bücher kannst du auch im virtuellen Flohmarkt innerhalb der MEDI-FOREN unter folgender Internetadresse finden oder zum Verkauf anbieten: www.medi-learn.de/STF869

Fazit

Papier ist geduldig. Sei du es auch: Mit welcher Literatur du am besten arbeiten kannst, wirst du erst im Laufe der Zeit feststellen. Während des Medizinstudiums wirst du dir viele, manchmal sehr dicke und auch sehr teure Bücher zu den einzelnen Fächern kaufen müssen. Weil es sich bisweilen um relativ hohe Anschaffungskosten handelt, solltest du dir kein Buch zulegen, ohne es vorher einmal gesichtet, das heißt durchgeblättert und angeschaut zu haben. Statt auf Verdacht vier Bücher zu einem Fach zu kaufen, weil eines davon schon das Richtige sein wird, leih dir diese vier Bücher lieber aus der Bibliothek aus oder lass dir in der Buchhandlung mit der Sichtung Zeit, um dir die Werke erst einmal in Ruhe anzuschauen, bevor du in deinen Geldbeutel greifst.
Denn nur so kannst du herausfinden, ob es dir auch zusagt. Dann allerdings solltest du auch bereit sein, lieber einen größeren Betrag in ein teureres Buch zu investieren als auf ein günstigeres Werk zurück zugreifen, mit dem du letztlich gar nicht zurechtkommst. Drum prüfe, wer sich ewig – oder im Falle eines Lehrbuches: länger – bindet, diese Binsenweisheit gilt also auch für den Bücherkauf.

UNSER TIPP

Bücherflohmark

Oftmals bieten auch die Fachschaften zu Semesterbeginn einen sogenannten Bücherflohmarkt an, auf dem du gebrauchte Bücher zu vergünstigten Preisen erwerben kannst. Frag ruhig auch einmal die höheren Semester, die hier ihre Bücher verkaufen, nach ihrer persönlichen Empfehlung für die entsprechenden Fächer.

ZUSAMMENFASSUNG

Literaturtipps

Literaturtipps zum Studienstart
Wir raten davon ab, bereits vor dem Studium bzw. vor Semesterbeginn Bücher zu erwerben. Es ist besser, noch ein wenig abzuwarten und z. B. die Meinung höherer Semester einzuholen. Es ist ratsam, auf die älteren Studenten zu vertrauen, sie haben das schon hinter sich und wissen, worauf es ankommt. Also: Nicht gleich die Buchhandlung plündern! Kleiner Tipp: Schulbücher aufheben, sie können zu Studienbeginn nützlich sein (siehe Seite 109).

Standard-Lehrbücher, Kurz-Lehrbücher oder Kompendium
Es gibt drei grundsätzliche Typen von Lehrbüchern für Studenten: Das sogenannte Standard-Lehrbuch ist groß, umfangreich und allwissend. Es kann für die größeren Fächer (Anatomie, Biochemie, Physiologie) empfohlen werden. Das Kurzlehrbuch ist eher mitteldick bis kompakt und vermittelt das Wesentliche, ohne sich in Details und Kleingedrucktem zu verlieren und ist für die kleineren Fächer (Biologie, Chemie, Physik) anzuraten. Das Kompendium bietet Wissen in stichwortartiger oder tabellarischer Form und ist eher zum Wiederholen oder zum Einstieg in den Stoff geeignet. Die Wahl des Lehrbuchtyps hängt auch von den persönlichen Lern- und Lesegewohnheiten ab (siehe Seite 109).

Skripte
Im Studentenmund versteht man unter „Skript" zumeist vorlesungs- oder kursbegleitende Lernmaterialien, die du z. B. für das Praktikum benötigst und an denen sich der Unterricht orientiert. Weiterhin werden eigene Mitschriften oder die Mitschriften von Kommilitonen manchmal als Skript von Student zu Student weiter gereicht (siehe Seite 111).

Bücherinfos bei MEDI-LEARN
Wir bieten dir zusätzlich ein Forum zum Gespräch über Lehrbücher und einen Bücherflohmarkt zum An- und Verkauf von Literatur (siehe Seite 112).

Fazit: Drum prüfe, wer sich ewig bindet
Die Bücherwahl ist wie so vieles eine Frage des persönlichen Geschmacks und der Neigungen. Eines solltest du nicht vergessen: Der vergleichsweise recht hohe Preis eines medizinischen Lehrbuches sollte dazu führen, dass du den Bücherkauf sorgfältig tätigst, dir die Bücher in der Bibliothek vorher anschaust und auch höhere Semester um Ratschläge bittest (siehe Seite 112).

Das Medizinstudium

Semester und Semesterferien

Das Jahr des Normalbürgers ist für den Studenten zumeist in zwei Hälften aufgeteilt: in Sommer- und in Wintersemester. Das Sommersemester beginnt am 1. April und endet am 30. September, das Wintersemester beginnt am 1. Oktober und endet am 31. März.

Darüber hinaus wird zwischen Vorlesungszeit und vorlesungsfreier Zeit unterschieden: Mitte Juli bis Mitte August beginnt die erste lange Phase der vorlesungsfreien Zeit, auch Semesterferien genannt, die erst Mitte Oktober (also auch nicht gleich am 1. Oktober) durch das nun mit Vorlesungen neu beginnende Wintersemester beendet wird.

Diese knapp dreimonatigen Sommersemesterferien werden von den Studenten natürlich nicht nur zum Faulenzen benutzt, sondern meistens auch mit Aktivitäten rund um das Studium gefüllt: Einige Studenten absolvieren hier Teile ihres Krankenpflegepraktikums, machen Famulaturen oder widmen sich der Doktorarbeit.

Nicht zu vergessen, dass viele Studenten nur in den Semesterferien dazu kommen, das tiefe, tiefe Loch im Geldbeutel etwas zu stopfen. Außerdem liegen die großen Prüfungen/Examina gerade in den Zeiten der Semesterferien, sodass diese Phase dann voll und ganz mit Lernen ausgefüllt ist! Eventuelle Urlaubspläne sollten darauf abgestimmt sein.

Die Wintersemesterferien dauern von Mitte Februar bis Mitte April. Auch hier stehen nach einer kleinen, verdienten Erholungsphase bei den meisten Medizinstudenten auch studienbezogene Arbeiten auf dem Plan.

Daneben gibt es kürzere vorlesungsfreie Zeiten zwischen Weihnachten und Neujahr, an manchen Unis auch zu Pfingsten. Zusammengefasst besteht das studentische Jahr also aus rund sieben Monaten Vorlesungszeit und aus fünf Monaten vorlesungsfreier Zeit/Semesterferien.

Hinweis: An einigen Universitäten wird abweichend vom hier vorgestellten Modell in Semestern (= Studienhalbjahren) das Studienjahr in Trimester (= Studiendritteljahr) aufgeteilt. Ob deine Uni die Semester oder aber Trimester als Grundlage zur Einteilung des Studienjahres nimmt, erfährst du recht frühzeitig im Laufe der Erstsemesterwochen oder bei der ersten Einschreibung.

GELAUSCHT

Semesterferien

In den folgenden Forenbeiträgen kannst du dir einen Eindruck davon machen, was Studenten so in den Semesterferien machen:

- Was in drei freien Monaten machen?
  www.medi-learn.de/STF870
- Semesterferien
  www.medi-learn.de/STF871
- Umfrage: Was macht ihr in den Ferien?
  www.medi-learn.de/STF872

Regelstudienzeit und individuelle Studienzeit

Ein Medizinstudium dauert in der Regelstudienzeit bis zum Erwerb des berufsqualifizierenden Abschlusses „Ärztin/Arzt" sechs Jahre und drei Monate – die Prüfungszeit für die Abschlussprüfung mit eingerechnet.
„In den Prüfungsordnungen sind die Studienzeiten zu sehen, in denen ein berufsqualifizierender Abschluss erworben werden kann (Regelstudienzeit). Die Regelstudienzeit schließt Zeiten einer in den Studiengang eingeordneten berufspraktischen Tätigkeit, praktische Studiensemester und Prüfungszeiten ein", lautet § 10 des Hochschulrahmengesetzes.
Dies sind insgesamt also etwas mehr als zwölf Semester. Die Regelstudienzeit ist diejenige Zeit, die für einen Student nach Absolvieren aller für die einzelnen Prüfungen notwendigen Voraussetzungen (Scheine etc.) vorgesehen ist, um das Medizinstudium erfolgreich abzuschließen.
Soweit die Theorie. Doch viele Studenten absolvieren ihr Studium nicht in der Regelstudienzeit. Was führt zu einer längeren Dauer des Studiums? Die Gründe sind vielfältig und individuell verschieden. Die Doktorarbeit, Auslandsaufenthalte und hochschulpolitische Arbeit sind einige der häufigeren Gründe dafür, warum das Studium bisweilen ein oder mehrere Semester länger dauert.
Einige Beispiele von Studenten veranschaulichen diese Problematik: Pia M. aus Aachen hat bereits mit fortgeschrittener Semesterzahl neben der eigentlichen klinischen Ausbildung ihre medizinische Doktorarbeit angefertigt. Sie widmete sich für einige Zeit der Arbeit im Forschungslabor oder auf der Krankenstation, sodass das Examen erst später absolviert werden

konnten. „Zwar hat mein Studium dadurch zwei Semester länger gedauert", so Pia im Gespräch mit der Redaktion, „doch ich möchte diese Zeit für die Doktorarbeit nicht missen." Andere Studenten sind in hochschulpolitischen Gremien (Studentenparlament, AStA etc.) aktiv und widmen einen Teil ihrer Zeit, die sie ansonsten für das Studium verwenden, für diese engagierte Arbeit für Kommilitonen: „365 Tage im Jahr immer nur lernen, im Hörsaal sitzen, Bücherwurm sein, das war nichts für mich", sagt Carsten R., der immer auch „etwas bewegen wollte" und sich daher in AStA und Studentenparlament für studentische Belange engagierte.
Wiederum andere Studenten verbringen einige Monate oder Semester im Ausland, sodass sie nach der Rückkehr in die Heimat noch Scheine und Prüfungen nachholen müssen. „Hätte ich nicht ein Auslandssemester in den USA absolviert, so wäre mein Studium zwar ein Semester kürzer, aber um wesentliche Erfahrungen medizinischer und menschlicher Art ärmer. Ich würde es immer wieder machen, auch wenn das Studium ein wenig länger dauert", erzählt Bernd H.
Vor dem letzten Examen nehmen sich viele Studenten ein Semester frei, um sich in Ruhe und intensiv auf die letzte Prüfung vorbereiten zu können.

GELAUSCHT

Studiendauer

Laut Wissenschaftsrat beträgt die durchschnittliche Studiendauer im Fach Humanmedizin 12,9 Semester. Wer es dennoch in der Regelstudienzeit geschafft hat, erfährst du im Forum von MEDI-LEARN:

- Medizin in Regelstudienzeit? www.medi-learn.de/STF873

Darüber hinaus gibt es noch viele andere Beweggründe, das Studium zu verlängern: Manche Studenten haben schon eine eigene Familie und müssen entsprechend uni-technisch etwas kürzer treten. Andere brauchen einfach mal eine Auszeit oder ziehen es vor, ein paar Monate die Welt kennenzulernen.
Zusammengefasst lässt sich also sagen, dass es gute und vielfältige Gründe geben kann, die Regelstudienzeit von zwölf Semestern zu verlängern. Allerdings sollten all diejenigen Studenten, die vorhaben, im Studium für die o. a. Gründe zu pausieren und gleichzeitig BAföG oder Stipendien beziehen, auf die aktuelle Förderungshöchstdauer achten. So kann es nicht passieren, dass man sich am Ende des Studiums während der entscheidenden Examina auch noch um die Sicherung des Lebensunterhaltes aus eigener Kraft kümmern muss.

Die Approbationsordnung

Das Medizinstudium ist in seinem Ablauf sehr viel formaler geregelt als die meisten anderen Studiengänge. Die gesetzliche Grundlage für die Ausbildung im Rahmen deines Medizinstudiums bildet die sogenannte Approbationsordnung (kurz: AO). Zum Zeitpunkt der Drucklegung dieses Buches (Stand: März 2013) war die Approbationsordnung im Umbruch. Es gab einige Änderungen im Bereich Krankenpflegepraktikum, Famulaturen, Blockpraktikum, Querschnittsfächer, Praktisches Jahr und Hammerexamen. Wir haben die Neuerungen bereits im vorliegenden Studienführer an den entsprechenden Stellen berücksichtigt. Den aktuellen Gesetzestext (Stand: 7.1.2013) mit ausführlichen Anlagen (z. B. Zeugnisvordrucke oder Inhalte einzelner Fächer) findest du im Internet unter: www.medi-learn.de/STF874. Die Änderungen greifen zum Teil zu unterschiedlichen Zeitpunkten. Eine sehr hilfreiche Zusammenfassung, wann sich was für wen ändert, kannst du dir unter folgender Internetadresse anschauen: www.medi-learn.de/STF875.

Wir halten dich auf unserer Webseite unter www.medi-learn.de und im Newsletter diesbezüglich weiterhin gern auf dem Laufenden. Falls du spezielle Fragen zur Approbationsordnung haben solltest, empfehlen wir dir den Besuch in unseren Diskussionsforen unter www.medi-learn.de/foren – hier triffst du auf eine große Community junger Mediziner, die bei Fragen deinerseits gerne hilfreich mit Rat und Tat zur Seite stehen.

Die Abschnitte des Medizinstudiums

Einteilung des Studiums in zwei Abschnitte (bis 2014)

Bis zum Jahr 2014 wird das Medizinstudium weiterhin in zwei Abschnitte samt anschließender Prüfung unterteilt sein: der erste Abschnitt (Vorklink; endet mit mündlicher und schriftlicher Prüfung nach vier Semestern: Physikum bzw. Erster Abschnitt der Ärztlichen Prüfung) und der zweite Abschnitt (mündlich-praktische und schriftliche Prüfung nach dem zwölften Semester: „Hammerexamen“ bzw. Zweiter Abschnitt der Ärztlichen Prüfung). Das letzte Jahr vor dem Hammerexamen ist das Praktische Jahr, das an akademischen Lehrkrankenhäusern oder in Unikliniken stattfindet. Aus den Noten des Ersten und Zweiten Abschnitts der Ärztlichen Prüfung wird die Gesamtnote berechnet, mit der man das Medizinstudium abgeschlossen hat. Die Note aus dem ersten Abschnitt geht zu einem Drittel, die Note aus dem zweiten Abschnitt zu zwei Dritteln in die Gesamtbewertung ein.

Einteilung des Studiums in drei Abschnitte (ab 2014)

Gültig ab 1. Januar 2014: Nach der Approbationsordnung ist das sechsjährige Studium nunmehr in einen ersten, zweiten und dritten Abschnitt unterteilt. Der erste Abschnitt (Vorklinik genannt), beinhaltet die größeren und kleineren Grundlagenfächer (Anatomie, Biochemie, Physiologie, Psychologie, Chemie, Physik, Biologie). Er umfasst die ersten vier Semester und wird mit der ersten größeren Prüfung abgeschlossen, dem „Ersten Abschnitt der Ärztlichen Prüfung" (auch Physikum genannt, du wirst hier mündlich und schriftlich geprüft).

Der zweite Abschnitt des Medizinstudiums widmet sich der Ausbildung in zahlreichen klinischen Fächern (z. B. Innere Medizin, Neurologie, Kinderheilkunde) und umfasst die Semester sechs bis zehn. Im Anschluss daran findet der „Zweite Abschnitt der Ärztlichen Prüfung" statt, der in schriftlicher Form absolviert wird. Hast du diese vorletzte Prüfung erfolgreich bestanden, steht nun mit dem Praktischen Jahr in den Semestern elf und zwölf eine rein praktische Ausbildung in akademischen Lehrkrankenhäusern oder der Uniklinik auf dem Plan.

Schließlich absolvierst du dann nach dem PJ noch die allerletzte Prüfung deines Studiums („Dritter Abschnitt der Ärztlichen Prüfung") in mündlich-praktischer Form, bevor du dich nach (mindestens) sechs Jahren dann Ärztin oder Arzt nennen darfst. Kurz zur Notenberechnung: Die Note aus dem ersten Abschnitt wird verdoppelt, die Noten aus dem zweiten und dritten Abschnitt werden verfünffacht und die Summe durch zwölf geteilt – klingt kompliziert, merk dir vielleicht einfach, dass der zweite und dritte Abschnitt gleichwertig untereinander zählen und im Vergleich zum ersten Abschnitt deutlich wichtiger sind. Oder andersherum: Wenn du ein eher mäßiges Physikum ablegst, steht einer guten Abschlussnote dennoch nichts im Wege, da die späteren Examina für die Notengebung relevanter sind.

Die verschiedenen Unterrichtstypen

Bei den Veranstaltungen, die während des Studiums durchlaufen werden, lassen sich im Groben unterscheiden: Vorlesungen, in denen die Professoren den Unterricht meist in Vortragsform halten; Seminare, in denen die

Professoren und Lehrkräfte das in der Vorlesung behandelte Thema meist in kleineren Gruppen vertiefen, die in etwa der Größe einer Schulklasse entsprechen, sowie Praktika, in denen du Tätigkeiten erlernst wie z. B. das Mikroskopieren, die Durchführung chemischer Versuche und auch das Sezieren von Leichen. Wie dies vor Ort im ersten Abschnitt des Studiums im Einzelnen geregelt ist, erfährst du bei der Einschreibung und Belegung im Studiendekanat oder im Laufe der Einführungsveranstaltungen innerhalb der ersten Semesterwochen nach Studienbeginn (sogenannte Erstsemester-Wochen).

UNSER TIPP

Kleiderwahl

Wir empfehlen dir, deine Kleiderwahl auf die Veranstaltungen abzustimmen. In der Vorlesung ist es ganz deinem Gusto überlassen, wie du herum läufst. Im Seminar kann „anständige" Kleidung von Vorteil sein, wenn ein konservativer Professor die Veranstaltung leitet. Im Praktikum kann es trotz „Dienstkleidung" schon mal passieren, dass deine Sachen danach streng riechen oder eine ätzende Lösung die Klamotten gar ruiniert. Also solltest du dann nicht gerade das wertvollste Stück an dir tragen!

Das Praktikum

Im Praktikum bist du – wie der Name schon sagt – mit praktischen Tätigkeiten beschäftigt. Im Anatomie-Kurs sezierst du Leichen, im Biochemie/Molekularbiologie-Praktikum führst du im Labor z. B. am Photometer Versuche durch und dergleichen mehr.

Das Seminar

Hier wird der praktisch erfahrene Lehrstoff in kleinen Gruppen von rund 20 Studenten vertieft, vergleichbar mit einer Arbeitsgemeinschaft.

Vorlesungen

Untermauert und theoretisch verfestigt wird das Wissen in den Vorlesungen, in denen Professoren über das Thema referieren. Außerdem eignest du dir hier schon vor dem Praktikum oder dem Seminar theoretische Grundkenntnisse an. Studenten sprechen zwar davon, Vorlesungen zu „hören", doch das beinhaltet natürlich auch das Mitschreiben der wesentlichen Stichpunkte!

Gegenstandsbezogene Studiengruppe

Die gegenstandsbezogenen Studiengruppen vertiefen den in Vorlesung, Seminar und Praktikum behandelten Stoff – oftmals in Form konkreter Fallbeispiele an konkreten Krankengeschichten.

Hinweis:

Wir haben uns bemüht, diesen Studienführer so studentennah wie möglich zu schreiben. Dennoch wollen wir dir an den wichtigsten Stellen die Gesetzestexte nicht vorenthalten. Wenn du magst, kannst du sie lesen, wenn nicht – auch nicht wild –, überspringst du sie einfach. Hier der erste Gesetzestext:

§

§ 2 Unterrichtsveranstaltungen

(3) Die praktischen Übungen umfassen die eigenständige Bearbeitung von praktischen Aufgaben durch die Studierenden unter Anleitung, Aufsicht und Verantwortung der ausbildenden Lehrkraft. Bei den praktischen Übungen ist die praktische Anschauung zu gewährleisten. Soweit der Lehrstoff dies erfordert, ist in kleinen Gruppen zu unterrichten. Der Lehrstoff der praktischen Übungen soll sich an den Anforderungen der ärztlichen Praxis ausrichten. Beim Unterricht am Krankenbett darf jeweils nur eine kleine Gruppe von Studierenden gleichzeitig unmittelbar am Patienten unterwiesen werden, und zwar – beim Unterricht in Form der Patientendemonstration eine Gruppe von höchstens sechs, – bei der Untersuchung eines Patienten durch Studierende eine Gruppe von höchstens drei. Bei der praktischen Unterweisung am Patienten entfällt je die Hälfte der Unterrichtszeit auf den Unterricht in Form der Patientendemonstration und auf den Unterricht mit Patientenuntersuchung. Die Gesamtstundenzahl für den Unterricht am Krankenbett beträgt 476. Blockpraktika sind Veranstaltungen von ein- bis sechswöchiger Dauer zur Differentialdiagnostik und -therapie der wichtigsten Krankheitsbilder unter Bedingungen des klinischen und ambulanten medizinischen Alltags. Mindestens 20 Prozent der Praktika nach dem Ersten Abschnitt der Ärztlichen Prüfung sind in Form von Blockpraktika zu unterrichten.

(4) In den Seminaren wird der durch praktische Übungen und Vorlesungen vermittelte Lehrstoff vertiefend, anwendungs- und gegenstandsbezogen erörtert. Die Seminare sind darauf gerichtet, den Studierenden wichtige medizinische Zusammenhänge zu vermitteln. Die Seminare umfassen auch die Vorstellung von Patienten. Die Studierenden haben durch eigene Beiträge vor allem fächerübergreifende Probleme und Beziehungen zwischen

medizinischen Grundlagen und klinischen Anwendungen zu verdeutlichen. Die Zahl der jeweils an einem Seminar teilnehmenden Studierenden darf 20 nicht überschreiten. Eine Überschreitung ist zulässig, wenn andernfalls eine Gruppe gebildet werden müsste, die weniger als zehn Studierende umfassen würde; in diesem Fall sind die Studierenden, für die keine weitere Gruppe gebildet wird, auf die übrigen Gruppen möglichst gleichmäßig zu verteilen.

(5) Die gegenstandsbezogenen Studiengruppen haben die Aufgabe, den in praktischen Übungen, Seminaren und Vorlesungen dargestellten Stoff zu besprechen und das eigenständige, problemorientierte Arbeiten zu üben. Gegenstandsbezogene Studiengruppen werden von den Lehrkräften der Universität oder durch von der Universität beauftragte Lehrkräfte geleitet. In den gegenstandsbezogenen Studiengruppen sollen vor allem Fallbeispiele behandelt werden. In Verbindung mit Seminaren und gegenstandsbezogenen Studiengruppen sollen die Universitäten auch die Abhaltung von Tutorien ermöglichen.

(6) Die in den Absätzen 3 bis 5 genannten Unterrichtsveranstaltungen werden durch systematische Vorlesungen vorbereitet oder begleitet. Die Vorlesung ist eine zusammenhängende Darstellung und Vermittlung von wissenschaftlichen und methodischen Kenntnissen durch den Vortrag von Lehrkräften.

(7) Die Studierenden weisen durch Bescheinigungen nach dem Muster der Anlage 2 zu dieser Verordnung ihre regelmäßige und erfolgreiche Teilnahme an den in Absatz 1 Satz 2 und 3 und Absatz 2 Satz 5 genannten praktischen Übungen, Seminaren und gegenstandsbezogenen Studiengruppen sowie den regelmäßigen Besuch der die praktischen Übungen vorbereitenden oder begleitenden Vorlesungen nach, soweit deren Besuch von der Universität in einer Studienordnung vorgeschrieben ist. In der Studienordnung werden auch die Voraussetzungen für die Feststellung der regelmäßigen und erfolgreichen Teilnahme an diesen Unterrichtsveranstaltungen geregelt. Eine erfolgreiche Teilnahme an einer praktischen Übung nach Absatz 3 liegt vor, wenn die Studierenden in der praktischen Übung in einer dem betreffenden Fachgebiet angemessenen Weise gezeigt haben, dass sie sich die erforderlichen Kenntnisse, Fähigkeiten und Fertigkeiten angeeignet haben und sie in der Praxis anzuwenden wissen.

Eine erfolgreiche Teilnahme an einem Seminar nach Absatz 4 liegt vor, wenn die Studierenden gezeigt haben, dass sie den Lehrstoff in seinen Zusammenhängen erfasst haben und in der Lage sind, dies darzustellen.

Eine erfolgreiche Teilnahme an einer gegenstandsbezogenen Studiengruppe nach Absatz 5 liegt vor, wenn die Studierenden in der gegenstandsbezogenen Studiengruppe gezeigt haben, dass sie vor allem Fallbeispiele eigenständig und sachgerecht bearbeiten können.

ZUSAMMENFASSUNG

Das Medizinstudium

Semester und Semesterferien
Das Universitätsjahr gliedert sich in eine Zeit, in der Vorlesungen und Unterricht stattfinden (Semester) und in eine vorlesungsfreie Zeit (Semesterferien). Das Wort Semester bedeutet so viel wie Studienhalbjahr. Das Wintersemester beginnt im Oktober und endet im April, das Sommersemester beginnt im April und endet im Oktober. In beiden Semestern gibt es Semesterferien: Im Wintersemester beginnen die Semesterferien Mitte Februar und dauern bis Mitte April, im Sommersemester beginnen die Ferien Mitte Juli und dauern bis Mitte Oktober (siehe Seite 114).

Regelstudienzeit und individuelle Studienzeit
Ausnahmen bestätigen die Regel, so auch beim Medizinstudium. Denn in der Regel kann ein Durchschnittsstudent zwar nach sechs Jahren und drei Monaten mit dem Studium fertig sein und alle Prüfungen auf dem Weg zum Arzt erfolgreich hinter sich gebracht haben. An dieser Regelstudienzeit orientiert sich auch die Förderungshöchstdauer von 13 Semestern für den Bezug von Leistungen nach BAföG. Doch aufgrund von Auslandsaufenthalten, Doktorarbeit oder Hochschulpolitik wie auch individueller Geschehnisse ist es nicht selten, dass manche(r) eine Ausnahme macht und erst nach dem 13. oder 14. Semester der Uni den Rücken kehrt und sich als frisch approbierte(r) Ärztin/Arzt auf den Weg in die praktische Tätigkeit macht (siehe Seite 115).

Die Approbationsordnung
In zahlreichen Paragraphen ist in Form der sogenannte Approbationsordnung (im Volksmund kurz AO genannt) der Weg des Studenten zum Arzt im Laufe des Studiums der Humanmedizin haarklein und juristisch wasserdicht vorgezeichnet (siehe Seite 117).

Der erste bis dritte Abschnitt im Medizinstudium
Es gibt (ab 2014) drei größere Abschnitte im Medizinstudium, an deren Ende jeweils eine große Abschlussprüfung steht. Der erste Abschnitt umfasst die Semester eins bis vier, wird auch als Vorklinik bezeichnet und durch das Physikum (Ärztliche Vorprüfung, Erster Abschnitt der Ärztlichen Prüfung, Erstes Staatsexamen, M1) beendet. Daran schließt sich der sogenannte zweite Abschnitt an, der auch als Klinik bezeichnet wird und die Semester fünf bis zehn umfasst. Hiernach folgt der Zweite Abschnitt der Ärztlichen Prüfung, bei dem es sich um eine rein theoretisch-schriftliche Prüfung handelt. Die Semester elf und zwölf werden in Form des Praktischen Jahres abgeleistet. Nach dem PJ wird das Studium mit dem Dritten Abschnitt der Ärztlichen Prüfung (mündlich-praktisch) abgeschlossen. Die Gesamtnote ergibt sich wie folgt: Die Note aus dem ersten Abschnitt wird verdoppelt, die Noten aus dem zweiten und dritten Abschnitt werden verfünffacht und die Summe durch zwölf geteilt (siehe Seite 118).

Die Vorklinik des Medizinstudiums

Die Fächer im Überblick

Alle Fächer und Themengebiete, für die du einen Schein erwerben musst, sind in den ersten vier Semestern auf dem Stundenplan vertreten. Daneben gibt es zwei weitere Pflichtleistungen: den Erste-Hilfe-Kurs und das 90-tägige Pflegepraktikum, die du bis zur Meldung zur Prüfung absolviert haben musst. Die Approbationsordnung (siehe dazu auch AppO Anlage 1 zu § 2 Abs. 1 Satz 2, § 41 Abs. 2 Nr. 9) verlangt in den ersten vier Semestern in folgenden Fächern entweder Praktika, Kurse oder Seminare:

Praktika:

Physik, Chemie, Biologie, Physiologie, Biochemie/Molekularbiologie, Berufsfelderkundung, Einführung in die Klinische Medizin, Medizinische Terminologie

Seminare (jeweils mit klinischen Bezügen):

Anatomie, Physiologie, Biochemie/Molekularbiologie, Medizinische Psychologie/Soziologie

Kursus:

Makroskopische Anatomie, Mikroskopische Anatomie, Medizinische Psychologie/Soziologie

Es gibt also vier große Fachgebiete: Anatomie, Physiologie, Biochemie/Molekularbiologie und Medizinische Psychologie/Soziologie.
Die anderen Fächer wie Biologie, Chemie, Physik werden meist im Vorfeld der Kurse zum Erwerb des Grundlagenwissens belegt, sind aber in der Prüfung später nicht so relevant. So wirst du im schriftlichen Teil der Prüfungen wesentlich mehr Fragen in Anatomie als in der zugeordneten Biologie für Mediziner gestellt bekommen. Für die Fächer Physik/Physiologie und Chemie und Biochemie/Molekularbiologie gilt ähnliches.
Die drei Praktika in Terminologie, Berufsfelderkundung sowie die Einführung in die klinische Medizin sind ebenfalls eher randständig. Zusätzlich zu den oben genannten Fächern und Praktika musst du den Erste-Hilfe-Kurs und das Krankenpflegepraktikum ableisten.

Für die Fächer hat der Gesetzgeber in der Approbationsordnung beschrieben, was thematisch auf dem Stundenplan steht:

§ Anlage 10 (zu § 23 Abs. 2 Satz 2, § 41 Abs. 2 Nr. 9)
Prüfungsstoff für den Ersten Abschnitt der Ärztlichen Prüfung
Prüfungsaufgaben zum Ersten Abschnitt der Ärztlichen Prüfung betreffen das medizinische Grundlagenwissen über die Körperfunktionen, insbesondere sind die naturwissenschaftlichen Fächer auf die medizinisch relevanten Inhalte auszurichten. Die Prüfungen schließen Aspekte ein, die die Verknüpfung dieses Grundlagenwissens mit klinischen Anteilen sichern, wie:
– Methodik, Durchführung und Ergebnisse der körperlichen Untersuchung und weiterer diagnostischer Verfahren (z. B. diagnostische Eingriffe; laborgestützte, bildgebende, elektrophysiologische und andere apparative Diagnostik; grundlegende psychodiagnostische Ansätze),
– therapeutische einschließlich pharmakotherapeutische Interventionen,
– das Verständnis von Krankheitsentstehung, -bewältigung und -prävention,
– die Gestaltung der Arzt-Patient-Beziehung.

Das Krankenpflegepraktikum

Es ist zwar für die Zulassung zum eigentlichen Medizinstudium nicht notwendig, ein absolviertes Pflegepraktikum bereits vorzuweisen, aber damit kann die oft bestehende zeitliche Lücke zwischen Schul- oder Dienstende und Studienbeginn aufgefüllt werden. In der Regel erkennen die Landesprüfungsämter Pflegepraktika an, die vor dem Studium absolviert werden. Eine Klärung vorab gibt Sicherheit. Hilfe liefert ein bereits vor dem Studium abgeleistetes Pflegepraktikum auch bei der Entscheidung für oder gegen das Studium: Anne F. hatte bereits vor ihrem Medizinstudium das Pflegepraktikum gemacht und wurde dadurch in ihrer Wahl, dieses Fach zu studieren, bestärkt: „Ich hatte viel Spaß im Pflegepraktikum. Der Kontakt zu den Patienten ist genau das Richtige für mich", berichtet sie rückblickend. „Zudem hatte ich in der Vor-

UNSER TIPP

Nachtdienst

Manche Stationen ermöglichen die Teilnahme am Nachtdienst. Wenn man z. B. eine Woche am Nachtdienst teilgenommen hat, bekommt man zum Ausgleich einige Tage frei, die aber als Praktikumszeit angerechnet werden. So kann die Zeit des Pflegepraktikums verkürzt werden.

klinik mehr Zeit zum Lernen, was mir sehr viel geholfen hat. Ich kann zukünftigen Studenten nur empfehlen, das Pflegepraktikum vor dem Studienbeginn durchzuführen!"

Um die Zulassung für den Ersten Abschnitt der Ärztlichen Prüfung nach zwei Jahren Studium zu erhalten, musst du ein Krankenpflegepraktikum nachweisen. Es muss spätestens bei der Anmeldung zum Physikum absolviert worden sein. Das Praktikum dauert drei Monate (90 Tage), kann aber auch in mehreren Abschnitten gemacht werden, wobei diese mindestens 30 Tage lang sein müssen. Wichtig: Falls es während des Studiums absolviert wird, muss es in der vorlesungsfreien Zeit absolviert werden! Durchgeführt werden kann das Pflegepraktikum nur im Krankenhaus. Praktika beim Rettungsdienst oder im Altenheim zählen leider nicht. Allerdings kann das Krankenpflegepraktikum auch in einer stationären Rehabilitationseinrichtung mit vergleichbarem Pflegeaufwand durchgeführt werden. Die Fachrichtung im Krankenhaus ist egal, nur darf es kein reiner Funktionsbereich sein (EKG, OP, Labor etc.). An einen Platz gelangst du in der Regel recht unkompliziert über eine telefonische Anfrage bei der PDL (Pflegedienstleitung) in einem Krankenhaus deiner Wahl.
Gearbeitet wird in Vollzeit, also meist 38,5 bis 40 Stunden pro Woche. Hierbei hast du in der Regel auch Wochenenddienste sowie wechselnde Schichten (Früh- und Spätdienste, teilweise auch Zwischendienste). Nachtdienste werden in der Regel nicht verlangt.

Auch Praktika in ausländischen Krankenhäusern werden anerkannt, sofern alle genannten Bedingungen erfüllt werden. Auch hier bitte vorher zur Absicherung das zuständige Landesprüfungsamt (LPA) konsultieren!

UNSER TIPP

Formulare für das Pflegepraktikum

Du musst dir das abgeleistete Pflegepraktikum auf einem entsprechenden Formular bestätigen lassen. Im MEDI-LARN Club bekommst du dies fertig ausgefüllt auch in zahlreichen Sprachen wie Englisch, Französisch, Spanisch, Russisch oder Chinesisch.
Mehr Informationen unter:

- www.medi-learn.de/STF876

Berufsausbildungen (z. B. Hebamme, Krankenschwester/-pfleger, Krankenpflegehilfe) und anderweitige krankenpflegerische Tätigkeiten (Sanitätsdienst der Bundeswehr, Freiwilliges Soziales Jahr, Zivildienste im Gesundheitswesen) werden normalerweise anerkannt, allerdings nicht immer als vollständiges Praktikum.
Da es viele unterschiedliche Landesprüfungsämter und viele Berufsausbildungen gibt, frag bitte bei dem für deine Uni zuständigen Ansprechpartner beim LPA nach. Die Adressen findest du im Onlinebereich unter www.medi-learn.de/STF877

GELAUSCHT

Fragen zum Pflegepraktikum

Im Forum von MEDI-LEARN findest du zunächst eine Liste häufig gestellter Fragen zum Pflegepraktikum:

- Häufig gestellte Fragen zum Pflegepraktikum
  www.medi-learn.de/STF878

Weitere Beiträge sind im Forum zu finden:

- Pflegepraktikum – welche Station?
  www.medi-learn.de/STF879
- Umfrage: Wurdest du ausgenutzt?
  www.medi-learn.de/STF880
- Pflegepraktikum vor dem Studium?
  www.medi-learn.de/STF881

Der Erlebnisbericht von Sarah M. über ihr Pflegepraktikum gibt dir einen ersten Einblick in die Zeit auf Station:

„Sobald ich von meinen Abi-Ferien zurückgekehrt war, begann ich mit meinem zweimonatigen Krankenpflegepraktikum (Urologie/Innere), also noch vor Beginn des Studiums. Das war sehr gut so. Denn beim Lernen auf Testate, Schwitzen bei Physik-Praktikum-Kolloquien und Büffeln für Klausuren konnte ich mich so immer wieder auf die praxisnahe Zeit meines Pflegepraktikums im Krankenhaus St. Trudpert im heimatlichen Pforzheim erinnern, was mir über so manches Lerntief half.

Auf in die Klinik des Schwesternordens

Beim St. Trudpert handelt es sich um eine kleinere Klinik, welche von einem Schwesternorden geführt wird, und somit eine übersichtliche, fast schon familiäre Atmosphäre aufweist: Fast jeder kennt sich – zumindest vom Sehen. Es arbeitet jedoch auch „weltliches" Personal in der Klinik. Auch spielt die Konfession (kath. oder ev.) keine Rolle, wenn man sich bewerben möchte. An meinem ersten Tag bekam ich zunächst drei Sätze Pflegepersonal-Kleidung für meine Praktikumszeit zur Verfügung gestellt, sodass ich nur eigene Schuhe mitbringen und mir um das Waschen keine Sorgen machen musste. Außerdem bekam ich zwei Mahlzeiten pro Schicht gestellt.

Urologie: Trotz Krankheit eine angenehme Atmosphäre auf Station

Die ersten drei Wochen absolvierte ich auf der im Kreis bekannten Urologischen Station. Die überaus engagierte Oberschwester brachte mir sehr viele Aspekte der medizinischen Versorgung bei, die man so „in keinem Lehrbuch findet". Außerdem sorgte sie dafür, dass ich mit den Ärzten mitlaufen durfte, um „auch etwas für meine berufliche Laufbahn zu lernen", wie sie immer sagte. Von ihr lernte ich auch sehr viel über das Arbeitsverhältnis Arzt : Pflege : Patient, die Integration neuen Personals in den Klinikalltag, die Psychologie der „richtigen Zimmerbelegung" und der Begleitung von Patienten, die zum Teil mit einem neuen, veränderten Leben (u. a. künstlicher Darmausgang, Dialysefälle) zurechtkommen mussten.
Da ich in Frühschichten und in Spätschichten arbeiten musste, durfte ich mich sowohl in der Pflege beteiligen, als auch in der medizinischen Versorgung „assistieren", was mir die Urologie Schritt für Schritt näher brachte. Katheterlegen bei Frauen und Männern, waschen, verbinden, Betten machen, Betten schieben, Essen verteilen, OP- und Laborgänge erledigen, im Aufwachzimmer bei der Patientenversorgung mithelfen, Blutdruck messen, Fieberkurven aufnehmen und vieles mehr waren Bestandteil meiner Praktikumszeit auf der Urologie, welche mir sehr viel Spaß machte. Nicht zuletzt wegen der trotz aller „Krankheit" angenehmen und humorvollen Atmosphäre auf Station.

Da es im Sommer auf der Inneren Station akut mehr zu tun gab, als auf der Urologie und sich wohl auch herumgesprochen hatte, dass ich eine interessierte und willige Praktikantin sei, wurde ich gefragt, ob es mir etwas ausmachen würde, auf die Innere Station zu wechseln. Zuerst war ich sehr traurig bei dem Gedanken, die mir nun vertraute Arbeit aufgeben zu müssen, doch konnte ich aus meiner Position als „angehende Medizinstudentin“ heraus schlecht „Nein!“ sagen; und so wechselte ich für den Rest meiner Praktikumszeit auf „Station A 1“.

Innere Medizin: Ich war erst einmal platt

Ich will nicht lügen – die ersten zwei Tage waren der reine Horror für mich! Das Vertrauen der mir „vorgesetzten Schwestern“, welches ich mir in drei Wochen Urologie-Arbeit erarbeitet hatte, war plötzlich wieder auf der Null-Linie angelangt. Alles, was ich auf der Urologie gelernt hatte, z. B. wie man Katheterbeutel leert, schien falsch zu sein. „Das machen die von der Urologie vielleicht so! Wir sind aber die Innere!!“, musste ich mir von den an diesen ersten beiden Tagen diensthabenden Schwestern anhören. Zudem waren die „Fälle“ eindeutig psychisch belastender! Zum ersten Mal hörte ich Sätze wie: „Die Patientin von Zimmer sieben kommt zum Sterben!“, „Patient Müller hat gestern Abend noch das Zeitliche gesegnet.“, „Die Patientin Schmidt von Zimmer 14 hat gestern Nacht unter Entzug die Nachtschwester vermöbelt!“, etc. Ich war erst mal platt – sowohl von dem, was ich an Krankheitserscheinungen zu sehen als auch an Diagnosen zu hören bekam. Darüber hinaus hatte ich nicht mit solch körperlicher Anstrengung gerechnet, welche die Pflege auf der Inneren Station erfordert. Aber auch diese ersten Tage gingen irgendwann vorüber und mit der Zeit hat selbst auch das harte Schuften in der Patientenpflege angefangen, Spaß zu machen. Einige Schwestern akzeptierten zu meiner Freude auch meine Arbeitsleistung als der ihrigen gleichwertig und Patienten schenkten mir das nötige Vertrauen, um mich in meiner Arbeit wohl zu fühlen. Die sehr freundliche Ärzte-Belegschaft der Inneren Station erlaubte mir dann auch, den Enteroskopien als Betrachter beizuwohnen. Einen kleinen Vorgeschmack auf den „Horch- und Klopfkurs“ der klinischen Semester bekam ich ebenfalls vermittelt. Einer der Ärzte stellte sich mir zu meiner überaus großen Überraschung sogar als „Patient“ zur Verfügung.

Resümee und ein kleiner Rat

Alles in allem war ich letzten Endes froh, auch die Arbeit auf der Inneren Station in mein Erfahrungsspektrum mit aufnehmen zu können und will aus heutiger Sicht auch keine Minute dieser Zeit mehr missen wollen! Angehende Pflegepraktikanten: „Lasst euch nicht von scheinbar unangenehmen Arbeiten zurückschrecken! Nehmt an Erfahrung mit, was ihr mitnehmen könnt. Integriert euch in das Stationsteam durch Fleiß, Willen und die Bereitschaft, Neues zu erfahren. Blockt nicht gleich ab, wenn ihr das Gefühl habt, jeder erzählt euch alles doppelt und dreifach und dann auch noch in verschiedenen Varianten. Hört zu und „sammelt“. Denn nur dieses „Sammeln“ gibt euch die Möglichkeit, verschiedene Aspekte aufzunehmen. Haltet außerdem eure Ohren und Augen offen. Und sei es nur, dass ihr meldet, die vorletzte Packung einer Salbe aus dem Schank genommen zu haben! Das Lächeln, das euch von einem hilflosen Patienten geschenkt wird, dem ihr das Gefühl gebt, nicht ein „krankes Objekt ohne Würde“ zu sein, werdet ihr nie mehr vergessen und es wird euch Mut geben, das Studium trotz gewisser „tiefer Schieflagen“ zu meistern!“

Der Erste-Hilfe-Schein

Jeder Medizinstudent, der sich zum Ersten Abschnitt der Ärztlichen Prüfung anmeldet, muss bis zu diesem Zeitpunkt den Nachweis über einen absolvierten Erste-Hilfe-Kurs erbringen. Der Erste-Hilfe-Kurs muss mindestens acht Doppelstunden umfassen und kann während der ersten zwei Jahre des Studiums absolviert werden.

Den Kurs kann man bei den gängigen Erste-Hilfe-Organisationen (Deutsches Rotes Kreuz, Arbeiter-Samariter-Bund Deutschland e. V., Malteser Hilfsdienst e. V., Johanniter-Unfall-Hilfe etc.) absolvieren. Am besten solltest du dich vor Ort per Anruf über die nächsten Termine informieren und auch gleich anmelden.

Wenn du bereits in den letzten Schuljahren einen ausführlicheren Erste-Hilfe-Kurs mitgemacht hast (der Kurs „Sofortmaßnahmen am Unfallort“ für den Führerschein reicht allerdings nicht aus), solltest du dich beim zuständigen Landesprüfungsamt erkundigen, ob dieser Kurs anerkannt werden kann.

GELAUSCHT

Erste-Hilfe-Schein

Im Forum findest du auch einen Beitrag zum Erste-Hilfe-Schein:

- www.medi-learn.de/STF882

Einige Medizinstudenten haben vorher eine medizinische Ausbildung durchlaufen und können sich diese als Nachweis für den Erste-Hilfe-Kurs anrechnen lassen, sofern die Erste Hilfe im Rahmen dieser Ausbildung unterrichtet worden ist. Dazu zählen z. B. Krankenschwestern/-pfleger, Schwesternhelfer, Pflegedienstleiter, Rettungssanitäter oder Rettungsassistenten, Sanitätsausbildungen bei Behörden (Bundeswehr, Polizei, Bundesgrenzschutz, öffentliche Verwaltung). Auch in diesem Falle sollte man sich beim zuständigen Landesprüfungsamt erkundigen, ob die Anerkennung des Erste-Hilfe-Scheines möglich ist.

Anatomie (großes Fach)

Für die meisten das Highlight des ersten Abschnittes des Medizinstudiums: Im wahrsten Sinne des Wortes hautnah erleben, wie der menschliche Körper bis in seinen innersten Winkel aufgebaut ist, Herzklappen im Präparat zu sehen, eigenhändig Nerven frei zu präparieren – das alles und noch viel mehr wirst du im Rahmen der Anatomie kennenlernen, der Lehre vom Aufbau des menschlichen Körpers. Man unterscheidet eine mikroskopische Anatomie von einer makroskopischen Anatomie. Eine mikroskopische Fragestellung wäre beispielsweise: Wie ist die Magenwand bis in die Feinstruktur unter dem Mikroskop aufgebaut? Eine makroskopische Frage würde hingegen lauten: Welche Abschnitte werden innerhalb des Magens unterschieden? Folgende Passage zur Anatomie findet ihr in der Approbationsordnung:

§

Anlage 10 (zu § 23 Abs. 2 Satz 2, § 41 Abs. 2 Nr. 9)
III. Biologie für Mediziner und Anatomie
Histologie einschließlich Ultrastruktur von Zellen und Geweben. Histochemie. Makroskopische und Mikroskopische Anatomie der Kreislauforgane, der Eingeweide, des Nervensystems und der Sinnesorgane, des Bewegungsapparates, der Haut, des endokrinen Systems und des Immunsystems. Zusammenwirken der Systeme. Altersabhängige Besonderheiten. Topographische Anatomie. Grundzüge der Frühentwicklung des Menschen und der Organentwicklung. Allgemeine Zytologie. Grundlagen der Humangenetik. Genetik. Grundlagen der Mikrobiologie. Grundzüge der Ökologie.

Ein ganz besonderer Teil der anatomischen Ausbildung ist der sogenannte Präparierkurs, bei dem du Leichen sezieren wirst.

UNSER TIPP

Kleidung für den Präpkurs

Als Extrakleidung für den Präparierkurs solltest du dir einen Satz gesonderte Kleidung zurechtlegen. Der oft eigentümliche Geruch der Konservierungsmittel setzt sich tief in der Kleidung fest und du wirst ungewollt der Mittelpunkt der Straßenbahn.

An dieser Stelle möchten wir dich gemeinsam mit Jan H. in den Präpsaal entführen. Unter dem Titel „Und? Hast du schon Leichen gesehen?" berichtet er über seine eigenen Erfahrungen in der Anatomie.

Wenn man einen Nicht-Mediziner fragt, was ihm zum Thema „Medizinstudium" einfällt, dann wird man recht häufig hören: „Die schnibbeln doch an Leichen herum!" Gemeint ist damit der sogenannte Präparierkurs, kurz Präpkurs genannt. Dieser elementare Kurs findet je nach Universität und Jahreszeit (nur im WiSe) im zweiten, dritten, manchmal sogar im ersten Semester statt und nimmt sicherlich den Höhepunkt des vorklinischen Studienabschnitts ein.

Doch wie läuft dieser Kurs eigentlich wirklich ab? Für all diejenigen, die gerade mit dem Medizinstudium begonnen haben oder bald beginnen werden, möchte ich hier einen Einblick in den Ablauf dieses Kurses geben. Alle meine Erfahrungen sind natürlich subjektiv eingefärbt, dennoch bemühe ich mich um eine gewisse Objektivität.

Die Vorbereitungen

Nun, was benötigt man eigentlich, um am Präpkurs teilzunehmen? Neben dem obligatorischen weißen Kittel musst du dir einen Präpkasten kaufen, den es im medizinischen Buchhandel, etwas günstiger aber auch in Geschäften für medizinische Artikel gibt. Der Preis dürfte bei 20 bis 25 € liegen. Wichtig ist, dass du dich vor dem Kauf erkundigst, worauf du achten musst. Wollen die Professoren Wechselklingen oder feststehende Skalpelle? Wollen sie bestimmte Arten von Pinzetten? All dies solltest du bei den Professoren erfragen. Auch ein Schleifstein ist von Vorteil.

Da man ja später beim Schneiden wissen muss, welche Strukturen man erwartet und welche man besser nicht durchschneidet, musst du dir auch ein Lehrbuch leisten. Hier gibt es ein paar Standardbücher, die sich in der Vergangenheit durchgesetzt haben. Viele Professoren empfehlen in ihren Vorlesungen den sogenannte Benninghoff (Elsevier). Dies ist ein zweibändiges Lehrbuch, das nicht nur durch seine Fülle und Qualität beeindruckt, sondern auch durch seinen Preis. Es ist zwar ein geniales Buch, aber angesichts der gewaltigen Stoffmenge ist es nur etwas für Leute, die mehr wissen wollen, als man benötigt. Wesentlich praktischer und passender sind der Lippert (Elsevier) und der Schiebler (Springer). In ihnen findet man eigentlich alles sehr gut erklärt und die Entscheidung bedingt sich durch die persönliche Vorliebe.

Während der Schiebler eher nüchtern, aber gut durch den Stoff fährt, findet man im Lippert viele klinische Beispiele, mehr Bilder und vor allem sehr gute Schaubilder von Leitungsbahnen und Nerven. Letztere sind allerdings auch separat erhältlich.
Für Freunde der Kurzlehrbücher ist hier auch der Moll (Elsevier) zu empfehlen, der allerdings wirklich nur das Notwendigste recht knapp zusammenfasst. Der Thieme Verlag bietet ein weiteres Lehrbuch in mehreren Bänden an. Die Autoren heißen Leonhart & Fricks. Als notwendige und sehr hilfreiche Unterstützung solltest du dir auch einen Anatomieatlas leisten, denn nicht immer wird man alles an der Leiche sehen können, was wichtig ist. Für diese Fälle sind die „anatomischen Bilderbücher" wirklich nützlich. Nennenswert sind hier im Grunde nur drei Werke: Der Sobotta Atlas (Elsevier), der dreibändige Prometheus (Thieme) und der Netter (Thieme). Beide Atlanten erfüllen ihren Dienst recht gut. Sie unterscheiden sich etwas in der Qualität und im Preis. Der Sobotta ist sehr detailliert gemalt, kostet dafür mehr. Auch hier entscheidet die persönliche Vorliebe über den Kauf. Neu hinzugekommen ist der Prometheus aus dem Thieme Verlag, der sich innerhalb kurzer Zeit etabliert hat – auf jeden Fall einen Blick wert.
Anatomiebücher kann man sehr gut gebraucht kaufen, da sich in der Anatomie so gut wie nichts mehr ändert (im Gegensatz zur Biochemie o. ä.). Dennoch sollte man hier darauf achten, eine nicht allzu alte Auflage zu erwerben.

GEBLOGGT BLOG

Einblick in die Vorklinik

Dieser Blog schildert den Alltag im Präpkeller, gibt Lerntipps und vermittelt Informationen zum Fach Medizinische Terminologie:

- www.medi-learn.de/STF883

Jetzt geht's los

Nun ist es also so weit, der Präpkurs beginnt. In Gruppen zu zehn bis zwanzig Studenten (je nach Uni) aufgeteilt, bekommt man einen Tischprofessor und meist noch einen Hiwi (Student aus höherem Semester) zugeteilt. Meist dreimal die Woche (je nach Uni) wirst du nun zusammen mit ihnen am Präptisch stehen und den typischen Geruch einatmen dürfen.

An einigen Unis wird im ersten Semester eine anatomische Einführungsveranstaltung angeboten, in der man schon erste Erfahrungen mit den Leichen machen kann. Diese Menschen haben sich zu Lebzeiten freiwillig für die Körperspende gemeldet und konnten sich frei entscheiden, ob sie z. B. als Dauerpräparat erhalten bleiben wollen, oder ob sie direkt nach dem Präpkurs verbrannt werden möchten. Die Leichen werden nach ihrem Tod durchspült und mit Formalin fixiert. Zwischen Tod und Präpkurs liegt ungefähr ein Zeitraum von eineinhalb Jahren.
Durch die Fixation verändert sich natürlich die Konsistenz und Farbe der Haut und der Muskeln. Alles erscheint recht farblos und grau. Nach der genauen Protokollierung der Leichendaten, also Alter, Geschlecht, Auffälligkeiten usw. beginnt nun die Präparation. Meist sucht man sich einen Abschnitt der Leiche aus, den man im Laufe des Kurses beibehält und immer besonders detailliert beherrschen sollte. In den folgenden Kursstunden wird man erst die Haut, dann die Fascien, schließlich die Muskeln, Gefäße und Nerven frei präparieren. Oftmals ist dies eine ganz schöne Feinarbeit, und es wird dir auch nicht immer gelingen, alles zu finden. Während all dieser Stufen wirst du deinen Kommilitonen viel über euer Gebiet erzählen und zeigen müssen, was ohne eine entsprechende Vorbereitung nicht möglich ist. Wenn alle wichtigen Muskeln und Nerven gefunden und besprochen wurden, wird im nächsten Schritt der Kopf abpräpariert und durchtrennt, sodass man auch innere Strukturen wie Nasen- und Rachenraum besprechen kann. Das Gehirn wird entnommen und die Hirnhäute sowie Blutgefäße dargestellt. Nach der Durchtrennung des Schlüsselbeins wird der Brustkorb eröffnet und der Blick auf Lunge und Herz freigegeben. Diese werden herausgeschnitten und präpariert, sodass man Bronchien, Blutgefäße und Nerven sehen kann. Gleichzeitig wird auch die Aorta freigelegt.

Nach der Eröffnung des Bauchraumes (Abdomen) werden auch hier die Organe frei präpariert. Man schaut sich Leber, Milz, Nieren, Magen, Dünn- und Dickdarm an, stellt Gefäße und Nerven dar. Ist der obere Bauchraum (sog. Peritoneal- und Retro-Peritonealraum) abgearbeitet, wird der Sub-Peritonealraum geöffnet. Damit ist der Raum im Bereich der Blase und Genitalorgane, also z. B. Gebärmutter (w) oder Prostata (m), freigelegt. Auch die äußeren Genitalorgane werden präpariert. Zur besseren Betrachtung kann das Becken medial, also in der Mitte von vorne nach hinten durchtrennt werden. Schließlich hat man alle Bereiche des Körpers gesehen und auch gelernt. Man bekommt seinen Präpschein natürlich nicht ohne Prüfungen. Im Laufe

der Präparation werden die entsprechenden Bereiche in mehreren Testaten abgefragt. Je nach Uni variiert die Zahl und die Kombination der Prüfungen. In Gießen muss man Testate in den Bereichen Bewegungsapparat (Skelett und Bänder), Muskeln, Kopf/Hals, Situs/Retrositus (Organe) und ZNS (Hirn und Rückenmark, im Semester vor oder nach dem Präpkurs) bestehen. An anderen Unis werden es dieselben Themengebiete sein, auch wenn diese ggf. geringfügig abweichen. Auch die Bestehensregelung mag zwischen den Unis variieren. In Gießen darf man eine Prüfung wiederholen, besteht man zwei oder mehrere Testate nicht, muss man in ein sog. Rigorosum. Hier wird man in einer Prüfung zu allen Themen gefragt, was natürlich unheimlich umfangreich ist. Die Prüfungen dauern zwischen 15 und 30 Minuten und werden mit „bestanden" oder „nicht bestanden" gewertet.
Hat man aber alle Prüfungen bestanden und war regelmäßig im Kurs anwesend, dann darf man den wohl aufwendigsten Schein der Vorklinik in Empfang nehmen.

Ist dies das Ende?

Sämtliche Gewebsteile und Organe, die man während des Kurses entnimmt, werden in separaten Eimern gesammelt, sodass diese zusammen mit der Leiche verbrannt werden können. Zu Beginn des darauf folgenden Semesters findet eine Beerdigung statt. An ihr nehmen auch Verwandte und Freunde der Körperspender teil. Die Namen, die während des Kurses nicht bekannt gegeben werden, erinnern als Inschrift auf der Gedenktafel daran, dass diese Menschen durch ihre Spende uns Studenten eine äußerst intensive Erfahrung und Einsicht gegeben haben, der man mit Respekt und Ehre begegnen soll. All denen, die vielleicht Angst vor diesem Teil der medizinischen Ausbildung haben, sei gesagt, dass man sich recht schnell an die neue Situation gewöhnt und die Furcht sehr schnell ablegt – vielleicht auch ablegen muss. Offene Gespräche unter Kommilitonen sind sehr hilfreich. Und umgekippt ist bei uns keiner.
In diesem Buch konnten wir nur eine gekürzte Version des Artikels integrieren. Den vollständigen Artikel findest du unter:
www.medi-learn.de/STF884

Darüber hinaus hat Constantin W. auf der Webseite von MEDI-LEARN häufig gestellte Fragen zum Präpkurs beantwortet. Unter anderem findest du auf den nächsten Seiten Antworten auf die folgenden Fragen:

Woher stammen die Präparate?

Beim Präparierkurs wird an menschlichen Leichen gearbeitet. Diese Menschen haben sich zu Lebzeiten bereit erklärt, dass nach ihrem Tod Medizinstudenten an ihnen arbeiten und so die Anatomie erlernen können. Dafür bekommen sie kein Geld. Ein Gerücht, dass zu Beginn meines Studiums kursierte, war, dass man nur Professor werden könnte, wenn man sich der Anatomie vermacht. Auch das ist falsch.
Gerade weil es echte Leichen sind, sollte man sich aber auch während des Kurses entsprechend verhalten. Natürlich wird auch mal ein Witz erzählt und eine Menge gelacht – niemand verlangt, dass du die ganze Zeit mit betroffenem Gesicht am Tisch stehst. Aber es sind eben Menschen, an denen du arbeitest, das solltest du nicht vergessen. Sämtliche Bestandteile des Körpers bleiben bei der Leiche und werden zusammen eingeäschert. In Heidelberg findet einmal im Jahr eine Trauerfeier statt – die Urnen werden in einem gesonderten Bereich des Friedhofs – der Grabstätte des Anatomischen Instituts – begraben.

Hier steht auch eine Gedenktafel mit den Namen. Für die Angehörigen ist dies die Beerdigung ihrer Verwandten, die Rede eines studentischen Vertreters als Dank wird sehr geschätzt. Es war eine merkwürdige Vorstellung, dass man vielleicht an dem Vater der Person, die vor einem in der Kirche saß, präpariert hatte. Aber es war auch eine interessante Zeit, die erst durch den Entschluss eines Menschen ermöglicht wurde, seinen Körper der Ausbildung von Medizinstudenten zur Verfügung zu stellen.

Muss das denn unbedingt sein?

Der Kurs bietet die einmalige Möglichkeit, ganz langsam den Aufbau des Körpers zu erlernen. Es ist zwar schade, dass nicht schon mehr klinische Bezüge während der Anatomie-Zeit erklärt werden. Trotzdem ist es erstaunlich, wie viel man von dem Erlernten dann doch später in der einen oder anderen Form wieder gebrauchen kann. Ob man allerdings jede klitzekleine Arterie mit Namen kennen muss, bleibt fraglich.

Gibt es noch keine Alternativen?

Ich glaube nicht, dass es zur Zeit eine wirklich gute Alternative gibt. Die Modelle aus Plastik sind eine gute zusätzliche Hilfe. An ihnen kann man grobe Zusammenhänge erlernen. Auch Computerprogramme und Lehrbücher können beim Lernen helfen. Aber die echte dreidimensionale Struktur, die komplexen Lagebeziehungen der Organe zueinander, die Aufteilungen der

Arterien bis in den kleinsten Bereich sind einfach noch nicht gut „virtuell" darstellbar. Und auch dann würde noch das selbständige Präparieren fehlen. Einen Bereich, den man selber präpariert hat, den vergisst man nicht so schnell, die Anatomie bleibt dann noch besser im Kopf hängen.

Eine weitere zusätzliche Möglichkeit sind Kurse zu „Anatomie am Lebenden". In kleineren Gruppen werden dabei anatomische Zusammenhänge z. B. an Kommilitonen demonstriert. Hier kann man auch zum ersten Mal lernen, wie man eine Lunge abhört oder Reflexe testet. Denn dies kann man natürlich an den Leichen nicht gut lernen.

GELAUSCHT

Anatomie

Auch im Forum wird intensiv über das Thema gesprochen:

- Was lernt man genau im Präpkurs? www.medi-learn.de/STF885
- Präpkurs Eindrücke www.medi-learn.de/STF886
- Wie läuft das Anatomie Testat ab? www.medi-learn.de/STF887
- Wie Anatomie lernen? www.medi-learn.de/STF888

Schafft man das?

Ich kann allen eventuellen zukünftigen Kommilitonen nur raten, sich zu informieren (z. B. www.medi-learn.de/STF889) und vielleicht so einen Präpkurs anzuschauen (fragt bei der nächsten Uni in der Anatomie), wenn man sich unsicher ist. Es ist zwar am Anfang ungewohnt, an Menschen zu arbeiten. Aber bevor man deshalb seinen Studienwunsch ändert, sollte man sich wirklich sicher sein, dass das Medizinstudium nicht mehr in Frage kommt. Der Kurs ist sicher etwas völlig anderes, als alles, mit dem man bisher zu tun hatte. Aber – wenn man es in aller Ruhe angeht und keine Panik aufkommen lässt, dann sollte gelten: Viele haben es vorher geschafft – also auch Du! – nicht zu früh aufgeben. Den gesamten Artikel findest du unter: www.medi-learn.de/STF890

Wie haben deine Kommilitonen die Königsdisziplin, die Anatomie, empfunden? Ist es wirklich nötig, in die Vorlesung zu gehen? Und was gehört überhaupt alles zum großen Fach Anatomie? An dieser Stelle schildert eine Kommilitonin ihre Eindrücke von der mikroskopischen und makroskopischen Anatomie und wie sie Vorlesung, Seminare und natürlich den Präparier-Kurs erlebt hat.

Anatomie in Gießen

Studentin, 1. klinisches Semester

Zum Anatomie-Lernen braucht man wohl nicht wirklich eine Vorlesung. Ich fand es aber gut, dass immer mal ein klinischer Aspekt einbezogen wurde. In Neuro-Anatomie wurden zum Beispiel Videos von Operationen mit Sonden gezeigt. Nicht viel gebracht hat mir das Vorlesungsskript, in dem man Zeichenvorlagen ausmalen und Notizen machen kann. Der Präparier-Kurs läuft über zwei Semester, gefolgt vom Neuro-Anatomie-Seminar. Im Kurs lernt man zu einem Thema wie „Niere“ die Aspekte Histo, Makro und Embryo immer gemeinsam. Pro Präp-Tisch gab es in jeder Gruppe zehn Leute und einen Betreuer. Während die eine Hälfte im Histologie-Saal mikroskopierte, haben die anderen präpariert und sind mit dem Betreuer den Stoff durchgegangen. Ich fand den Kurs angenehm gestaltet und bin auch zu freiwilligen Terminen gekommen. Das erspart einem viel Lernarbeit zu Hause. Es gibt fünf mündliche Prüfungen (Allgemeine Anatomie, Bewegungsapparat, Kopf/Hals/Thorax, Bauch/Becken und Neuro). Die waren alle fair – ich bin jedenfalls nie durchgefallen. Die Prüfungsdauer schwankte zwischen zehn und 50 Minuten. Gelernt habe ich das Semester über immer ein bisschen und intensiv dann ungefähr zwei Wochen vorher. Das Anatomie-Seminar ist in Gießen wie ein Wahlfach gestaltet: Es gibt eine Liste mit verschiedenen Themen (zum Beispiel Radiologie, Lunge oder Pharmakokinetik), aus der man sich eins aussuchen kann. Jedes Seminar läuft ein wenig anders ab und ich kann daher nur für das von mir belegte in Radiologie sprechen. Offiziell hieß es „POL-Seminar: Topografische Anatomie in bildgebenden Verfahren, verdeutlicht an ausgewählten Patienten“. Eine Prüfung gab es nicht. Stattdessen musste jeder ein Referat halten, wofür man einen echten Fall vom Chefarzt der Kinderradiologie zugeteilt bekam, der das Seminar mit betreute. Es gab eine CD mit CT, MRT und Röntgenaufnahmen des jeweiligen Kindes, mit denen man den Fall vorstellen und das Krankheitsbild erläutern sollte. Viele Referate konnte man auch zu zweit machen. Ich fand das Seminar super und sehr interessant.

Physiologie (großes Fach)

Während die Anatomie quasi nach dem „Wo“ fragt, geht es in der Physiologie um das „Wie“: Du lernst hier die Funktionsreise des menschlichen Körpers und seiner Organsysteme kennen. Herz-Kreislauf-System, Atmung, Verdauung, Zentrales Nervensystem, Blut, Hormone etc. stehen auf dem

Stundenplan. Physiologie wird häufig erst ab dem dritten Semester gelehrt, Voraussetzung für dieses Fach ist der zuvor erworbene Physikschein.

§ Anlage 10 (zu § 23 Abs. 2 Satz 2, § 41 Abs. 2 Nr. 9)
I. Physik für Mediziner und Physiologie
Zell- und Gewebsphysiologie. Funktionsweisen des Herz-Kreislauf-Systems, Atmungssystems, Verdauungssystems, Ausscheidungssystems, endokrinen Systems, Fortpflanzungssystems, zentralen und peripheren Nervensystems (einschließlich der Sinne), Muskel-Skelett-Systems, Blut-Lymph-Systems und des Abwehrsystems des Menschen. Zusammenwirken der Systeme. Adaptive Mechanismen. Lebensalterabhängige Besonderheiten. Angewandte Physiologie einschließlich Ernährungs-, Sport-, Arbeits- und Umweltphysiologie. Grundzüge der mathematischen Beschreibung physikalischer Vorgänge. Kenntnisse über medizinisch wichtige Sachverhalte in der Mechanik, Akustik, Wärmelehre, Elektrizitätslehre, Optik und der Physik ionisierender Strahlung. Grundlagen der Mess- und Medizintechnik. Physik für Mediziner und Physiologie.

Neben der Anatomie ist die Physiologie wohl das zweite Highlight der Vorklinik. Hier lernst du alles über die Funktion des menschlichen Körpers. Ein Kommilitone schildert dir seine Eindrücke und den Aufbau der Lehre im Fach Physiologie an der Uni Münster.

Physiologie an der WWU Münster
Stefan, 3. vorklinisches Semester

Die Physiologie-Vorlesung ist absolut top! Sie findet morgens um 8.15 Uhr statt und trotzdem ist der Hörsaal voll. Besonders gut fand ich den klinischen Bezug und das Engagement der Dozenten, die einem den Stoff so vermitteln, dass man die Vorlesung fast nicht nachbereiten muss. Fragen sind jederzeit möglich und werden gern und ausführlich beantwortet. Es gab eine Patientenvorstellung und am Ende der Stunde eine Physikumsfrage zum Abstimmen.
Parallel fand alle zwei Wochen an einem Nachmittag das Praktikum statt. Da wurden meistens vier verschiedene Versuche durchgeführt, alle mit klinischem Bezug. Pro Semester wurden zwei Mal etwa eine halbe Stunde lang in Gruppen mit drei oder vier Teilnehmern Testate abgehalten. Mit etwas Vorbereitung waren die gut zu schaffen. Das Begleitseminar dien-

te dagegen nur der Vertiefung des Vorlesungsstoffes. Es wurde von jedem Teilnehmer pro Semester ein Referat gehalten. Ich fand es OK, aber der Dozent hätte gerne etwas mehr erklären und dafür weniger abfragen können.

Biochemie (großes Fach)

In diesem Fach wird die Funktionsweise des Körpers auf zellulärer Ebene untersucht, d. h. du erhältst Einblicke bis tief hinein in die molekulare Struktur von Lebensvorgängen im Organismus. Die biochemischen Grundlagen des Stoffwechsels, die Funktion der Enzyme und die Prinzipien der Vererbung sind einige derjenigen Themen, die du im Rahmen des Biochemie-Unterrichts erläutert bekommst. Er steht ebenfalls meistens erst ab dem dritten Semester auf dem Plan, da zuvor der Chemie-Schein erworben sein muss.

Anlage 10 (zu § 23 Abs. 2 Satz 2, § 41 Abs. 2 Nr. 9)
II. Chemie für Mediziner und Biochemie/Molekularbiologie
Physikalisch-chemische Grundlagen des Stoffwechsels, Enzymwirkungen und deren Kinetik. Biochemie der Aminosäuren und Proteine, der Kohlenhydrate, der Lipide und der Nukleinsäuren. Hormonwirkungen. Grundlagen der Molekularbiologie. Biochemische Grundlagen der Immunologie. Biochemische Aspekte der Zell- und Organphysiologie. Grundlagen der Ernährungslehre. Kenntnisse über medizinisch wichtige Elemente und deren Verbindungen, Grundzüge der Thermodynamik und Kinetik chemischer Reaktionen.

§ Damit du dir vorstellen kannst, was dich in dem zeitintensiven, aber doch sehr interessanten Fach Biochemie erwartet, geben wir dir an dieser Stelle einen Einblick in den Aufbau von Vorlesung, Seminar und Praktikum.

Biochemie an der WWU Münster
Anja, 2. vorklinisches Semester

Die Vorlesung liefert wichtige prüfungsrelevante Themen in übersichtlicher Art und Weise. Es wird besonders darauf Wert gelegt, den klinischen Bezug herzustellen. Besonders die Patientenvorstellungen durch den Chefarzt der Pädiatrie haben mir viel gebracht. Davon gibt es in der Regel acht pro Semester.
Das Praktikum lief über zwei Semester. Behandelt wurden klinisch relevante Dinge (z. B. Glukosetoleranztest). Dinge, die man selbst durchgeführt hat, kann man sich besser merken. Es gab einen Methodenkurs, in dem jede Gruppe pro Semester einen Praktikumsversuch in Form eines Referats vorgestellt hat.
Das Seminar ist anstrengend, hat aber Spaß gemacht. Es ist ratsam, sich gut vorzubereiten, da die Beteiligung bewertet wird. Referate gab es nicht, aber zwei Klausuren, deren Schwierigkeitsgrad physikumsartig war. Insgesamt fand ich es toll, dass so viel Wert auf den klinischen Bezug gelegt wurde. So wird viel klarer, warum man Biochemie lernen sollte.

Medizinische Psychologie und Medizinische Soziologie

Eine thematische Abwechslung zu den eher naturwissenschaftlich geprägten Fächern bietet das Doppelfach Psychologie/Soziologie für Mediziner. Hier geht es um die gesellschaftlichen und psychischen Grundlagen menschlichen Verhaltens und Erlebens. Der Schwerpunkt liegt auf dem „Wechselspiel" zwischen Gesundheit und Krankheit. Aber auch Motivation, Lerntheorie, Bevölkerungsstruktur und nicht zuletzt der Aufbau unseres Gesundheitswesens sind Gegenstände dieses Gebietes, das du in der Regel im ersten Studienjahr absolvierst.

§ Anlage 10 (zu § 23 Abs. 2 Satz 2, § 41 Abs. 2 Nr. 9)
IV. Grundlagen der Medizinischen Psychologie und der Medizinischen Soziologie

Psychobiologische Grundlagen des Verhaltens und Erlebens. Wahrnehmung, Lernen, Emotionen, Motivation, Psychomotorik. Persönlichkeit, Entwicklung, Sozialisation. Soziales Verhalten, Einstellungen, Interaktion und Kommunikation, Rollenbeziehungen. Soziale Schichtung, Bevölkerungsstruktur, Morbiditätsstruktur. Strukturen des Gesundheitswesens. Grundlagen psychologischer und soziologischer Methodik.

Ein Student hat den Kurs Psychologie an der Berliner Charitè gemacht und erzählt hier, wie er das Doppelfach Medizinische Psychologie und Medizinische Soziologie erlebt hat.

€

PRODUKT-TIPP

Skriptenreihe Biochemie, Chemie und Psychologie

Wie in der Physiologie empfehlen wir dir zum Lernen unsere Skriptenpakete Biochemie (7 Bände), Chemie (2 Bände) und Psychologie (4 Bände):

- Skriptenpaket Biochemie: www.medi-learn.de/STF892
- Skriptenpaket Chemie: www.medi-learn.de/STF893
- Skriptenpaket Psychologie: www.medi-learn.de/STF894

Psychologie an der Charité

Thomas, 4. vorklinisches Semester

Der Psychologie-Kurs fand im ersten Semester statt. Wöchentlich 120 Minuten mit rund 20 Studenten. Es wurden verschiedene Spiel-Experimente durchgeführt, Videos geschaut und eine medizinhistorische Ausstellung besucht. Insgesamt war der Kurs eine recht lustige Veranstaltung. Es gab keine Klausur, sondern alle mussten am Ende des Semesters in Vierergruppen Präsentationen abhalten. Die Vorlesung fand während des zweiten Semesters einmal wöchentlich statt und dauerte 90 Minuten. Ich bin nur beim ersten Mal hingegangen. Zum Glück gab es keine Anwesenheitspflicht. Das Psychologie-Seminar konnte man als Blockseminar zwischen dem zweiten und dritten Semester absolvieren oder alle zwei Wochen 90 Minuten während des dritten Semesters. Am Ende des dritten Semesters gab es eine Multiple-Choice-Klausur zum Psychoseminar. Die konnte man mit Altfragen gut bestehen. War also kein all zu hoher Aufwand. Uns wurde immer erzählt, wie wichtig das Fach im Physikum sei. Nur fürs Physikum war einmal Psychologie mit der CD durchkreuzen schon sehr effektiv.

Mit den Fächern Anatomie, Biochemie und Psychologie/Soziologie haben wir dir die vier großen Fächer vorgestellt. Nun möchten wir einen Blick auf die kleineren Gebiete Biologie, Chemie und Physik werfen.

Physik (kleines Fach)

Dieses Fach steht oft bereits im ersten Studienjahr auf dem Stundenplan. Hier werden dir medizinisch wichtige Sachverhalte dieser Disziplin erläutert, als da wären: Mechanik, Akustik, Wärmelehre, Optik, Atom- und Kernphysik. Der Erwerb des Physik-Scheines, d. h. die erfolgreiche Teilnahme am Physik-Praktikum, ist vielerorts Voraussetzung dafür, um für das Physiologie-Praktikum zugelassen zu werden.

An dieser Stelle erfährst du, wie ein Kommilitone die Physik an der Charitè in Berlin erlebt hat. Er schildert, wie Vorlesung und Praktikum aufgebaut sind und dass man dieses Fach auch mit wenig Vorwissen gut bestehen kann.

Physik an der Charité

Malte, 2. vorklinisches Semester

Die Physikvorlesung fand im ersten Semester einmal wöchentlich statt. Sie war insbesondere für Leute sinnvoll, die in der Schule wenig Physik hatten. Die Anwesenheit wurde nicht kontrolliert. Das Praktikum (ebenfalls im ersten Semester) bestand aus einer Einführungsveranstaltung und fünf dreistündigen Terminen. Die Versuche haben immer vier Personen gemeinsam durchgeführt. Zwischendurch wurde jede Gruppe einmal zur Dozentin gerufen, die dann Fragen zum Versuch stellte. Außerdem mussten schriftliche Ausarbeitungen zu jedem Termin angefertigt werden. Mir hat das Durchführen der Versuche Spaß gemacht, da ich Physik einfach mag. Am dritten Praktikumstag gab es ein Testat, bei dem von sechs Multiple-Choice-Fragen mindestens vier richtig beantwortet werden mussten. Die Fragen wurden an den vorherigen Tagen intensiv besprochen und man konnte das Testat beliebig oft wiederholen. Am Ende des Semesters gab es eine Multiple-Choice-Klausur. Diese Prüfungen sind, wenn man sich auf sie vorbereitet, auch mit wenig Vorwissen gut zu bestehen.

Chemie (kleines Fach)

Wichtige chemische Verbindungen von medizinischer Relevanz, Grundzüge der Thermodynamik und gängige Reaktionsmechanismen sind Beispiele für den Lehrstoff aus dem Gebiet der Chemie für Mediziner, die in den ersten beiden Studienjahren gelehrt wird. Du hast zunächst Unterricht in anorganischer (Verbindungen und Reaktionen ohne Kohlenstoffe), dann in organischer Chemie (mit Kohlenstoffen). Zum Ende hin wird bereits auf die Biochemie vorbereitet.

Du hast Chemie in der Schule abgewählt? Alles halb so schlimm! Chemie in der Vorklinik kannst du trotzdem gut bestehen. Hier erfährst du etwas über Aufbau und Organisation von Vorlesung, Praktikum und Testat.

Chemie an der Charité

Carmen, 2. vorklinisches Semester

Die Chemie-Vorlesung fand einmal pro Woche als Doppelstunde statt. Eine Teilnahmepflicht gab es nicht, aber der Besuch lohnte sich. Sie war klar strukturiert, und ich stellte erleichtert fest, dass für mich nur etwa die Hälfte des Stoffes neu war. Zusätzlich hatten wir im ersten Semester fünf Praktikumstermine. Jeder dauerte vier Stunden und bestand aus Testat, Vorbesprechung, Versuchen in Zweier-Gruppen und einer Nachbesprechung. Beim Testat musste man mindestens 60 Prozent erreichen. Anschließend wurden die Versuche durchgesprochen und danach ging es in die Praktikumsräume. Daheim musste man dann noch die Versuchsprotokolle vervollständigen. Das Testat konnte man leicht bestehen, wenn man das Praktikumsskript gelesen hatte, und es gab mündliche Nachtestate. So konnte letztlich jeder zur Klausur am Ende des Semesters zugelassen werden. Ganz ohne war die nicht, aber es gab Altklausuren, die einem die Richtung aufzeigten. Im ersten Versuch hat mehr als die Hälfte bestanden. Die Wiederholungsklausur fand schon eine Woche später statt.

Biologie (kleines Fach)

Ein weiteres Grundlagenfach ist die Biologie. Genetik, Zellbiologie, Molekularbiologie und Bakteriologie sind einige der hier behandelten Themen. Wie ist eine Zelle aufgebaut? Wie sieht Gewebe unter dem Mikroskop aus? Welche grundlegenden Gesetze kennzeichnen die menschliche Vererbung? Dies sind einige der Fragen, die im Rahmen des Themenkreises „Biologie für Mediziner“ behandelt werden.

Damit du dir vorstellen kannst, was dich im Fach Biologie an der Uni erwartet, hier ein Eindruck zur Biologie in der Vorklinik von einem Kommilitonen aus Berlin.

Biologie an der Charité
Bernd, 4. vorklinisches Semester

Während einer Hälfte des ersten Semesters wurde vormittags die Biologie-Vorlesung als Doppelstunde angeboten. Sie war wenig relevant für Praktikum und Klausur, und leider standen die Folien nicht online zur Verfügung. Die Anwesenheit wurde nicht kontrolliert. Das Praktikum umfasste sieben Termine von je 2,5 Stunden Dauer während der zweiten Hälfte des ersten Semesters. Die Teilnehmer wurden in Gruppen von 25 Studenten mit zwei Betreuern eingeteilt. Wir haben die im Praktikumsheft beschriebenen Versuche durchgeführt. Durch die große Gruppe war der Ablauf sehr starr. Auch wenn man selbst oder die gesamte Seminargruppe zügig durchkam, konnte man nicht eher fertig werden. Während des Praktikums gab es keine Testate, stattdessen am Ende des Semesters eine Klausur. Mit Altklausuren und dem Praktikumsskript konnte man die gut bestehen. Ein Biologie-Buch war nicht erforderlich, aber Biologie läuft an den Unis wohl sehr unterschiedlich ab und der Lernaufwand kann sehr unterschiedlich ausfallen.

Praktikum der Berufsfelderkundung, Praktikum zur Einführung in die klinische Medizin, Medizinische Terminologie

Drei weitere kleine Scheine müssen bei der Meldung zum Ersten Abschnitt der Ärztlichen Prüfung vorliegen: Im Praktikum der Berufsfelderkundung (zwölf Unterrichtsstunden) werden in Vorlesungen und Exkursionen verschiedene Tätigkeitsbereiche von Medizinern (Klinik, Forschung, Verwaltungen, Praxis) vorgestellt. In der Einführung zur klinischen Medizin (24 Unterrichtsstunden) lernst du in Vorlesungen, kleinen Seminaren und Patientenvorstellungen wichtige Krankheitsbilder erstmalig kennen. Den dritten Schein erwirbst du in der medizinischen Terminologie (zwölf Unterrichtsstunden), hier erlernst du die medizinische Fachsprache in Form von Übungen und Vorlesungen.

Wahlfächer

In den ersten zwei bzw. in den letzten vier Studienjahren ist jeweils ein Wahlfach zu belegen. Hier hast du die freie Auswahl aus einem Katalog an Fächern. In den ersten beiden Studienjahren wird dieser Fächerkatalog von der jeweiligen Universität gestellt. Die Wahlfächer erscheinen zwar im Zeugnis, gehen jedoch nicht in die Gesamtbenotung des Studiums ein. Hier die entsprechende Passage aus dem Gesetzestext:

§ 2 Unterrichtsveranstaltungen (hier: Wahlfächer)
(8) Bis zum Ersten Abschnitt der Ärztlichen Prüfung und bis zum Beginn des Praktischen Jahres ist jeweils ein Wahlfach abzuleisten. Für den Ersten Abschnitt kann aus den hierfür angebotenen Wahlfächern der Universität frei gewählt (...) werden. Die Leistungen im Wahlfach werden benotet, (...) ohne bei der Gesamtnotenbildung berücksichtigt zu werden.

Vernünftige Schlagzahl statt Drauflos-Pauken
Das Lernen im Medizinstudium

Es ist zugegebenermaßen etwas früh, schon an dieser Stelle das Thema Lernen im Medizinstudium ausführlicher zu behandeln. Schließlich sind wir der Meinung, dass ein „Vorlernen", d. h. bereits vor dem eigentlichen Studienstart zu „pauken", nicht besonders sinnvoll ist.
Aber das Medizinstudium ist nun mal ein lernintensives Studium. Viele Prüfungen warten auf dich, und diese wiederum beinhalten oft eine große stoffliche Breite und Tiefe. Das heißt: Es gilt, viele Fachbereiche abzudecken und in diesen wiederum leichte Fragen zum Einstieg bis hin zu schwereren, manchmal extremen Fragen zu beantworten.
Keine Sorge: Es bleibt dir ja noch eine ganze Menge Zeit, bis du in der ersten Prüfung Platz nimmst. Was wir dir aber an die Hand geben können, sind ein paar grundlegende Tipps, wie du das zukünftige Lernen strukturieren solltest. Man muss nämlich kein Überflieger sein, um gut durch das Medizinstudium zu kommen! Eine sinnvolle Stoffauswahl, eine individuell angemessene Lern- und Zeitplanung und die Einhaltung grundlegender lernpsychologischer Regeln sind eine sichere Basis für den angepeilten Erfolg in den großen Prüfungen.

Stoffauswahl

Es ist sinnvoll, Aufwand und Nutzen in ein sinnvolles Verhältnis zu stellen. Während einige Themen die Studenten aller Generationen regelmäßig und in hoher Fragenzahl beglücken, gibt es daneben auch exotische Findlinge, die nur gelegentlich abgefragt werden. Diese Tatsache muss sich auch bei der Stoffgewichtung niederschlagen. Häufig Gefragtes sollte anteilig sehr viel ausführlicher behandelt werden als weniger gefragte Randgebiete. Was häufig gefragt wird und was eher selten drankommt, erfahrt ihr online im Examensbereich von MEDI-LEARN unter www.medi-learn.de/STF895.

Zeitplanung

Als nächstes gilt es, einen individuellen Zeitplan für die Prüfungsvorbereitung zu erstellen. Du wirst schnell merken: Die verfügbare Lernzeit erscheint fast immer viel zu knapp, Erholungsphasen und Pausen werden gestrichen. Jeder Mensch benötigt aber gerade in intensiven Lern- und Arbeitsphasen ein gewisses Maß an Erholung, um leistungsfähig zu bleiben. Besser ist also, man plant entsprechende „Puffer" von vornherein ein, als sich vom überforderten Organismus mit einer nicht kalkulierbaren Zwangspause überraschen zu lassen. Empfehlenswert sind zwei, kurz vor der Prüfung zumindest noch ein freier Tag pro Woche. Auch berufliche oder private Verpflichtungen (z. B. Semesterjob, Omas Geburtstag etc.) sollten bei der Ermittlung der Netto-Lernzeit berücksichtigt werden.

Tagesplanung

Bei der Planung des Tagesablaufs sollten feste Arbeitszeiten eingerichtet werden. Als realistischer Richtwert für ein konzentriertes Arbeiten kann eine Zeit von etwa 6–8 Stunden täglich angenommen werden. Um beim Lernen nicht frühzeitig „schlapp zu machen", sollten dabei ausreichend Pausen eingelegt werden. Sinnvoll ist eine stündliche Pause von ca. zehn Minuten Länge, nach drei Stunden sollte man sich darüber hinaus eine längere Pause gönnen. Maximal 3–4 Stunden täglich können mit dem Erlernen neuer Inhalte verbracht werden, da diese Tätigkeit viel Konzentration und Energie erfordert. Die übrige Zeit sollte für weniger beanspruchende Lerntätigkeiten wie Wiederholungen und Vertiefungen verwendet werden.

UNSER TIPP

30-Tage-Lernplan

Dieser 30-Tage-Lernplan ermöglicht eine systematische, prüfungsrelevante und zeitökonomische Prüfungsvorbereitung auf das Physikum und erhöht somit deine Bestehenschancen.

- www.medi-learn.de/STF896

Die 5-Schritt-Lesemethode

Der weitaus größte Teil des Wissenserwerbs im Vorfeld einer Prüfung erfolgt durch die Lektüre von Texten. Die richtige Lesetechnik ist hierbei eine unverzichtbare Hilfe. Die 5-Schritt-Methode orientiert sich an der Funktionsweise unseres Gedächtnisses, wonach am besten gelernt und behalten wird, was in einen Zusammenhang eingeordnet oder mit bereits vorhandenen Vorkenntnissen verknüpft werden kann:

1. **Inhaltsverzeichnis und Kapitelüberschriften lesen**
   Auf diese Weise wird die logische Struktur des Stoffes erkennbar.
2. **Zusammenfassungen lesen**
   Dadurch wird der Gesamtzusammenhang des Themas deutlich und Details können später besser eingeordnet und behalten werden.
3. **Fragen stellen und notieren**
   Auf diese Weise kann der Lernstoff unter dem Aspekt wichtig/unwichtig erfasst werden.
4. **Lesen**
   Durch die in Schritt 3 hergestellte Aufmerksamkeit werden die zentralen Informationen des Textes erfasst.
5. **Rekapitulieren**
   Hier beantwortest du die Fragen, die du dir im 3. Leseschritt gestellt hast. Auch eine mündliche Zusammenfassung des gelesenen Kapitels ist hilfreich.

Multiple Choice

Günther Jauch lässt grüßen – kaum ein Studium hat so viele Multiple Choice-Prüfungen (kurz: MC-Prüfungen) wie das der Medizin. Alle Studenten nennen das Beantworten von MC-Fragen übrigens „kreuzen", das kannst du dir schon mal merken. Während der Prüfungen hast du allerdings keinen 50:50-Joker, du wirst kein Publikum fragen oder jemanden anrufen können. Diese Tipps machen dich nicht zum Millionär, können dir aber das Bestehen erleichtern:

Durchblick durch Überblick

Versuche, dir die Aufnahme und Weiterverarbeitung des Stoffes so leicht wie möglich zu machen. Richte dich nach den Vorlieben deines Gedächtnisses und verschaffe dir zunächst einen Überblick, denn wir lernen und behalten am besten, was in einen Zusammenhang eingeordnet oder mit bereits bekannten Informationen verknüpft werden kann.

Gezielt lesen – gekonnt kreuzen

Normalerweise dient die MC-Fragenbearbeitung der Leistungskontrolle bzw. der Umsetzung des Gelernten in die spezifische MC-Prüfungsform. Doch auch bei der Ermittlung der Prüfungsschwerpunkte ist das Fragenkreuzen von zentraler Bedeutung, denn die Prüfungsinhalte blieben in der Vergangenheit relativ konstant und wurden lediglich durch Umformulierung der Fragen jeweils neu verpackt. Nach Beendigung der Lektüre sollten dann die entsprechenden Kapitel gekreuzt werden. Die Behandlung der Fächer in thematischen Blöcken unterstützt das Verständnis und trägt dazu bei, das Gelernte zu vertiefen. Nochmals nachgeschlagen und gelesen werden sollten aus Gründen der Zeitökonomie nur diejenigen Themen, die prüfungsrelevant sind und beim Fragenkreuzen schlecht abgeschnitten haben.

Die Technik macht's

Bei der Arbeit mit Fragensammlungen solltest du ca. zehn Fragen am Stück bearbeiten, bevor du die Lösungen und Kommentare liest. Ist dies geschehen, verfährt man in derselben Weise mit den nächsten zehn Fragen. Es ist sehr zeitraubend und für das Gedächtnis belastend, wenn alle Kommentare nachgelesen werden. Du solltest daher nur dann auf die Kommentare zurückgreifen, wenn du bei einer Frage nicht weißt, warum die gesuchte Lösung richtig ist.

(K)ein Kommentar

Sind dir lediglich einige Falschantworten nicht klar, solltest du auf die Lektüre des Kommentars verzichten! Falschantworten sind bei den meisten Fragen nur unnötiger Ballast, der im Examen nicht geprüft wird!
Es ist häufig auch nicht sinnvoll, einen Kommentar vollständig zu lesen. Meistens genügt es, wenn man sich nur auf den Teil konzentriert, der die gesuchte Lösung erläutert.

Das Pensum planen

Ziel bei der Bearbeitung der MC-Fragen sollten 40–60 Fragen pro Stunde einschließlich Kommentar sein. Erfahrungsgemäß wird dieses Ziel von den meisten Studenten nicht gleich zu Beginn der Lernzeit erreicht. Stell dir eine Uhr auf den Schreibtisch und versuche zu ermitteln, wie viele Fragen pro Stunde du in etwa schaffst. Liegst du z. B. bei 20 Fragen, solltest du versuchen, das Pensum allmählich zu steigern bis du ein Pensum von 40 Fragen pro Stunde erreichst. Solltest du deutlich mehr als 60 Fragen pro Stunde schaffen, bist du zu schnell und arbeitest zu flüchtig. Drossele in diesem Fall dein Tempo! Vermeide bitte, zur Wiederholung diejenigen Fragen noch einmal zu kreuzen, die du im ersten Durchgang falsch gemacht hast. Du prägst dir auf diese Weise nur die besonders schwierigen Fakten ein und vernachlässigst die Wiederholung punkteträchtiger, wichtiger Fragen. (Erfahrungsgemäß erinnert man sich in der Prüfung zwar noch wortgenau an den Text der „Extrem-Fragen" – leider jedoch nicht an die richtige Antwort.)

Jetzt wird es ernst: Die erste richtig große Prüfung

Der Erste Abschnitt der Ärztlichen Prüfung (Physikum) findet nach Erwerb aller vorklinischen Scheine statt, in der Regel nach zwei Jahren bzw. vier Semestern. Die Prüfung ist wie folgt aufgebaut:

Mündlich:
drei Fächer
Physiologie, Anatomie, Biochemie,
45–60 Minuten je Prüfling

Schriftlich:
zwei Tage, insgesamt 320 Fragen
Physik und Physiologie: 80 Fragen
Chemie und Biochemie: 80 Fragen
Biologie und Anatomie: 100 Fragen
Medizinische Psychologie und Soziologie: 60 Fragen

Das Examen besteht also aus einem schriftlichen und aus einem mündlich-praktischen Teil. Im schriftlichen Teil wirst du Klausurfragen beantworten müssen, im mündlich-praktischen Teil wirst du zu den Themen befragt bzw. darfst deine erworbenen praktischen Fähigkeiten präsentieren. Im Gesetz steht dazu folgendes:

§

§ 22 – Der Erste Abschnitt der Ärztlichen Prüfung – Inhalt des ersten Abschnitts der Prüfung:

(1) Der schriftliche Teil des Ersten Abschnitts der Ärztlichen Prüfung betrifft folgende Stoffgebiete:
I. Physik für Mediziner und Physiologie,
II. Chemie für Mediziner und Biochemie/Molekularbiologie,
III. Biologie für Mediziner und Anatomie,
IV. Grundlagen der Medizinischen Psychologie und der Medizinischen Soziologie.
(2) Im mündlich-praktischen Teil des Ersten Abschnitts der Ärztlichen Prüfung wird der Prüfling in den Fächern Anatomie, Biochemie/Molekularbiologie und Physiologie geprüft.

Der schriftliche Teil

Noch einmal etwas detaillierter: In der schriftlichen Prüfung stehen Klausurfragen auf dem Programm, die in Form von Multiple-Choice-Fragen mit fünf vorgegebenen Antwortmöglichkeiten gestellt werden. Das IMPP (Institut für medizinische und pharmazeutische Prüfungsfragen) erstellt die Prüfungsaufgaben deutschlandweit einheitlich.

Beispielfragen in MC-Form:

Was solltest du unbedingt mitbringen, um erfolgreich Medizin zu studieren?
A: Menschlichkeit
B: Humor
C: MEDI-LEARN Studienführer „Abenteuer Medizinstudium"
D: Eine Thermoskanne
E: Eine Kiste Bier

An manchen Universitäten werden bereits in den ersten vier Semestern Klausuren mit MC-Fragen geschrieben. Da bekommst du dann schon mal einen Einblick in diesen Fragentypus. Zur gezielten Vorbereitung auf die Fragen im Ersten Abschnitt der Ärztlichen Prüfung gibt es diverse Fragensammlungen vergangener Examina. Die früher vornehmlich genutzten Bücher (Schwarze

Reihe aus dem Georg Thieme Verlag) oder CDs werden immer mehr von Kreuzanwendungen im Internet oder Apps für Smartphones abgelöst. Diese sind zum Teil kostenpflichtig, es gibt aber auch kostenfreie Uni-Zugänge. Eine Umfrage auf unseren Seiten hat ergeben, dass die meisten Studenten, die daran teilgenommen haben, mit einem kostenfreien Uni-Zugang von Examen online aus dem Thieme Verlag kreuzen. Schaue dir die einzelnen Möglichkeiten, dich auf die Prüfungsfragen vorzubereiten, an und entscheide dann für dich selber, mit welcher du lernen möchtest. Die Ergebnisse der Kreuzumfrage findest du unter www.medi-learn.de/STF899

UNSER TIPP

iPhysikum

Die kostenlose App von MEDI-LEARN für iPhone und Android. Kreuze wo und wann du willst.

- www.medi-learn.de/STF898

Hier noch zwei für den schriftlichen Teil wichtige Auszüge aus dem Gesetzestext, denen du Prüfungsdauer und Fragenzahl entnehmen kannst:

§

§ 23 Schriftliche Aufsichtsarbeit

(1) Die Prüfung findet an zwei aufeinander folgenden Tagen statt. Die Prüfung dauert an beiden Prüfungstagen vier Stunden. Auf den ersten Prüfungstag entfallen die Stoffgebiete I und II (Anmerkung der Redaktion: Physik, Physiologie und Chemie, Biochemie/Molekularbiologie), auf den zweiten die Stoffgebiete III und IV (Anmerkung der Redaktion: Biologie, Anatomie und Medizinische Psychologie/Soziologie).

(2) Die Anzahl der in der Aufsichtsarbeit zu bearbeitenden Fragen und ihre Verteilung auf die einzelnen Stoffgebiete ergeben sich aus der Anlage 9 zu dieser Verordnung:

Anlage 9 (zu § 23 Abs. 2 Satz 1, § 41 Abs. 2 Nr. 9)

Anzahl und Verteilung der schriftlichen Prüfungsfragen im Ersten Abschnitt der Ärztlichen Prüfung

I. Physik für Mediziner und Physiologie: 80 Fragen

II. Chemie für Mediziner und Biochemie/Molekularbiologie: 80 Fragen

III. Biologie für Mediziner und Anatomie: 100 Fragen

IV. Grundlagen der Medizinischen Psychologie und der Medizinischen Soziologie: 60 Fragen

Der mündlich-praktische Teil

Mündlich-praktisch geprüft wirst du in den drei Fächern Anatomie, Biochemie/Molekularbiologie und Physiologie. Mindestens 45, maximal 60 Minuten dauert die Examinierung für alle drei Fächer insgesamt. In der Anatomie musst du beispielsweise an anatomischen Präparaten Strukturen erläutern und vielleicht auch zeigen, was du im Sezierkurs praktisch gelernt hast. In der Biochemie/Molekularbiologie darfst du z. B. die Proteinbiosynthese erläutern oder praktisch am Photometer einen Versuch durchführen.
Ergänzend und passend zum Thema noch ein Blick in die AO:

§

§22 Abs. 2:
(2) Im mündlich-praktischen Teil des Ersten Abschnitts der Ärztlichen Prüfung wird der Prüfling in den Fächern Anatomie, Biochemie/Molekularbiologie und Physiologie geprüft.

§ 24 Mündlich-praktischer Teil der Prüfung
(1) Die mündlich-praktische Prüfung dauert bei maximal vier Prüflingen mindestens 45, höchstens 60 Minuten je Prüfling.
(2) In der Prüfung, in der auch praktische Aufgaben und fächerübergreifende Fragen zu stellen sind, hat der Prüfling nachzuweisen, dass er sich mit dem Ausbildungsstoff der Stoffgebiete nach § 22 Abs. 2 vertraut gemacht hat [...]
(3) Die Prüfungskommission soll dem Prüfling vor dem Prüfungstermin praktische Aufgaben stellen und ihm aufgeben, deren Ergebnisse bei der Prüfung mündlich oder mittels Vorlage eines schriftlichen Berichts darzulegen und zu begründen.

UNSER TIPP

Prüfungsprotokolle MEDI-LEARN

Wir empfehlen dir, einmal bei den Prüfungsprotokollen bei MEDI-LEARN vorbeizuschauen: Denn hier haben diene studentischen Vorgänger aufgeschrieben, was sie in der mündlichen Prüfung erlebt haben. Du findest mehrere tausend Prüfungsprotokolle unter:

- www.medi-learn.de/STF967

Bestehen der Prüfung/Notenberechnung

Der Erste Abschnitt der Ärztlichen Prüfung ist sicherlich eine umfangreiche und schwierige Prüfung. Aber: Im Vergleich zu Zwischenprüfungen anderer Studiengänge (z. B. Jura) meistern in der Medizin deutlich mehr Studenten diese erste große Hürde erfolgreich.

Wie von der Schule her gewohnt, werden die Noten auf einer Skala von 1 bis 5 vergeben. Die 6 entfällt, schließlich hat man ja schon mit einer 5 nicht bestanden. Die Note für die schriftliche und die mündlich-praktische Prüfung sind gleichwertig. Aus beiden wird eine Durchschnittsnote errechnet (eine „1“ schriftlich und eine „3“ mündlich-praktisch ergeben also eine Gesamtnote von 2,0).

Aber: Du musst beide Prüfungsteile (mündlich und schriftlich) bestehen. Allerdings musst du „lediglich“ den gegebenenfalls nicht bestandenen Teil (mündlich oder schriftlich) alleinig wiederholen, also nicht die ganze Prüfung, falls du nur in einem der beiden Bereiche „nicht deinen besten Tag hattest“. Den nicht bestandenen Teil kannst du insgesamt bis zu drei Mal wiederholen. Mit dieser Note des Ersten Examens wird später die Note im Zweiten Examen (nach sechs Jahren Studium) zu einer Gesamtnote verrechnet. Dabei geht die Leistung des Ersten Abschnitts zu einem Drittel, die Note des Zweiten Abschnitts zu zwei Dritteln in die Gesamtnote ein.

Wieder ein Blick ins Gesetz:

§

§ 13 Art und Bewertung der Prüfung

(1) Geprüft wird beim Ersten und Zweiten Abschnitt der Ärztlichen Prüfung schriftlich und mündlich-praktisch.

(2) Für die Bewertung der Leistungen sind folgende Prüfungsnoten zu verwenden:

** „sehr gut“ (1) = eine hervorragende Leistung,*

** „gut“ (2) = eine Leistung, die erheblich über den durchschnittlichen Anforderungen liegt,*

** „befriedigend“ (3) = eine Leistung, die in jeder Hinsicht durchschnittlichen Anforderungen gerecht wird,*

** „ausreichend“ (4) = eine Leistung, die trotz ihrer Mängel noch den Anforderungen genügt,*

** „nicht ausreichend“ (5) = eine Leistung, die wegen erheblicher Mängel den Anforderungen nicht mehr genügt.*

(3) Der Erste und Zweite Abschnitt der Ärztlichen Prüfung sind jeweils bestanden, wenn der schriftliche und der mündlich-praktische Teil bestanden

sind. Wenn ein Prüfungsteil nicht bestanden wird, so muss nur der nicht bestandene Teil wiederholt werden. [...]
(4) Für die Ärztliche Prüfung ist unter Berücksichtigung der Noten für den Ersten und Zweiten Abschnitt der Ärztlichen Prüfung eine Gesamtnote nach Maßgabe des § 33 Abs. 1 zu bilden. [...]

§ 25 Bewertung der Prüfungsleistungen
Die nach Landesrecht zuständige Stelle ermittelt die Note für den Ersten Abschnitt der Ärztlichen Prüfung wie folgt: Die Note für die schriftliche Aufsichtsarbeit und die Note für den mündlich-praktischen Teil werden addiert und die Summe wird durch zwei geteilt. Die Note wird bis auf die erste Stelle hinter dem Komma errechnet. Die Note lautet:
** „sehr gut" bei einem Zahlenwert bis 1,5,*
** „gut" bei einem Zahlenwert über 1,5 bis 2,5,*
** „befriedigend" bei einem Zahlenwert über 2,5 bis 3,5,*
** „ausreichend" bei einem Zahlenwert über 3,5 bis 4,0,*
wenn die Prüfung nach §13 Abs. 3 bestanden ist.
Wir haben den Abschnitt zum Physikum bewusst knapp gehalten, um dir darüber an dieser Stelle zunächst einen groben Überblick zu bieten . Im Verlag von MEDI-LEARN ist zu deiner Vorbereitung auf das Physikum eine 33-bändige Skriptenreihe erschienen. Besonders den Einführungsband „Lernstrategien – MC-Techniken und Prüfungsrhetorik" möchten wir dir empfehlen. Darüber hinaus bietet dir MEDI-LEARN intensive Vorbereitungskurse auf die Staatsexamina im Medizinstudium an.

Weitere Infos findest du unter:
MEDI-LEARN Kurse: www.medi-learn.de/STF900
MEDI-LEARN Skripte: www.medi-learn.de/STF901

UNSER TIPP @

Examensbereich Vorklinik

Umfangreiche Informationen, Artikelserien mit Lerntipps, einen Lernplaner zur Vorbereitung auf die großen Prüfungen und vieles mehr findest du im Examensbereich von MEDI-LEARN, den du unter folgender Internet-Adresse erreichst:

- www.medi-learn.de/STF902

ZUSAMMENFASSUNG

Die Vorklinik des Medizinstudiums: Teil 1

Die vorklinischen Fächer im Überblick
Für die ersten vier Semester deines Medizinstudiums (vorklinischer Studienabschnitt oder kurz Vorklinik) musst du durch sogenannte Leistungsnachweise (Scheine) aufzeigen, dass du in den verschiedenen Unterrichtstypen (Kurs, Praktikum, Seminar) die für die Meldung zur Prüfung erforderlichen Kenntnisse in den Fächern erfolgreich erworben hast. Zusätzlich zu absolvieren: Erste-Hilfe-Kurs, Praktikum Berufsfelderkundung, Einführung in die Klinische Medizin, Kursus der Terminologie (siehe Seite 124).

Das Krankenpflegepraktikum
Das Krankenpflegepraktikum kann in der Zeit vor dem Studium oder aber in den Semesterferien der ersten vier Semester absolviert werden. Es muss 90 Tage umfassen und darf in Blöcken zu je mindestens 30 Tagen aufgeteilt werden. Du kannst es auch im Ausland absolvieren. Im Krankenpflegepraktikum sammelst du Erfahrung auf der pflegerischen Seite eines Krankenhauses. Gegebenenfalls kannst du Teile einer vorher absolvierten Ausbildung als Praktikum anrechnen lassen, z. B. wenn du Gesundheits- und Krankenpflegerin bist (siehe Seite 125).

Der Erste-Hilfe-Schein
Wer sich zur Prüfung nach vier Semestern anmelden möchte, muss den Unterlagen auch den Nachweis beilegen, dass er einen Erste-Hilfe-Kurs absolviert hat. Du kannst den Kurs, der mindestens acht Doppelstunden umfassen muss, bei den gängigen Organisationen (DRK, Malteser, Johanniter etc.) absolvieren. Gegebenenfalls kannst du auch hier Blöcke einer medizinnahen Ausbildung anerkennen lassen, sodass du den Kurs nicht erneut besuchen musst (siehe Seite 130).

Die großen Fächer: Anatomie, Biochemie, Physiologie, Psychologie
Der Aufbau (Anatomie), die Lebensvorgänge (Biochemie), die Funktionsweise (Physiologie) und das Fühlen, Verhalten und Erleben (Psychologie) des menschlichen Körpers steht im Rahmen dieser sogenannten großen Fächer (groß, weil mehr Stunden im Plan und mehr Fragen im Examen) in den ersten vier Semestern auf dem Lehrplan. Highlight ist dabei der Präparierkurs der Anatomie, in dem du eigenhändig Leichen präparierst und dir so den Aufbau des Körpers Schnitt für Schnitt erarbeitest (siehe Seite 131).

Die kleinen Fächer: Physik, Chemie, Biologie
Viele der o. a. großen Fächer greifen auf grundlegende Zusammenhänge aus der Welt der kleinen Fächer (klein, weil weniger Stunden im Plan und relativ wenige Examensfragen) zurück. Dazu zählen die Physik, Chemie und Biologie. Oftmals werden daher zunächst die Grundlagen in den kleinen Fächern erarbeitet (siehe Seite 143).

ZUSAMMENFASSUNG

Die Vorklinik des Medizinstudiums: Teil 2

Berufsfelderkundung, Klinische Medizin und Terminologie
In der Berufsfelderkundung schaust du dir z. B. bei einer Betriebsbesichtigung mögliche ärztliche Arbeitsfelder in der Praxis an, im Rahmen der Einführung in die Klinische Medizin erhältst du ersten Patientenkontakt. Und im Zuge des Kurses der medizinischen Terminologie erarbeitest du dir das Grundverständnis der medizinischen Fachsprache (siehe Seite 145).

Wahlfächer
Nicht alles ist vorgeschrieben, du kannst aus dem Lehrkatalog deiner Uni ein Wahlfach heraussuchen, das zwar im Zeugnis erscheint, aber nicht in die Endnote mit eingeht (siehe Seite 145).

Das Lernen im Medizinstudium
Wenn Mediziner ein grundsätzliches Problem zu lösen haben, dann ist es der richtige Umgang mit den Unmengen an Lernstoff, die man theoretisch lernen könnte. Hier ist es z. B. unverzichtbar, eine an der Wichtigkeit des Stoffes orientierte Auswahl zu treffen und die Stoffmenge zu begrenzen. MEDI-LEARN bietet mit Artikelserien auf den Webseiten und in Examensvorbereitungskursen seit 20 Jahren professionelle Hilfe für das erfolgreiche Lernen im Medizinstudium (siehe Seite 146).

Das Physikum – die erste große Prüfung
Die erste große Prüfung steht nach vier Semestern auf dem Plan und gliedert sich in einen Mündlich-Praktischen Teil (Prüfung in den drei Fächern Anatomie, Biochemie, Physiologie, dauert max. 60 Minuten) und einen Schriftlich-Theoretischen Teil (Bearbeitung von 320 sogenannten Multiple-Choice-Fragen als Aufsichtsarbeit in diesen o. a. und weiteren Fächern an 2 Prüfungstagen). Beide Prüfungsteile müssen bestanden sein, gegebenenfalls kannst du den nicht bestandenen alleinig zu einem späteren Zeitpunkt nachholen. Die Note setzt sich in dieser Prüfung zur Hälfte aus der mündlichen und zur anderen Hälfte aus der schriftlichen Note zusammen (siehe Seite 150).

Zweiter Abschnitt des Medizinstudiums: Die klinische Ausbildung

GEBLOGGT

Einblick in Klinischen Abschnitt

Wie lang so ein Medizinstudium sein kann und was du da alles erlebst, schildert dir unser Blog, der im ersten Semester begann und nunmehr mitten in der Klinik angekommen ist:

- www.medi-learn.de/STF903

Den folgenden Abschnitt haben wir bewusst kurz gehalten. Er soll dir einen Überblick über die sogenannte „klinische" Ausbildung, d. h. über das dritte bis sechste Studienjahr, geben. Nach Bestehen der ersten Prüfung und dem Erwerb der nötigen Grundlagenkenntnisse geht es auf in den zweiten Abschnitt der ärztlichen Ausbildung, der insgesamt vier Jahre dauert (einschließlich des Praktischen Jahres). Hier rücken nun der Mensch und seine Krankheiten zunehmend in den Mittelpunkt.

Die Fächer im Überblick

Wegen der Vielzahl der Fächer können diese nur knapp umrissen werden. Zu den großen Fächern im klinischen Studium zählen Innere Medizin, Neurologie, Chirurgie, Gynäkologie und Kinderheilkunde, die wir dir nachfolgend vorstellen möchten.

Innere Medizin

Das Fachgebiet der Inneren Medizin widmet sich den Erkrankungen der inneren Organe und Organsysteme. Ob Asthma, Herzinfarkt, Magengeschwür oder Blutkrebs: Im Laufe der klinischen Semester wirst du in diesem grundlegenden Fachgebiet die häufigsten Erkrankungen erkennen, verstehen und behandeln lernen, mit denen der Internist im späteren Berufsalltag konfrontiert ist.

Gynäkologie

In der Gynäkologie und Geburtshilfe stehen nicht nur Geburten auf dem Lehrplan: problematische Mehrfachschwangerschaften, Brustkrebs oder Hormonstörungen in den Wechseljahren – nach dem Besuch der Lehrveranstaltungen hast du ein grundlegendes Verständnis für diese Themengebiete erworben.

Neurologie

Bestimmt hast du schon mal von Parkinson gehört, einer Erkrankung bestimmter Zonen des Gehirns mit Auswirkungen auf die Bewegung. Mit dieser Krankheit sind wir mitten im Themengebiet der Nervenheilkunde gelandet: Sie gehört zu den wichtigeren Fächern der klinischen Ausbildung. Du erfährst hier alles zu den häufigen und weniger häufigen Störungen des Nervensystems und wirst schon während des Studiums zu einem kleinen Nervenarzt, der sich die wesentlichen Kenntnisse in Vorlesung und Untersuchungskurs erwirbt.

Kinderheilkunde (Pädiatrie)

Ein Beispiel: Mukoviszidose ist eine Erbkrankheit, die schon in der Kindheit zu starker Beeinträchtigung vor allem der Atemfunktion führt. In der Kinderheilkunde beschäftigt man sich auch mit diesen ernsthafteren Krankheiten, die das Spektrum der normalerweise ungefährlichen „Klassiker" Masern, Mumps und Windpocken erweitern. In den kombinierten Lehrveranstaltungen Vorlesung, Kurs und Seminar erhältst du die grundlegenden Informationen über Krankheit und Therapie bei kleinen Patienten.

Chirurgie

Der eine mag es, für den anderen ist es unvorstellbar: Menschen mit dem Skalpell im Operationssaal zu behandeln. Die Rede ist vom Fach Chirurgie. Die Chirurgen sind die am meisten handwerklich Tätigen unter den Ärzten: Denn bei der Entfernung eines Wurmfortsatzes, dem Einbau einer Knieprothese oder der Behandlung eines Knöchelbruchs kommt es neben dem medizinischen Grundwissen vor allem auf das handwerkliche Geschick an. Auch als Student, wenn du den Profis während einer Hospitation im OP über die Schulter blicken darfst, erhältst du bereits Einblicke in diese Art der ärztlichen Kunst. Manchmal darf ein Student schon die Wunde nähen und sich im praktischen Umgang mit Schere, Faden und Skalpell üben.

In der neuen Approbationsordnung wird zudem ein Schwerpunkt auf die Allgemeinmedizin gelegt. So ist z. B. ein zweiwöchiges Blockpraktikum in Allgemeinmedizin ab 01.10.2013 Pflicht. Zudem musst du eine mindestens vierwöchige Famulatur in hausärztlicher Versorgung durchführen (ebenfalls ab dem 01.10.2013). Der Stoff in diesem Fach umfasst dabei den Bereich aller bisher vorgestellten Fächer. In der späteren ärztlichen Tätigkeit hat ein Allgemeinmediziner die Aufgabe, eine Krankheit zu erkennen und die Pati-

enten den Fachärzten zuzuführen. Als wichtige weitere Fächer seien die Labormedizin, die Pharmakologie, die Pathologie und die Radiologie genannt. Zusätzlich zu diesen Fächern (und den angegliederten Praktika) musst du Famulaturen über insgesamt vier Monate ableisten.
Die **Hauptfächer** decken zusammen die wesentlichen Wissensgebiete der klinischen Medizin ab und sind im Einzelnen thematisch recht eng umgrenzt. Die **Querschnittsfächer** hingegen verstehen sich eher als themenübergreifende, allgemein anwendbare Wissensgebiete (z. B. Infektiologie und Umweltschutz). Die **Blockpraktika** schließlich in Innerer Medizin, Chirurgie, Kinderheilkunde, Frauenheilkunde und Allgemeinmedizin verleihen den wichtigeren Fächern zusätzliche Bedeutung, da hier in Verzahnung von Theorie und Praxis gelernt wird.
Insgesamt werden 21 Pflichtfächer von den Universitäten angeboten, ergänzt um ein Wahlfach, das aus 39 (!) Bereichen auszuwählen ist.
Pflichtfächer, Querschnittsfächer, Wahlfächer und Blockpraktika sind die wesentlichen Elemente im zweiten Abschnitt der ärztlichen Ausbildung.

Pflichtfächer

Folgende 21 Pflichtfächer beinhalten die Kernbereiche möglicher späterer Tätigkeiten: Allgemeinmedizin, Anästhesiologie, Arbeitsmedizin/Sozialmedizin, Augenheilkunde, Chirurgie, Dermatologie und Venerologie, Frauenheilkunde und Geburtshilfe, Hals-Nasen-Ohrenheilkunde, Humangenetik, Hygiene, Mikrobiologie, Virologie, Innere Medizin, Kinderheilkunde, Klinische Chemie, Laboratoriumsdiagnostik, Neurologie, Orthopädie, Pathologie, Pharmakologie und Toxikologie, Psychiatrie und Psychotherapie, Psychosomatische Medizin und Psychotherapie, Rechtsmedizin, Urologie.

Querschnittsfächer, Wahlfächer und Blockpraktika

Neben den Pflichtfächern gibt es eine Reihe weiterer Fächer im zweiten Abschnitt der Ausbildung. Eine Auflistung findest du im Internet unter:
www.medi-learn.de/STF904

Palliativmedizin und Schmerztherapie

Als neuer Querschnittsbereich wurde „Palliativmedizin“ (Q13) mit Scheinpflicht in die Approbationsordnung integriert. Wer sich ab Oktober 2014 zum zweiten Abschnitt anmeldet, muss den Schein nachweisen. Ebenfalls neuer Querschnittsbereich mit Scheinpflicht ist „Schmerzmedizin“ (Q14): Wer sich ab Oktober 2016 zum zweiten Abschnitt anmeldet, muss den Schein nachweisen. Weitere, jedoch eher unwesentliche Änderung: Der Querschnittsbereich Q3 wurde in „Gesundheitsökonomie, Gesundheitssystem, Öffentliches Gesundheitswesen" umbenannt.

Wahlfächer

Wie in den ersten beiden Studienjahren, musst du auch im zweiten Studienabschnitt ein Wahlfach belegen. Jetzt allerdings gibt es dafür einen Katalog in der Approbationsordnung. Die Wahlfächer erscheinen im Zeugnis, gehen jedoch wiederum nicht in die Gesamtbenotung des Studiums ein. Der Gesetzestext stellt die Fächer vor:

§ Anlage 3 (zu § 2 Abs. 8 Satz 2)

Als Wahlfächer für die Zulassung zum Zweiten Abschnitt der Ärztlichen Prüfung nach § 2 Abs. 8 Satz 2 kommen, soweit sie von der Universität angeboten werden, insbesondere in Betracht:

Allergologie, Allgemeinmedizin, Anästhesiologie, Angiologie, Arbeitsmedizin, Augenheilkunde, Balneologie und Medizinische Klimatologie, Betriebsmedizin, Bluttransfusionswesen, Chirotherapie, Chirurgie, Diagnostische Radiologie, Endokrinologie, Flugmedizin, Frauenheilkunde und Geburtshilfe, Gastroenterologie, Gefäßchirurgie, Hals-Nasen-Ohrenheilkunde, Hämatologie und Internistische Onkologie, Handchirurgie, Haut- und Geschlechtskrankheiten, Herzchirurgie, Homöopathie, Humangenetik, Hygiene und Umweltmedizin, Innere Medizin, Kardiologie, Kinder- und Jugendpsychiatrie und -psychotherapie, Kinderchirurgie, Kinderheilkunde, Kinderkardiologie, Kinderradiologie, Klinische Pharmakologie, Laboratoriumsmedizin, Medizinische Genetik, Medizinische Informatik, Mikrobiologie und Infektionsepidemiologie, Mund-Kiefer-Gesichtschirurgie, Naturheilverfahren, Neonatologie, Nephrologie, Nervenheilkunde, Neurochirurgie, Neurologie, Neuropathologie, Neuroradiologie, Nuklearmedizin, Öffentliches Gesundheitswesen, Orthopädie, Pathologie, Pharmakologie und Toxikologie, Phlebologie, Phoniatrie und Pädaudiologie, Physikalische Therapie, Physikalische und Rehabilitative Medizin, Plastische Chirurgie, Plastische Operationen, Pneumologie, Psychiatrie und Psychotherapie, Psychoanalyse, Psychotherapeutische Medizin, Psychotherapie, Rechtsmedizin, Rehabilitationswesen, Rheumatologie, Sozialmedizin, Sportmedizin, Stimm und Sprachstörungen, Strahlentherapie, Thoraxchirurgie, Transfusionsmedizin, Tropenmedizin, Umweltmedizin, Unfallchirurgie, Urologie, Viszeralchirurgie

Famulaturen

Das Wort „Famulatur" leitet sich vom lateinischen Begriff „Famulus" ab, was soviel wie „Knecht" bedeutet. Klingt verheißungsvoll! Denn um klassische Praktikanten-Tätigkeiten wirst du nicht herumkommen, aber du sammelst im Rahmen einer Famulatur sehr viel Praxiserfahrung! Eine Famulatur kannst du in verschiedenen Einrichtungen des Gesundheitswesens unter ärztlicher Anleitung absolvieren. Im Pflegepraktikum der ersten beiden Studienjahre konntest du ja schon Krankenhausluft schnuppern. Dieses Mal darfst du vom Pflegedienst auf die Seite des ärztlichen Dienstes wechseln! Folgende Tätigkeiten stehen im Vordergrund: Blut abnehmen, einen venösen Zugang für Infusionen legen, Aufnahmegespräche führen und Assistieren bei ärztlichen Eingriffen im OP, auf Station oder in der Praxis.

UNSER TIPP @

Neue AO – was ändert sich wann?

Insgesamt musst du im Laufe des Studiums zwischen Physikum und Praktischem Jahr vier Monate als Famulatur absolvieren. Geregelt wird dies in § 7 der Approbationsordnung (AO). Da die AO zum Zeitpunkt der Drucklegung dieses Buches geändert wurde und zu unterschiedlichen Zeitpunkten Regelungen in Kraft treten, empfehlen wir dir den Blick in folgendes Dokument – hier findest du genau aufgeschlüsselt, wann sich was für wen ändert:

- www.medi-learn.de/STF905

Da Famulaturen grundsätzlich in der vorlesungsfreien Zeit abgeleistet werden müssen, bietet es sich an, das Angenehme mit dem Notwendigen zu verbinden und sie in ausländischen Krankenhäusern und Arztpraxen zu absolvieren. Viele Studenten nutzen die örtlichen Angebote der Unis (hier musst du im Vorfeld auch die Anerkennung klären) oder des Famulantenaustausches der Bundesvertretung der Medizinstudierenden Deutschlands (www.medi-learn.de/STF906), um im Ausland zu famulieren. Wenn du dich über die bvmd bewirbst, ist auch die Gewährung eines Reisekostenzuschusses möglich.

Pflichtfamulatur in hausärztlicher Versorgung

Die Änderungen im Bereich der mindestens einmonatigen Pflichtfamulatur in hausärztlicher Versorgung, die ab Oktober 2013 abzuleisten bzw. nachzuweisen ist, stellen wir dir an dieser Stelle etwas ausführlicher vor. Zum Bereich der hausärztlichen Versorgung zählen Allgemeinärzte, Hausärzte, Kinderärzte sowie Internisten ohne Schwerpunktbezeichnung. Geprüft wird derzeit, ob Allgemeinmediziner mit reiner Privatzulassung ebenfalls in Frage kommen. Mit der Einführung der Allgemeinmedizin-Pflichtfamulatur entfällt die bisher mögliche „Wahlfamulatur"; für betroffene Studenten, die derzeit dort absolvieren oder bereits absolviert haben, sind Übergangsregelungen in der Planung (wurden am 31.10.2012 vom Bundesministerium für Gesundheit an den Bundesrat übermittelt): Ab 1. Oktober 2013 ist es verpflichtend, während des Medizinstudiums einen Monat der Famulatur in einer Einrichtung der hausärztlichen Versorgung zu absolvieren. Durch diese Änderung entfällt die bisher bestehende Wahlmöglichkeit, die Famulatur entweder einen Monat in einer Einrichtung der ambulanten Krankenversorgung bzw. einer geeigneten ärztlichen Praxis oder in einem Krankenhaus bzw. einer stationären Rehabilitationseinrichtung abzuleisten.

@ **SURFTIPP**

Famulaturberichte

Eine große Anzahl von Famulaturberichten aus dem In- und Ausland findest du im Famulaturbereich auf unserer Homepage.

- www.medi-learn.de/STF907

Übergangsregelungen im Bereich Famulatur

Da der Nachweis über die Ableistung der Famulatur dem Antrag auf Zulassung zum Zweiten Abschnitt der Ärztlichen Prüfung beizufügen ist, sind von dieser Änderung (faktisch rückwirkend) auch Studierende betroffen, die sich derzeit im klinischen Studienabschnitt befinden und ab dem Prüfungsdurchgang April 2014 den Zweiten Abschnitt der Ärztlichen Prüfung ablegen. Teilweise haben diese Studierenden die Famulatur bereits vollständig absolviert. Durch eine Übergangsregelung werden zur Vermeidung unbilliger Härten diejenigen, die sich bereits im klinischen Studienabschnitt befinden oder diesen im Wintersemester 2012/13 begonnen haben, von der Neuregelung der Famulatur ausgenommen. Zusätzlich wird Studierenden im klinischen Studienabschnitt Vertrauensschutz gewährt, die zur Unterbrechung ihres Studiums durch Krankheit, Schwangerschaft, die Betreuung minderjähriger Kinder oder pflegebedürftiger Angehöriger gezwungen sind. Kleiner Tipp für alle, die bereits Wahlfamulaturen absolviert haben: Wende dich frühzeitig in puncto Anerkennung und Einzelfallentscheidung an dein zuständiges LPA, um auf der sicheren Seite zu sein, was die Anerkennung einer bereits geleisteten Famulatur angeht.

Kleine Änderung bei den Krankenhausfamulaturen: Stationäre Reha-Einrichtungen

Möglich ist ab sofort auch das Absolvieren einer Famulatur in stationären Reha-Einrichtungen – diese zählt dann als Krankenhausfamulatur.

Um dir einen Einblick in das Thema Famulatur zu geben, haben wir den Artikel von Benjamin H. ausgewählt, der in Dresden tätig war:

„Das Herzzentrum Dresden, gelegen auf dem Campus der medizinischen Fakultät der TU Dresden, ist ein Krankenhaus der Maximalversorgung mit sämtlichen Bereichen des herzchirurgischen Fachgebietes. Dies schließt auch die Behandlung von Patienten mit angeborenen Herzfehlern und im Endstadium der Herzkrankheiten ein, die für eine Herz- und/oder Lungentransplantation anstehen. Die Klinik für Herzchirurgie bietet 80 Betten mit chirurgischer Intensiv-, Intermediär-, Normalpflegestation und vier Operationssälen. Darüber hinaus gibt es eine Ambulanz für prä- und postoperative Patienten und eine große Transplantationsambulanz.

Famulatur für jeden Geschmack

Für Studenten, die wie ich mit einem operativen Fach liebäugeln, ist die Famulatur in einer Herzchirurgie sehr zu empfehlen. Auch diejenigen, die niemals ein Skalpell in die Hand nehmen wollen, sollten sich mit dieser hochmodernen Disziplin auseinandersetzen. Fast nirgends findet man so viel High-Tech, hat aber gleichzeitig die Möglichkeit, sich an kreislaufspezifischen Untersuchungen, Verfahren, Anamnesen und Operationen aktiv zu beteiligen. Die Krankheiten, die man in der Herzchirurgie findet, sind in jedem Fachgebiet der Medizin präsent und stellen erhöhte Risiken in der Behandlung dar. Erwähnt seien hier Klappenvitien, Stenosen, Aneurysmen, chronisches Vorhofflimmern oder die Herzinsuffizienz.

Ein typischer Tagesablauf

Begonnen wurde morgens um halb acht mit der Frühbesprechung der Ärzte. Dort wurden der OP-Plan bekanntgegeben und die Fälle diskutiert. Die Besonderheit hierbei war, dass der für die Studenten verantwortliche Oberarzt uns sofort mit in das Programm aufnahm. Gelegenheiten zum langen Pausieren gab es aber den Tag über nicht. Auch der Feierabend ist meist nicht genau vorherzusagen, irgendwann zwischen 15 und 18 Uhr konnten wir gehen. Dies wurde uns oft selbst überlassen, aber auch die Art der Operationen spielte eine wesentliche Rolle.

Gerangel um spektakulärste OPs hielt sich in Grenzen

In der Regel wurden die Studenten gleichmäßig auf die vier Säle verteilt, die anderen gingen auf die Stationen. Diese Aufteilungen sollten wir selber untereinander ausmachen, Vorschriften wurden nicht gemacht. Wer also gerne auf der ITS bleiben wollte, der durfte das auch. Allgemein gilt: Es gab viel zu sehen. So viel, dass ich in einem Monat Famulatur gar nicht alles zu sehen bekam!

UNSER TIPP

Assistenzarzttätigkeiten

Die Famulatur ist als sogenanntes ärztliches Praktikum Teil der Ausbildung. Somit solltest du darauf achten, dass du während der Famulatur tatsächlich ausgebildet wirst! Natürlich ist auch die Famulatur ein Geben und Nehmen. Häufig ist es so, dass die Assistenzärzte mehr Zeit haben, dir etwas zu erklären, wenn du ihnen selbstständig Routinearbeiten abnimmst. Unser Tipp: Immer auf Ausgewogenheit zwischen Assistenztätigkeiten und Ausbildung achten und notfalls freundlich darauf hinweisen.

Erfahrungen in der HNO

Meine erste Famulatur absolvierte ich in der HNO-Heilkunde. Dort gab es viele Berührungspunkte mit der Chirurgie und ich hatte das Glück, oft dem dortigen Professor zu assistieren. Daher auch meine Entscheidung, mir einmal „große Chirurgie“ anzuschauen. Außerdem lernte ich im Tutorium einen der Oberärzte der Herzchirurgie kennen, der mir sofort sympathisch war. Am ersten Tag wurden uns unsere Aufgaben zugewiesen. Zuerst wurde ich mit einem Kollegen auf die Normalpflegestation eingeteilt. Dort gab es das Standardprozedere mit Blutentnahmen, Zugänge legen, Visiten und Briefe schreiben. Hier zeigte sich aber schon, dass die Lehre sehr ernst genommen wurde. Keine unserer Fragen blieb unbeantwortet, und es wurde immer nachgefragt, ob alles verstanden wurde.

Eurotransplant: Erschreckender als in jeder Erzählung

Auf der Intensiv- und Intermediärstation erweiterte ich mein Wissen um Medikation und Kardiologie. In der Ambulanz wurden postoperative Kontrollen durchgeführt. Hierbei handelte sich es zumeist um Wund- und EKG-Kontrollen sowie Transplantationspatienten und deren Beratung. Für mich war es das erste Mal, das leidige Thema der Listen und Statuten von Eurotransplant selber einmal zu erfahren. Es ist erschreckender als in jeder vorherigen Erzählung. Die Berichte der Ärzte über diese Themen kannten keine Grenzen.

Nähkünste beweisen

In den folgenden Wochen wurde ich im Operationssaal eingesetzt. Erst sollte man sich mit den Techniken und Gepflogenheiten vertraut machen. Das heißt, als Erstes sollte man sich zu den Anästhesisten hinter das grüne Tuch platzieren. Die anderen Studenten, die ein paar Tage vor mir anfingen, im OP zu arbeiten, standen bereits am Tisch. Im Laufe der Woche durfte ich dann auch an den Tisch treten. Mit der Zeit zeigten uns die Assistenzärzte geduldig die verschiedenen Operationsabläufe. Das Erste, was wir lernten, waren chirurgische Nahttechniken und Knoten, die wir zu Hause üben sollten. Dies kam uns vor allem bei Bypass-Operationen zugute, da wir selbstständig die Wundnähte am Bein nach der Venenentnahme durchführen sollten. Das durfte man aber erst, nachdem man unter Aufsicht seine vorher fleißig geübten Nähkünste bewiesen hatte. Eine lohnenswerte Hürde, denn Nähen und chirurgische Grundtechniken gehören meiner Meinung nach einfach zum Beruf des Arztes.

Herzinfarkte und Schrittmacher unter 40 sind keine Seltenheit

Nach dieser Arbeit ging es am Thorax weiter. Auch dort wurden immer mehr Aufgaben selbst verrichtet. Ich habe bei jeder Operation, die das Herzzentrum durchführen kann, assistiert und/oder zugeschaut. Die moderne Technik der Kardioanästhesisten, Kardiotechniker und Chirurgen begeisterte mich immer aufs Neue. Immer wieder wurden bei Komplikationen neue Geräte hervorgezaubert. Erschreckend fand ich, wie viele kardiologisch junge (unter 40 Jahre) Patienten es gibt. Herzinfarkte und Schrittmacher in diesem Alter sind keine Seltenheit.

Bewerbungsmöglichkeiten

Bei Interesse gilt wie bei der gesamten Famulatur: einfach und unkompliziert! Man schickt einen Brief an das Chefsekretariat. Es reicht aus zu schreiben, wer man ist, warum, wann und für wie lange man kommen möchte,

das Ganze ist auch per Telefonanruf möglich. Mein Fazit: sehr empfehlenswert. Man darf viel und am Ende kann man mehr als vorher. Ein sehr nettes und aufgeschlossenes Team mit einer Top-Betreuung durch einen Oberarzt für Studenten und PJ'ler. Vier Wochen Zeit würde ich veranschlagen, denn in der Hälfte der Zeit hat man gar keine Chance, sich weiterzubilden. Diese Klinik bietet einfach zu viel. Wenn man möchte, kann man sich auch noch sämtliche Diagnostik vor Augen führen lassen. Zeugnisse werden auf Wunsch entweder formlos oder als Vordruck ausgehändigt.
Zuletzt sei angemerkt: Die Ärzte und Mitarbeiter sind sehr kulant, sehen es aber gar nicht gerne, wenn dies von den Studenten zu sehr ausgenutzt wird. Es war eine tolle Zeit. Und das wird es auch für Nicht-Chirurgen sein!"

Das Praktische Jahr (PJ)

Das PJ als letztes Jahr des Studiums ist ganz der Tätigkeit auf Station und in der Praxis gewidmet: Du lernst auf Stationen der Inneren Medizin und der Chirurgie (diese beiden grundsätzlich immer) sowie einem Wahlfach (neuerdings u. a. auch Allgemeinmedizin, z. B. in einer allgemeinärztlichen Praxis) die praktische Seite der ärztlichen Tätigkeit kennen.
Das Praktische Jahr ist in drei Abschnitte zu je 16 Wochen aufgeteilt. Die sich ergebenden Drittel des PJ werden Tertiale genannt. Insgesamt hast du also 48 Wochen abzuleisten. Um zum Praktischen Jahr zugelassen zu werden, musst du zunächst die erforderlichen Scheine in den Fächern gesammelt, vier Monate Famulatur abgeleistet und – für Studenten ab 2014 – den schriftlichen Teil (Zweiter Abschnitt der Ärztlichen Prüfung) bestanden haben. Denn laut neuer AO wird das Hammerexamen entzerrt: Der schriftliche Teil findet künftig vor Eintritt in das PJ, der mündlich-praktische Teil nach dem PJ statt (siehe dazu auch S. 160).

UNSER TIPP

Geänderte AO

Übersicht über die aktuelle AO
- www.medi-learn.de/STF908

Wann ändert sich was?
- www.medi-learn.de/STF909

Was machst du im PJ? Du nimmst Patienten auf, führst Aufnahmegespräche, nimmst an Operationen teil, kurz: Du bekommst endlich das, was in den vorangegangenen Semestern an vielen Stellen vielleicht fehlte – eine Menge Praxisluft um die Nase geweht!

Absolviert wird es entweder an der Universitätsklinik, einer Allgemeinarztpraxis oder aber in akademischen Lehrkrankenhäusern. Letztere sind der Universität zugeordnet. Sie befinden sich aber manchmal weiter entfernt von der Uni, meist im selben Bundesland, mitunter auch außerhalb. Viele Studenten nutzen hier die Gelegenheit, Neuland zu entdecken, und absolvieren das ganze PJ oder Teile im Ausland, denn bei Einhaltung der Auflagen kannst du auch in außeruniversitären Krankenhäusern das Praktische Jahr absolvieren (siehe § 4).

Das PJ dauert weiterhin 48 Wochen und ist in drei Tertiale à 16 Wochen aufgeteilt. Im Zuge der geänderten Approbationsordnung im Bereich des Praktischen Jahres gibt es allerdings Neuerungen und Änderungen (z. B. Beginn, Wahlkrankenhaus, Fehltage, Teilzeit-PJ, Allgemeinmedizin im PJ, Vergütungspauschalen, Logbuch und Evaluation), die wir dir nachfolgend aufgrund der Vielzahl in stichpunktartiger Form mit den wichtigsten Fakten präsentieren.

- **Wahlrecht auf Lehrkrankenhaus („Wahlkrankenhaus") auch an anderer Uni**
  Das PJ muss nicht mehr zwingend an Heimatuni oder Lehrkrankenhaus der Heimatuni absolviert werden, d. h. es kann auch eine andere Uni oder deren akademisches Lehrkrankenhaus sein (sogenannte „Wahlfreiheit des Lehrkrankenhauses" im PJ). Dabei bist du als PJ´ler weiterhin an deiner Heimatuni immatrikuliert, nutzt aber das Logbuch der „Gast-Uni". Eine bundeseinheitliche Regelung widmet sich den Verteilungskriterien und -fristen. Diese Neuerung ist gültig ab 01.04.2013 für diejenigen, die im Feburar 2013 mit dem PJ begonnen haben bzw. im 2./3. Tertial waren UND selbstverständlich für alle künftigen PJ´ler, die danach mit dem PJ anfangen.
- **Im PJ sind 30 Fehltage möglich**
  Anrechnungsfähige Fehltage gibt es nunmehr 30 statt bisher 20 (u. a. „familienfreundlicher"). Dabei dürfen maximal 20 Fehltage in einem Tertial liegen. Gültig ist die Regelung für PJ´ler seit Februar 2012.
- **Das PJ kann in Teilzeit absolviert werden**
  Diese Nachricht wird alle Eltern unter den Studenten freuen, denn das Ableisten des Praktischen Jahres ist nun in Teilzeit möglich, d. h. in 50 % bzw. 75 % der regulären wöchentlichen PJ-Zeit. Dadurch verlängert sich natürlich die Dauer, dennoch dürfte es einigen leichter fallen, damit Elternschaft und Studium „unter einen Hut zu bringen".
- **Allgemeinmedizin keine Pflicht im PJ, aber: Unis müssen für Allgemeinmedizin als Wahlfach Kapazitäten schaffen (Quotenregelung)**

Allgemeinmedizin ist für den PJ´ler KEIN Pflichttertial – aber: Die Unis sind in der Pflicht, entsprechende Ausbildungskapazitäten „für Freiwillige in ausreichender Anzahl" bereitzuhalten. So müssen sie stufenweise Kapazitäten für Allgemeinmedizin als Wahlfach schaffen (bis Oktober 2015 für mind. 10 %; bis Oktober 2017 für mind. 20 %; bis Oktober 2019 für alle PJ´ler). Das heißt, bis 2019 muss die Uni 100 % aller Studierenden die Durchführung des Wahltertials Allgemeinmedizin ermöglichen.

- **„PJ-Vergütung": Höchstgrenze für PJ-Ausbildungspauschale liegt bei 597 €**
  Die maximal mögliche PJ-Entschädigung liegt bei nunmehr 597 €. Dabei können Kosten für Unterkunft, Essen, Fahrtkosten und eventuell höhere Kosten bei Auslandsaufenthalt angerechnet werden. Gültig ist diese Neuregelung ab 01.04.2013 (kein Scherz) ...
- **PJ-Beginn ist im Mai bzw. November**
  Gültig ist diese vorgesehene Neuerung erst ab 01.01.2014: Studenten, die im April 2014 den schriftlichen Teil des zweiten Abschnitts absolvieren, gehen im Mai 2014 ins PJ. Diese Studenten sind jetzt (Stand WS 2012/13) also im 8. Semester. Studenten, die im Oktober 2014 den schriftlichen Teil des zweiten Abschnitts absolvieren, gehen im November 2014 ins PJ (trifft für dich zu, wenn du im WS 2012/13 im 9. Semester bist).

Soweit zu den wesentlichen Änderungen, die zum Zeitpunkt des Praktischen Jahres Relevanz haben. Folgende Änderungen sind etwas weniger wichtig, wir möchten sie dennoch der Vollständigkeit halber nicht unerwähnt lassen:

- **PJ auch in ambulanten Einrichtungen möglich**
  Ein Teilabschnitt von maximal 8 Wochen kann im PJ in ambulanten Einrichtungen oder akademischen Lehrpraxen abgeleistet werden (gültig ab 01.04.2013).
- **Logbuch („Ausbildungsplan zur Dokumentation") wird von Uni gestellt**
  Die Universitäten müssen ein sogenanntes Logbuch für PJ´ler bereitstellen, in dem dokumentiert werden kann, was gelehrt und gelernt werden sollte (und wurde). Prinzipiell ist es schon im Einsatz, derzeit wird ein bundesweites BASIS-Logbuch erarbeitet; gültig ab 01.04.2013.
- **PJ-Evaluation zur Sicherstellung der Lehre**
  Das PJ wird weiterhin durch den „Beauftragten für das Praktische Jahr" (PJ-Beauftragter) evaluiert. Neu ist dessen Aufgabe sicherzustellen, dass die im Logbuch genannten Rahmenvorgaben für das PJ im Lehrkrankenhaus eingehalten werden (gültig ab 01.04.2013).

Nun möchten wir dir auch zum PJ einen praktischen Einblick gewähren und dich gemeinsam mit Svetlana K. in das Land der Pharaonen entführen:

„Blut und Fruchtwasser überall. Ein unvergesslicher Anblick gleich an meinem ersten Tag in der Gynäkologie-Abteilung des Kasr Al Ainy Hospital in Kairo. Im kleinen Kreißsaal herrschte ein reges Tun, die Krankenschwestern schlängelten sich an den zuschauenden Studenten hinter den Rücken der an zwei Liegen entbindenden Ärzte vorbei. Die in der Geburt unerfahrenen Patientinnen schrien und wanden sich in den Wehen, die Ärzte verloren ab und zu die Geduld und wiesen barsch die entbindenden Frauen zurecht. Ich stand an diesem Tag als Studentin aus Deutschland im Mittelpunkt. Jeder versuchte mir etwas zu zeigen und zu erklären. Ein an sich erfreulicher Umstand, der mich allerdings auch in den nächsten Tagen daran hinderte, den Kreißsaal zu verlassen oder zumindest wegzuschauen, wenn die episiotomierten Frauen ohne Lokalanästhesie genäht wurden, und ich war froh, dass ich nicht gefrühstückt hatte! Auf meine Frage, warum die Patientinnen keine Anästhesie erhielten, würde ich niemals eine plausible Antwort bekommen. Wahrscheinlich steht jeder Frau nur eine Ampulle zu; diese wird beim Dammschnitt verbraucht und reicht jedoch nicht lange genug, um auch das anschließende Nähen schmerzfrei zu halten.

Zum ersten Mal in die „Dritte Welt"

„Warum ausgerechnet Kairo?", wurde ich von vielen Ägyptern gefragt. War es nun wirklich nur der Pyramiden wegen? Sicherlich übte die faszinierende Geschichte Ägyptens ihren Reiz aus. Aber auch die Aussicht, viel praktisch tun zu können, sowie nicht zuletzt die Tatsache, dass es zum ersten Mal in die „Dritte Welt" gehen sollte, reizte mich.

Alltag im Pharaonenland

Die Vermittlung geschah über meinen Doktorvater, der mir mehrere Länder zur Auswahl anbot. Die Bewerbung sollte ich spätestens sechs Monate vor dem geplanten Aufenthalt bei ihm einreichen. Er leitete sie dann weiter. Die Organisation der Unterkunft war ein Desaster. Die versprochene Gastfamilie blieb bis zum Ende des Aufenthalts aus; stattdessen wurde ich unter Druck gesetzt, eine Art Au-pair-Stelle anzunehmen. Da die über Bekannte gefundene Gastfamilie zu abgelegen wohnte, wurde ich schließlich in einem der billigen Hotels im Zentrum Kairos untergebracht, und im Laufe meines Aufenthalts wechselte ich vier Mal das Hotel, wohnte zwischendurch in einer WG und dann doch in einer Gastfamilie als Au-pair. Mein Arbeitstag begann um neun Uhr morgens und endete meistens vor 14 Uhr. Die ägyptische Arbeitswoche umfasst sechs Tage, wobei der freie Tag freitags ist. Die ersten vier Wochen verbrachte ich in der Geburtshilfe, den Rest meiner Zeit in der Gynäkologie rotierte ich mit dem Personal: Ambulanz, Geburtshilfe, OP und Besprechung der Fälle mit Chefvisite. Am Ende des Tertials wechselte ich für einige Wochen in die Pädiatrie. Und um das Land bereisen zu können, bekam ich großzügig frei.

Hände auf dem Bauch, Blick auf die Uhr

„Hast du das schon mal gemacht?" wurde ich gefragt und bekam einen metallenen trichterförmigen Gegenstand – den Pinard – in die Hand gedrückt, um damit auf die fetalen Herztöne zu hören. Auch die Wehentätigkeit wurde in der Geburtshilfe ohne Hilfe der modernen Technik bestimmt: mit Händen auf dem Bauch der Schwangeren und dem Blick auf die Uhr. CTG wie in Deutschland gab es nicht. Nur im Falle einer pathologischen Herzfrequenz wurde diese per Elektroden abgeleitet. Ultraschall gehörte auch in der Schwangerschaftsvorsorge nicht zum Standard und wurde nur durchgeführt, wenn die Anzahl der kindlichen Bewegungen, die von den Müttern selbst gezählt wurden, zu niedrig war oder eine Pathologie vermutet wurde. Während meiner Zeit in der Gynäkologie habe ich viel gesehen, durfte aber selbst wenig Hand anlegen. Sogar im OP beschränkte sich das Lernen auf das Zuschauen, da das Hakenhalten von Krankenschwestern übernommen wird. Diese erledigen allerdings ebenfalls die typischen PJl'er-Aufgaben wie das Anhängen von Antibiosen, das Blutabnehmen und das Legen von Braunülen – übrigens ohne vorher zu stauen! Das Highlight meines aktiven Einsatzes war eine selbstständig durchgeführte Entbindung sowie eine Assistenz beim Kaiserschnitt. Nach der anfänglichen Phase der allgemeinen Aufmerksamkeit mir gegenüber fühlte sich leider nach ungefähr zwei Wochen niemand mehr für mich verantwortlich. Da auf die Wünsche und Gefühle der Patientinnen in einem Krankenhaus für die Armen wenig Rücksicht genommen wird, besteht für die Studenten im Allgemeinen die Möglichkeit, so viel klinisch zu untersuchen, wie man will. Da ich kein Arabisch spreche und es nicht übers Herz brachte, trotz des grünen Lichts seitens des Oberarztes die Patientinnen ohne ihre Erlaubnis vaginal zu untersuchen, beschränkte ich mich lieber auf das Zuschauen.

Frauenbeschneidung wird noch immer praktiziert

Erstaunlich ist die Koexistenz von ärmlichen Verhältnissen und katastrophalen hygienischen Bedingungen einerseits sowie dem Vorhandensein hochmoderner Ausstattung und der ausgezeichneten Qualifikation der Ärzte andererseits. Die Behandlung ist kostenlos, und was mich persönlich beeindruckt hat, war die Kampagne der Regierung zur Geburtenkontrolle, nämlich das kostenlose Einsetzen des Intra-Uterin-Pessar (IUP). Ernüchternd war allerdings, dass die meisten Frauen beschnitten waren, und obwohl dies in Ägypten mittlerweile verboten ist, wird dieser Brauch sogar in gebildeten Gesellschaftsschichten immer noch praktiziert. Die Kasr Al Ainy-Universität genießt ein hohes Ansehen, und der Zugang zum Medizinstudium ist nur den Besten vorbehalten. Die ägyptischen Studenten machen das Praktische Jahr im siebten Studienjahr, im Unterschied zu Deutschland nach ihrem Abschlussexamen. Sie müssen nur an bestimmten Tagen anwesend sein und eine Art Katalog an gesehenen Operationen und Untersuchungen erfüllen. Die Unterrichtssprache ist offiziell Englisch, allerdings wird in Wirklichkeit ein Gemisch aus Englisch und Arabisch gesprochen. Wer im Unterschied zu mir kein individuell geplantes PJ in Kairo verbringt, sondern eine durch die bvmd vermittelte Famulatur im Rahmen der Sommerschule in einer internationalen Gruppe macht, erhält an der Kasr Al Ainy-Universität nicht nur eine Betreuung rund um die Uhr inklusive eines Freizeit- und Reiseprogramms, sondern kommt auch in den Genuss eines speziell für die Austauschstudenten organisierten Unterrichts mit sowohl praktischen als auch theoretischen Anteilen.

Spontanbesserung wird abgewartet

Ob die Teilnahme an der Fortbildung für iranische Ärzte oder der praktische Unterricht in der Ambulanz: Meine Zeit in der Kinderhepatologie war die lehrreichste. In der Ambulanz werden die Kinder zügig auf einfachen Tischen untersucht, der Patientenumsatz ist hoch. In Ägypten ist Hepatitis A endemisch, die Durchseuchung erfolgt bereits im Kindesalter. Die Kinder werden nicht sofort behandelt, sondern erst einmal beobachtet, und es wird eine Spontanbesserung abgewartet. Die klinischen Symptome wie Hepatomegalie, Aszites und sogar Enzephalopathie mit Koma (der Vater brachte das bewusstlose Kind in den Armen) bei Kindern zu erleben, ist eine Erfahrung, die man in Deutschland aufgrund der frühen Diagnostik und der sofortigen medizinischen Behandlung ganz sicher nicht macht. Auch seltene genetische Krankheiten, die in einigen Regionen des Landes aufgrund der

Verwandtenehen gehäuft auftreten, waren kein Einzelfall. Einige der Krankheiten waren auf Enzymdefekte zurückzuführen und eigentlich therapierbar, wenn die Medikamente für die Familien erschwinglich wären.

Heiratsanträge sollte man nicht zu streng beurteilen

„Wie hältst du das bloß aus? Man wird auf so eine sexuelle Art und Weise angeschaut und angemacht." Was man als Frau sofort an eigener Haut erlebt, ist das mehr als ungewohnte Verhalten der ägyptischen Männer, das von Anmachen und Kommentaren auf den Straßen bis hin zu unmoralischen Angeboten sogar seitens der Kollegen reicht. Die europäischen Frauen werden als sehr freizügig angesehen, wobei das Wissen um sie oft allein auf Hörensagen und dem in Ägypten zu empfangenden westlichen Fernsehen basiert. Im Krankenhaus machte ich die Erfahrung, dass es fast unmöglich war, sich mit einer ägyptischen Frau anzufreunden, während Männer häufig ihre Hilfe und Freundschaft anboten. Die möglicherweise folgenden Heiratsanträge oder Wünsche nach Beziehung sollte man nicht zu streng beurteilen: Ägypten ist ein islamisches Land mit steifen Regeln und Sitten, was die Beziehung zwischen Mann und Frau angeht. Geheiratet wird erst, wenn der männliche Part genug Geld hat, um seiner Zukünftigen ein eigenes Heim bieten zu können, in dem die Möbel nicht fehlen dürfen. Liebe ist dabei nicht selten sekundär.

Land der Gegensätze

In Ägypten scheinen die westlich-europäische und arabisch-islamische Kultur aufeinander zu prallen, denn der mächtige Strom von Touristen, der die Haupteinkommensquelle des Landes darstellt, lässt das Leben der Menschen nicht unbeeinflusst und macht es zu einem Land der Gegensätze: Bis auf die Augen vermummte Frauen Hand in Hand mit europäisch gekleideten, religiös geprägte konservative Ansichten koexistieren mit freizügigem Sextourismus. Aber abgesehen davon: Die Hilfsbereitschaft und die Freundlichkeit der Ägypter sind einzigartig. Ihre Fähigkeit, das Leben locker zu sehen sowie ihr Sinn für Humor, der wohl für das ständige Lachen und Scherzen während der Arbeit im Krankenhaus verantwortlich war, haben mich tief beeindruckt. Das historisch reiche Land zu bereisen, interessanten Charakteren aus aller Welt zu begegnen sowie eine vollkommen andere Kultur kennen zu lernen, war eine der wertvollsten Erfahrungen meines Lebens. „See you again in Egypt", haben mir viele Ägypter vorhergesagt. Und da lagen sie gar nicht so falsch!"

Hammerexamen reloaded: Neue Prüfungsordnung ab 2014!

Ab 2014 greift die neue Approbationsordnung (AO). Auch wer kein Freund großer Veränderungen ist, muss zugeben, dass einige der hier getroffenen Maßnahmen durchaus sinnvoll sind.

Hammerexamen gesplittet

Während bisher der schriftliche und der mündliche Teil des Hammerexamens NACH dem PJ absolviert wurden, sind die Prüfungen nach neuer AO zeitlich gesplittet:

Schriftliche Prüfung	Praktisches Jahr	**Mündliche Prüfung**

Um die PJler zu entlasten, soll der schriftliche Teil künftig direkt nach dem 10. Semester stattfinden. Nur der mündliche Teil der Prüfung ist dann noch nach dem PJ zu absolvieren. Dank dieser Neuregelung sollen sich die angehenden Ärzte während des PJ auf die klinisch-praktische Tätigkeit konzentrieren und ihre ärztlichen Kompetenzen verfestigen, ohne sich gleichzeitig auf die schriftlichen Prüfungen vorbereiten zu müssen. Darüber hinaus ist das Vorziehen der schriftlichen Prüfung auch deshalb sinnvoll, weil du erstens nach dem 10. Semester noch im „Lernmodus" bist und zweitens vorbereitet ins PJ gehst.

Künftig DREI Examina

Künftig werden drei Examina im Verlauf des Medizinstudiums unterschieden:

- Erster Abschnitt der Ärztlichen Prüfung („Physikum")
- Zweiter Abschnitt der Ärztlichen Prüfung („Schriftlicher Teil des alten Hammerexamens")
- Dritter Abschnitt der Ärztlichen Prüfung („Mündlicher Teil des alten Hammerexamens")

Übergangsregelungen 2014

Die Examina im **Frühjahr und Herbst 2014** können sowohl nach neuer als auch nach alter AO absolviert werden. Entscheidend ist, wann das PJ begonnen wird. Stichtag ist der 31. August 2013. Studenten, die im August 2013 mit dem PJ beginnen, werden den schriftlichen Teil nach dem PJ absolvieren; Studenten, die nicht im August 2013 zum PJ antreten, müssen dann den schriftlichen Teil vor dem PJ absolvieren. So werden im Frühjahr und Herbst 2014 Studenten sowohl nach alter AO das Examen im Anschluss an das PJ und zusätzlich die Studenten nach neuer AO bereits vor dem PJ schreiben.

Auf einen Blick:

PJ-Beginn	Examen	Praktisches Jahr	Examen
Feb 13		**Feb. 13 – Jan. 14**	schriftlich April 14 mündlich Mai/Juni 14
Aug 13		**Aug. 13 – Jul. 14**	schriftlich Okt. 14 mündlich Nov./Dez. 14
Mai 14	schriftlich April 14	**Mai 14 – Apr. 15**	mündlich Mai/Juni 15
Nov 14	schriftlich Okt. 14	**Nov. 14 – Okt. 15**	mündlich Nov. /Dez. 15

Studenten, die im Herbst 2013 scheinfrei sind, haben die Wahl:
Sie können sofort ins PJ gehen und das Hammerexamen nach alter AO ungeteilt ab Herbst 2014 (oder später) absolvieren, oder nicht zum PJ anzutreten und das Hammerexamen nach neuer AO absolvieren, d. h. sie lassen sich im Frühjahr 2014 schriftlich und dann nach dem PJ im Mai oder Juni 2015 mündlich prüfen.

Was wird geprüft?

Die Approbationsordnung sieht keine wesentlichen inhaltlichen Änderungen der **schriftlichen** Prüfung vor. Es werden weiterhin klinische Fächer in Form von Einzel- und Fallfragen (320 MC-Fragen aus allen Fachgebieten der Medizin an drei Tagen) geprüft. Auch für den **mündlich-praktischen** Teil (in Vierergruppen an zwei Tagen in jeweils 45 bis 60 Minuten pro Prüfling pro Tag) wurden keine neuen Inhalte definiert.

Der schriftliche Teil des zweiten Abschnitts

Im schriftlichen Teil wirst du an drei Tagen insgesamt 320 Multiple-Choice-Fragen beantworten müssen.

Der mündlich-praktische Teil

Im mündlich-praktischen Teil wirst du an zwei Prüfungstagen in Innerer Medizin, Chirurgie, dem Wahlfach aus deinem PJ und einem weiteren vierten Fach im Rahmen einer Patientenvorstellung geprüft. Die Prüfungszeit ist dabei für jeden Teilnehmer auf maximal eine Zeitstunde Prüfungsgespräch gesetzlich begrenzt. Vorher bekommst du einen Patienten zugewiesen, den du dann anschließend in der mündlich-praktischen Prüfung vorstellst.

Bestehen der Prüfung/Notenberechnung

Die Einzel-Note für den Zweiten Abschnitt der Ärztlichen Prüfung ergibt sich wie schon beim ersten Abschnitt zu gleichgewichteten Teilen aus der schriftlichen und der mündlich-praktischen Prüfung, aus denen eine Durchschnittsnote ermittelt wird. Wie wird nun die Gesamtnote des Studiums berechnet? Mit der Note aus dem ersten Examen am Ende der ersten beiden Studienjahre wird nun die Note im zweiten Examen zu einer Gesamtnote verrechnet, wobei die Note des zweiten Abschnitts zwei Drittel ausmacht.
Gesamtnote = Note erster Abschnitt (zu 1/3) + Note zweiter Abschnitt (zu 2/3)
Beispiel:
erster Abschnitt – Note 4
zweiter Abschnitt – Note 2
4*1/3 + 2*2/3 = 1,3 + 1,3 = 2,6 = Gesamtnote Befriedigend (3)

Neue AO (ab 2014): Die Gesamtnote ergibt sich wie folgt: Die Note aus dem ersten Abschnitt wird verdoppelt, die Noten aus dem zweiten und dritten Abschnitt werden verfünffacht und die Summe durch zwölf geteilt.

UNSER TIPP

100-Tage-Lernplan

Der 100-Tage-Lernplan von MEDI-LEARN ermöglicht eine systematische, prüfungsrelevante und zeitökonomische Prüfungsvorbereitung auf das Zweite Staatsexamen:

- www.medi-learn.de/STF911

ZUSAMMENFASSUNG

Zweiter Abschnitt des Medizinstudiums

Die Fächer des klinischen Studienabschnitts im Überblick
Der zweite Abschnitt des Medizinstudiums umfasst die Semester fünf bis zwölf, davon werden das elfte und zwölfte Semester als sogenanntes Praktisches Jahr (PJ) absolviert. Am Ende des theoretischen Studiums wartet nach zehn Semestern der schriftliche Teil der Abschlussprüfung des Zweiten Abschnitts der Ärztlichen Prüfung, nach dem PJ wird der praktische Teil absolviert (siehe Seite 159 ff).

Klinische Fächer der Medizin
Wichtige, umfangreiche Fächer im klinischen Abschnitt sind z. B. Innere Medizin (Lehre von den inneren Erkrankungen), die Chirurgie (Lehre von der direkten Behandlung von Krankheiten durch instrumentelle Eingriffe), die Neurologie (Nervenheilkunde), die Pädiatrie (Kinderheilkunde), die Gynäkologie (Frauenheilkunde und Geburtshilfe) und die Allgemeinmedizin (siehe Seite 161).

Pflichtfächer und Wahlfächer
Die Approbationsordnung unterscheidet zwischen themenreichen Haupt- oder Pflichtfächern (insgesamt 21 an der Zahl, die in benoteter Form auf dem Abschlusszeugnis erscheinen) und sogenannten Querschnittsfächern (insgesamt 39, thematisch breiter gestreut). Aus einem fest umrissenen Katalog an Wahlfächern ist eines auszuwählen, das im Zeugnis aufgeführt wird, aber nicht in die Benotung eingeht (siehe Seite 162).

Famulaturen
Eine Famulatur stellt ein Praktikum auf der Seite des ärztlichen Dienstes in Einrichtungen des Gesundheitswesens (Krankenhaus, Behörde, Praxis) dar. Als Student musst du insgesamt vier Monate Famulaturen ableisten (siehe Seite 163).

Das Praktische Jahr (PJ)
Das letzte Jahr des Studiums wird komplett in einem akademischen Lehrkrankenhaus der Universität, einer akademischen Lehrpraxis (Hausarzt) oder an der Universitätsklinik selbst absolviert. Es ist in insgesamt vier Teile zu je 16 Wochen (sogenannte Tertiale) aufgeteilt (siehe Seite 168).

Die Abschlussprüfung im Medizinstudium
Nach fünf Jahren steht die theoretisch-schriftliche Abschlussprüfung, bekannt als Zweiter Abschnitt der Ärztlichen Prüfung auf dem Plan. Nach dem PJ folgt der Dritte Abschnitt der Ärztlichen Prüfung in mündlich-praktischer Form.

Notenberechnung
Die Gesamtnote ergibt sich wie folgt: Die Note aus dem ersten Abschnitt wird verdoppelt, die Noten aus dem zweiten und dritten Abschnitt werden verfünffacht und die Summe durch zwölf geteilt (siehe Seite 177).

Mehr Cartoons unter:
www.medi-learn.de/cartoons
www.facebook.de/medilearn

Auf Nummer sicher gehen

Wichtiges zum Versicherungsschutz

Versicherungen – nein, danke, benötige ich noch nicht! Das hört man häufig in Kreisen der (Medizin-)Studierenden. Doch: Ohne sie scheint es auch nicht zu gehen. Wie also schaut es aus in Sachen Versicherung? Für einige Risiken, wie z. B. das Autofahren oder den finanziellen Schutz bei Krankheiten schreibt der Gesetzgeber eine Versicherung pflichtmäßig vor. In anderen Bereichen, wie z. B. der Unfallversicherung, ist man zumindest in der Uni, beim Job und auf dem Hin- und Rückweg automatisch über die Berufsgenossenschaft in die staatliche Fürsorge eingeschlossen. Für wieder andere Belange hätte man vielleicht gerne eine Versicherung, z. B. für seinen Laptop oder sein Mountainbike.
Und: Gerade Medizinstudenten sollten in Sachen Versicherungen die Ohren spitzen – schließlich ist ihr Betätigungsfeld der Körper der Patienten! Was passiert denn im hoffentlich nicht eintretenden, aber denkbaren Fall, dass ein Patient durch studentisches Versagen Schaden erleidet?

Also: Was sind die wichtigsten Versicherungen für Medizinstudenten und angehende Ärzte? Worauf ist bei Abschluss einer Versicherung zu achten? Wo steckt der Teufel im Detail der Versicherungsbedingungen? Auf welche Leistungen kann man getrost verzichten, welche sind unabdingbar? Zur Beantwortung dieser Fragen haben wir mit Karl-Heinz Silbernagel von unserem Kooperationspartner Deutsche Ärzteversicherung einen sachkundigen Autor gewinnen können. Doch dieses Kapitel kann nur einen kurzen Einblick in die wichtige Thematik geben. Wir stellen dir an dieser Stelle wichtige Versicherungen ausführlich vor. In einem gesonderten PDF, das gratis zum Download unter www.medi-learn.de/STF912 auf dich wartet, findest du weitere Tipps auch zu anderen Versicherungen (z. B. Rechtsschutz-Versicherung, Berufsunfähigkeits-Versicherung), auf die wir aus Platzgründen an dieser Stelle verzichten mussten. Jeder Medizinstudent und spätere Arzt sollte sich im Eigeninteresse intensiv mit dem Thema beschäftigen.

Ein absolutes Muss: Die Haftpflichtversicherung

Haftung kann weltweit und zu jeder Zeit eingefordert werden, wenn ein Schaden – bei der Ausübung des Berufs oder als Privatperson – durch eigenes Verschulden entstanden ist. Dabei ergibt sich lediglich die Unterscheidung nach Berufs- und Privathaftpflicht, die allerdings für Ärzte von enormer Bedeutung ist, da die beruflichen in der Regel die privaten Risiken deutlich übersteigen. Oftmals sind Medizinstudenten für die Dauer ihrer Ausbildung noch über die Privathaftpflicht der Eltern versichert. Diese gilt in der Regel bis zum Abschluss des Studiums. Aber Achtung: In Einzelfällen wie zum Beispiel bei Heirat und je nach Vertrag der Eltern muss man eventuell selbst für die Privathaftpflicht sorgen. Noch einmal anders stellt sich die Situation in Sachen Berufshaftpflicht dar, die wir im nachfolgenden Abschnitt ausführlich vorstellen und ihren wichtigen Stellenwert für Mediziner erläutern möchten.

In der Fürsorgepflicht der Uni

Als Medizinstudent bewegt man sich zumeist unter der Obhut des Staates, genauer des Bundeslandes als Träger der jeweiligen Uni bzw. Uniklinik. Das bedeutet, dass die Uni mit Aufsichts- und Fürsorgepflichten für ihre Studenten betraut ist. Diese Verantwortung wird in der Praxis durch die Uni an die zuständigen Dozenten und Ärzte delegiert.

Kommt es also unter der Aufsicht des ausbildenden Arztes zu einem Schaden durch einen Medizinstudenten in der Uniklinik, so ist dafür regelmäßig auch die Klinik selbst im Rahmen ihrer eigenen Krankenhaushaftpflicht oder ihrer „Eigenversicherung“ verantwortlich.

Aber Achtung: Zwar greift im „Außenverhältnis“ gegenüber dem Patienten bzw. Anspruchsteller der Schutz durch die Uni, im „Innenverhältnis“ kann dies jedoch ganz anders aussehen. Hier hält die Uni ihre Haftung häufig auf „leichte oder mittlere Fahrlässigkeit“ begrenzt, wohingegen sie bei so genannter „grober Fahrlässigkeit“ ihrem ärztlichen Personal letztlich keinen Schutz bietet. In der Praxis bedeutet dies, dass nicht auszuschließen ist, dass sich die Klinik an dem Aufsicht führenden Arzt schadlos halten will. Es kann sogar passieren, dass sich die Klinik direkt (oder der Aufsicht führende Arzt) an den Studenten, der den Schaden „grob fahrlässig“ verursacht hat, wendet – oder in der Sprache der Juristen, ihn in „Regress“ nimmt. Die Berufshaftpflicht muss deshalb die „grobe Fahrlässigkeit“ einschließen!

Diese Problemstellung wird durch die Approbationsordnung und ihren erhöhten Patientenbezug verstärkt. Ergänzend zu den Famulaturen und zum Praktischen Jahr führt die Approbationsordnung Medizinstudenten viel früher zu patientennahen Tätigkeiten und dies nicht nur in der Klinik, sondern auch in Arztpraxen.

Die Berufshaftpflichtversicherung ist die wichtigste Versicherung für Mediziner. Sie übernimmt die Überprüfung der von den Patienten, ihren Angehörigen oder den Anwälten vorgetragenen Forderungen. Am Ende einer solchen Prüfung, für deren Kosten die Versicherung aufkommt, steht entweder die Abwehr unberechtigter Forderungen oder die Befriedigung berechtigter Forderungen. Die Kosten eines Strafverfahrens werden allerdings von der Berufshaftpflicht in der Regel nicht abgedeckt. Für diese Fälle empfiehlt sich der Einschluss des so genannten Straf-Rechtsschutzes in die Berufshaftpflicht oder der Abschluss einer eigenen Rechtsschutzversicherung.

Was muss ich versichern?

Eine Berufshaftpflicht sollte Schäden an Personen, Sachgegenständen und Vermögen abdecken. Wichtig für den beruflichen Bereich ist, dass die Berufshaftpflicht dabei alle Tätigkeiten umfasst, also neben der Tätigkeit im Krankenhaus auch alle Zusatzrisiken (z. B. Tätigkeit als Notarztpraktikant) und auch die so genannten außerdienstlichen Tätigkeiten wie Erste Hilfe oder Freundschaftsdienste. Besonderheiten wie Auslandsaufenthalte müssen stets mitversichert werden. Dies gilt natürlich auch bei einer Famulatur im Ausland! Wichtig: Tätigkeitsänderungen unbedingt dem Versicherer melden! Der Versicherungsschutz wird in der Berufshaftpflicht nach Deckungssummen bemessen und sollte mindestens betragen für:

- Personenschäden und Sachschäden: 5.000.000 € pauschal
- Vermögensschäden: 1.000.000 €

Für Medizinstudenten dürften diese Summen ausreichend sein. Höhere Deckungssummen können von Fall zu Fall insbesondere bei gefahrgeneigten Tätigkeiten aber durchaus angebracht sein. Wer schon einmal eine Famulatur in Übersee absolviert hat, der weiß, dass US-Kliniken wesentlich höhere Deckungssummen verlangen.

€ **PRODUKT-TIPP**

Versicherung

Für seine studentischen Mitglieder ab dem 1. Semester hat der Hartmannbund mit der Deutschen Ärzteversicherung ein günstiges Angebot entwickelt. Infos hier:

- www.medi-learn.de/STF913

Per Gesetz verordnet: Die Kfz-Versicherung

Die Kraftfahrzeug-Haftpflichtversicherung ist vom Gesetzgeber zwingend vorgeschrieben. Damit ist der durch eigenes Verschulden verursachte Schaden an einem anderen Fahrzeug oder einer Person abgedeckt. Wer schon ein eigenes Auto fährt, genauer gesagt, auf wen bereits ein eigenes Fahrzeug zugelassen ist, der weiß: Ohne Versicherungsschutz für die Haftpflicht keine Zulassung.

> **UNSER TIPP**
>
> **Teil- und Vollkasko**
>
> Durch die Vereinbarung von Selbstbeteiligung lassen sich die Beiträge für Teil- oder Vollkasko verringern.

Teilkasko und Vollkasko sind demgegenüber eine Sache der eigenen Risikoeinschätzung bzw. des Geldbeutels. Werden bei Teilkasko nur Schäden am eigenen Fahrzeug durch bestimmte Ereignisse, wie z. B. Feuer, Blitzschlag oder Diebstahl, übernommen, kommt die Vollkasko sogar für selbst verschuldete Unfallschäden am eigenen Fahrzeug auf. Auch mutwillige Beschädigungen durch Dritte übernimmt die Vollkasko.

Alles eine Frage des Preises! Wirklich alles? Die Preisfrage

„Welche Kfz-Versicherung ist am günstigsten?" – diese Frage ist bei Studenten naheliegend. Über Versicherungsvergleiche im Internet wird der vermeintlich günstigste Anbieter herausgesucht. Der Preis als Entscheidungskriterium mag eine wichtige Komponente bei Abschluss einer Versicherung sein – doch welche Überlegungen können noch von Bedeutung sein? Einige Fragen mögen verdeutlichen, dass bei der Kfz-Versicherung neben dem Preis die Leistungsstärke und der Service im Fokus stehen sollten: Wie sind die Schäden bei eigenen Auslandsreisen versichert, wenn ein im Ausland versichertes Fahrzeug den Unfall verursacht hat oder wenn ich mit einem Mietfahrzeug im Ausland einen Unfall verursache? Besteht für den Versicherer bei der Kaskoversicherung die Möglichkeit, bei einem Schaden unter Verweis auf „grob fahrlässiges Verhalten" die Leistung zu verweigern? Ist eine längere Neupreisentschädigung in der Kaskoversicherung Bestandteil des Versicherungsschutzes und sind auch Zulassungs- und Überführungskosten für das neue Fahrzeug abgedeckt? Sind alle fest eingebauten Fahrzeug- und Zubehörteile kostenfrei mitversichert?

Also, nicht nur der Preis, sondern vor allem die Leistungen sind entscheidend. Denn schließlich möchten gerade Studenten, die auf ihr Geld achten, sich im Schadenfall auch darauf verlassen können, dass die Versicherung auch wirklich leistet. Dann lieber intelligent sparen, in dem man das Fahrzeug in den qualitätsgeprüften Werkstätten der Versicherung reparieren lässt – und dabei gleichzeitig noch Zusatzleistungen wie ein kostenloses Ersatzfahrzeug für die Dauer der Reparatur bekommt. Dafür gewähren einige Versicherungen nämlich bis zu 15 Prozent Nachlass auf den Kaskobeitrag.

Medizinertarife?

Spezielle Angebote für Mediziner gibt es im Markt kaum. Die Tarifierung erfolgt nach allgemein gängigen Merkmalen bezogen auf das Fahrzeug und den Ort der Zulassung sowie persönlichen Kriterien, vor allem schadenfreie Jahre, Alter oder der jährlichen Fahrleistung. Speziell diese persönlichen Angaben muss man natürlich wahrheitsgemäß beantworten, um den Versicherungsschutz nicht zu gefährden.

Fast alle Versicherer geben einen Nachlass, wenn der Kunde im öffentlichen Dienst tätig ist – was bei einigen angestellten Ärzten der Fall ist. Manche Versicherer bieten einen speziellen Medizinertarif, allerdings erst ab der Approbation.

Versicherungen für „Hab und Gut“: Hausrat, Laptop und Fahrrad

Die Hausratversicherung sichert den gesamten Hausstand (alle Ge- und Verbrauchsgegenstände), wenn dieser durch Feuer, Einbruchdiebstahl, Vandalismus nach Einbruchdiebstahl, Leitungswasser, Sturm und Hagel beschädigt oder zerstört wird oder abhanden kommt. Viele Studenten werden nach dieser Definition nun vielleicht müde lächeln und abwinkend sagen: „Das lohnt sich doch bei meiner Bude nicht“ oder „Ich wohne in einer WG, da funktioniert das nicht“. Das ist natürlich eine Abwägungsfrage. Doch es sind auch Computer, Handys und selbst Fahrräder über die Hausratversicherung geschützt. Und hier merkt mancher Student doch auf, denn das Diebstahlrisiko bei Drahteseln ist bekanntlich besonders hoch.

Fahrradversicherung

In Deutschland werden jedes Jahr rund 500.000 Fahrräder als gestohlen gemeldet. Die Bundesregierung spricht in ihrem Fahrradverkehrsbericht von einem jährlichen Schaden von 150 Millionen Euro. Die Aufklärungsquote liegt jedoch unter 10 %. Daher ist die Nachfrage nach Versicherungsschutz verständlich. Generell zählen Fahrräder als Hausrat und sind somit über die Hausratversicherung unter anderem gegen Einbruchdiebstahl mitversichert. Die meisten Versicherungen ersetzen den Schaden allerdings nur, wenn sich der Diebstahl zwischen 6 Uhr und 22 Uhr ereignet hat oder das Fahrrad in Gebrauch war – also noch benutzt werden sollte, etwa um aus der Kneipe nach Hause zu radeln. Einige wenige Anbieter, wie zum Beispiel AXA, ersetzen den Verlust aber egal zu welcher Tageszeit das Rad geklaut wurde. Abgeschlossen werden muss es aber natürlich immer.

Laptop, Aquarium und Wasserbett

Die Versicherung eines stationären Computers im Rahmen der Hausratversicherung ist unproblematisch. Gegen einen Mehrbeitrag sind oft sogar Überspannungsschäden mitversichert, die dem PC schnell zusetzen können. Aber auch Laptops können heute versichert werden, je nach Vertrag sogar gegen einfachen Diebstahl. Beaufsichtigen muss man das Gerät allerdings immer. Wer also in der Bibliothek arbeitet und gerade mal ein Buch aus einem Regal holen möchte, bittet lieber einen vertrauensvollen Kommilitonen, das Gerät kurz zu beaufsichtigen.
Ein Hinweis für alle stolzen Zierfischbesitzer: Was haben Wasserbetten und Aquarien gemeinsam? Beide sind entspannend – und beide können hohe Wasserschäden verursachen. Dem finanziellen Schaden kann man im Rahmen der Hausratversicherung vorbeugen!
Zum Schluss noch zwei Tipps. Erstens: Wenn die Eltern eine Hausratversicherung besitzen, dann gilt diese in der Regel auch, wenn sich Sohn oder Tochter zum Studium an einem anderen Ort aufhalten. Allerdings nur für Hausratgegenstände, die für diesen Zweck aus der versicherten elterlichen Wohnung entnommen werden (Außenversicherung). Die Entschädigung für die Außenversicherung ist meist begrenzt. Diese Grenze kann allerdings nach Absprache mit dem Versicherer auch angehoben werden. Und zweitens: Den Vermieter fragen, ob die Bude nebst Inhalt vielleicht in seiner Hausratversicherung mitversichert ist – bei „Untervermietung" ist das durchaus üblich.

SURFTIPP @

Hausratversicherung

Eine praktische Berechnungshilfe zur Ermittlung der individuellen Hausratversicherungssumme gibt es unter:

- www.medi-learn.de/STF914

Versicherungsschutz auf Auslandsreisen

In den Semesterferien gehören Reisen in das Ausland zum studentischen Alltag (sei es als normaler Urlaub oder z. B. beim Entschluss eine Famulatur zu machen). An Versicherungen wird dabei selten gedacht, höchstens noch an die Krankenversicherung. Das hat sich nämlich schon herum gesprochen: Der Abschluss einer Auslandsreisekrankenversicherung ist unerlässlich. Denn für Krankheitskosten kommt die studentische bzw. gesetzliche Krankenversicherung nur selten auf.

Unbedingt empfehlenswert: Auslandskrankenversicherungsschutz

Jeder Student besitzt zwar eine eigene Krankenversicherung. Diese gilt jedoch, wenn sie über eine gesetzliche Krankenkasse besteht, nur für Deutschland. Auch die Sozialversicherungsabkommen, die von der Bundesrepublik mit einigen EU-Staaten getroffen wurden, sichern dem Studenten nicht zwingend die Übernahme aller entstandenen Kosten zu. Viele Ärzte stellen zum Beispiel Leistungen in Rechnung, die von der deutschen Kasse später nicht oder nur teilweise übernommen werden. Mit vielen Ländern, die von Medizinstudenten für Urlaubsreisen oder eine Famulatur ausgewählt werden, fehlen aber auch diese Sozialversicherungsabkommen. Das bedeutet im Klartext, dass das Kostenrisiko alleine beim Studenten liegt! Achtung: Versicherungsschutz, d. h. Kostenerstattung gibt es nur für ärztliche Behandlung bei akuten Erkrankungen, Unfällen und stationärer Behandlung sowie schmerzstillender Zahnbehandlung. Leistungen zu Vorerkrankungen oder für absehbare Behandlungen sind vom Versicherungsschutz also ausgeschlossen.

UNSER TIPP

Auslandsversicherung

Unbedingt auf angemessene Regelungen für den Fall eines Rücktransportes aus medizinischen Gründen achten. Denn hier gibt es große Unterschiede, insbesondere bei der Höhe der Kosten, die das Unternehmen übernimmt. Und bei einem Rückflug mit einem Ambulanzflugzeug kommen schnell 100.000 EUR zusammen!

Die Haftpflichtversicherung – ein absolutes „Muss" im Ausland

Der Reiz einer Famulatur im Ausland liegt vielfach darin begründet, dass man im Gastland entweder hohe medizinisch-wissenschaftliche Standards kennen lernen kann, wie zum Beispiel in den USA, oder dass man in hohem Ausmaß praktische Erfahrungen in der Arbeit am und mit dem Patienten machen kann – oft durch sehr niedrige Standards und Mangel an Fachkräften. Letzteres ergibt sich häufig, wenn man sich für ein Dritte-Welt-Land entscheidet. Wer das tut, muss sich im Klaren darüber sein, dass er für sein Handeln im Zweifel auch zur Rechenschaft gezogen werden kann. Im Regelfall wird ein Student sicher nicht in Schadenersatzpflicht genommen werden, weil er in der Obhut einer Klinik oder eines Aufsicht führenden Arztes steht. Dennoch sind direkte Ansprüche aufgrund einer fehlerhaften Behandlung nicht gänzlich auszuschließen. Für diesen Fall ist es wichtig, eine adäquate Haftpflichtversicherung im Rücken zu haben, die im schlimmsten Fall entweder zahlt oder die Ansprüche der Kläger nach Prüfung abweist. Eine wichtige Frage dabei ist, wie hoch die Deckungssummen der Haftpflichtversicherung sein sollten. In der Regel dürften 5 Mio. Euro für Personenschäden ausreichend sein. Wenn jedoch, z. B. in den USA oder Kanada, durch die einstellende Klinik eine höhere Deckungssumme verlangt werden sollte, so ist hierüber mit dem Versicherer eine entsprechende Vereinbarung zu treffen. In jedem Fall sollte die Privathaftpflicht eingeschlossen sein und eine englische sowie französische Versicherungsbestätigung zur Verfügung stehen, die dann auch im Vorfeld bei der Bewerbung um die Auslandsstelle eingesetzt werden kann.

PRODUKT-TIPP €

Famulatur und PJ im Ausland

Für Famulatur und PJ im Ausland hat die Bundesvertretung der Medizinstudierenden in Deutschland (bvmd) zusammen mit der Deutschen Ärzteversicherung tolle Angebote entwickelt. Infos dazu sind zu finden unter:

- Deutsche Ärzteversicherung: www.medi-learn.de/STF915
- Auslandsreisekrankenversicherung: www.medi-learn.de/STF916

Krankenversicherung: Pflicht und Kür

Im Regelfall sind Studenten Pflichtmitglied in der gesetzlichen Krankenversicherung. Eine Befreiung ist nur bei Aufnahme des Studiums oder bei Wegfall der Familienversicherung möglich. Der Befreiungsantrag ist innerhalb von drei Monaten nach Eintritt der Versicherungspflicht zu stellen. Sie gilt nur für die Dauer des Studiums. Die Befreiung wird rückwirkend zu dem Zeitpunkt ausgesprochen, zu dem die Versicherungspflicht eingetreten ist, sofern noch keine Leistungen der gesetzlichen Krankenversicherung in Anspruch genommen wurden. Der Befreiungsantrag ist bei der gesetzlichen Krankenkasse zu stellen, bei der zuletzt eine Mitgliedschaft bestanden hat. Die studentische Krankenversicherung endet einen Monat nach dem letzten Studiensemester, spätestens nach Ablauf des 14. Semesters oder des 30. Lebensjahres. Danach haben die Studenten die Wahl, ob sie sich privat oder freiwillig gesetzlich versichern. Nicht versicherungspflichtige Studenten zahlen einen freiwilligen Beitrag.

Studentenjob

Immer versicherungsfrei sind Studenten, die eine Beschäftigung ausschließlich während der Semesterferien ausüben. Dabei kommt es weder auf die Höhe des Arbeitsentgelts noch auf die Dauer der Beschäftigung oder die Zahl der wöchentlichen Arbeitsstunden an. In der Regel sind Beschäftigungen des Studenten während des Semesters unabhängig von der Höhe des Arbeitsentgelts ebenfalls nicht versicherungspflichtig, wenn die wöchentliche Arbeitszeit dabei nicht mehr als 20 Stunden beträgt. Arbeitet der Student während des Semesters mehr als 20 Stunden pro Woche, so ist er dann versicherungsfrei, wenn die Beschäftigung vorwiegend in den Abend- oder Nachtstunden oder am Wochenende ausgeübt wird und die Arbeitskraft des Studenten überwiegend durch das Studium in Anspruch genommen wird.

Lohnt sich eine private Zusatzversicherung?

Die meisten Studenten sind wie geschildert gesetzlich krankenversichert. Wer bessere Leistungen und/oder mehr Komfort wünscht, der kann seinen Versicherungsschutz durch private Zusatzversicherungen ergänzen. Da gibt es zunächst die unterschiedlichsten Angebote für die stationäre Behandlung, z. B. die Unterbringung im Ein-, Zwei- oder Mehrbettzimmer mit oder ohne privatärztlicher Behandlung sowie die Ergänzungstarife zur ambulanten Heilbehandlung. Wesensmerkmal dieser Angebote ist jeweils, dass die Kosten übernommen werden, für die die Gesetzliche Krankenversicherung nicht oder nur anteilig aufkommt. Art und Umfang des gewünschten Versicherungsschutzes kann man individuell nach Bedarf und Geldbeutel zusammenstellen. Immer jedoch sind bei Antragstellung Gesundheitsfragen zu beantworten, von deren Prüfung der Versicherer letztendlich den zu zahlenden Beitrag abhängig macht. Denn anders als die gesetzlichen Kassen, die jeden ohne Unterschied von Alter, Geschlecht oder Gesundheitszustand versichern (Solidarprinzip), ermitteln die privaten Krankenversicherungen für ihre Kunden einen individuellen Beitrag. Dieser ist von zwei Faktoren abhängig:

- Eintrittsalter: je jünger, desto günstiger der Beitrag
- Gesundheitszustand: Vorerkrankungen können zu einem Angebot mit Beitragszuschlägen, vielleicht sogar Leistungseinschränkungen (sog. Erschwernisangebot) oder zu einer Ablehnung des Antrages führen.

Erschwernisangebote genau prüfen

Kommt es tatsächlich – was bei jungen Versicherten selten der Fall ist – zu einer Annahme mit erhöhtem Beitrag oder Leistungseinschränkung, sollte man gut überlegen, ein solches „Erschwernisangebot" auf Grund der Risikoprüfung abzulehnen.
Denn lehnt man ab, kommt der Versicherungsvertrag nicht zustande. Möglicher Nachteil neben dem fehlenden Versicherungsschutz: Bei einer Antragstellung zu einem späteren Zeitpunkt, z. B. als Arzt während der Assistenzzeit ist anzugeben, dass bereits einmal ein Antrag abgelehnt oder nicht zustande gekommen ist. Außerdem kann sich die Erkrankung bis dahin verschlimmert haben. Da jedoch Mediziner zu einer Berufsgruppe gehören, die auf Grund ihres Einkommens die Möglichkeit haben, sich – nach der durch die Gesundheitsreform geschaffenen dreijährigen „Wartezeit" – von der gesetzlichen zugunsten der privaten Krankenversicherung befreien zu lassen, ist grundsätzlich anzuraten, möglichst frühzeitig (solange man fit und gesund ist) in die private Krankenversicherung einzusteigen. Gibt es ein Erschwernisangebot, sollte man mit dem Versicherer in Verhandlungen treten, ob z. B. zusätzliche Untersuchungen möglich sind, die die Schwere der Erkrankung abklären könnten, und/oder ob eine erneute Überprüfung des Beitragszuschlags nach zwei oder drei Jahren möglich ist.

Sinnvoll: Option auf spätere Versicherung

Wer sich eine private Zusatzversicherung während des Studiums nicht leisten kann oder will, der kann für einen überschaubaren Monatsbeitrag eine Option auf eine spätere private Krankenversicherung abschließen. Diese Option kann dann später ohne erneute Gesundheitsprüfung ausgeübt werden. Zwischenzeitlich aufgetretene Erkrankungen oder eine generelle Verschlechterung des Gesundheitszustands bleiben dann unberücksichtigt!

„Muss – Soll – Kann“
Der Versicherungs-Check-Up für junge Mediziner

Mancher Leser wird sich nun fragen: Welche Versicherung muss ich denn nun wirklich abschließen, worauf könnte ich verzichten bzw. erst zu einem späteren Zeitpunkt meiner Ausbildung und Karriere abschließen? Eine Antwort hierauf gibt „Muss – Soll – Kann“ – Der Versicherungs-Check-Up für junge Mediziner. Die Empfehlungen sollen eine erste Orientierung geben und bei der Entscheidungsfindung helfen. Zur Erläuterung: Die Wertung „Muss“ kann sich z. B. aus einer gesetzlichen Vorgabe oder aus einer berufsrechtlichen Bestimmung heraus ergeben. Sie kann auch durch die Uni oder den späteren Arbeitgeber vorgegeben sein. Mit der Wertung „Soll“ ist eine Empfehlung verbunden, ein bestimmtes Produkt abzuschließen. Und mit „Kann“ ist die „Kür“ beschrieben – da zählt neben der persönlichen Risikoeinschätzung natürlich auch das Budget, das für Versicherungen zur Verfügung steht.

Viel Glück mit den Versicherungen wünscht Karl-Heinz Silbernagel (Deutsche Ärzteversicherung)

Versicherung	Vorklinik	Klinik	PJ	Weiterbildung
Privathaftpflicht	Kann	Kann	Kann	Muss
Berufshaftpflicht	Kann	Soll	Soll	Muss
• Ausland		Muss	Muss	Muss
Rechtsschutz				
• Beruf	Kann	Kann	Soll	Muss
• Verkehr	Soll	Soll	Soll	Soll
• Freizeit	Kann	Kann	Kann	Soll
• Wohnen	Kann	Kann	Kann	Soll
Kfz-Versicherung				
• Haftpflicht	Muss	Muss	Muss	Muss
• Teilkasko	Soll	Soll	Soll	Soll
• Vollkasko	Kann	Kann	Kann	Kann
Hausrat	Kann	Kann	Kann	Soll
• Fahrrad	Kann	Kann	Kann	Kann
• Laptop	Kann	Kann	Kann	Kann
Krankenversicherung	Muss	Muss	Muss	Muss
• Ausland	Muss	Muss	Muss	Muss
• Option auf Vollversicherung	Kann	Soll	Soll	Soll
Berufsunfähigkeit	Kann	Soll	Muss	Muss
Unfallversicherung	Kann	Soll	Soll	Soll

Versicherung	Check it
Privathaftpflicht	Versicherungsschutz über Eltern klären
Berufshaftpflicht	Ggf. Versicherung durch Uni vorgeschrieben
Rechtsschutz	Versicherungsschutz über Eltern klären, Verkehrs-Rechtsschutz ggf. über Automobilclub vorhanden?
Kfz-Versicherung	Gesetzliche Vorgabe; Selbstbehalt wählen (nur bei Neuwagen oder bei Finanzierung)
Hausrat	Versicherungsschutz über Eltern oder Vermieter klären
Krankenversicherung	Befreiung von GKV bei Studienbeginn prüfen, Famulatur und PJ sind keine Auslandsreise
Berufsunfähigkeit	Die Deutsche Ärzteversicherung wurde bei dieser Produktpalette von der Stiftung Warentest mehrfach mit „Sehr gut" bewertet.
Unfallversicherung	Spezialtarife für Mediziner abfragen

ZUSAMMENFASSUNG

Wichtiges zum Versicherungsschutz

Absolutes Muss: Haftpflichtversicherung
Eine Berufs- und Privathaftpflichtversicherung kommt für z. B. aus Unachtsamkeit oder Fahrlässigkeit im Berufs- oder Privatleben verursachte Schäden an Personen, Sachen oder Vermögen auf (siehe Seite 180).

Fürsorgepflicht der Uni ist begrenzt
Medizinstudenten sind in der Regel über die Krankenhaushaftpflicht abgesichert. Bei grober Fahrlässigkeit kann es allerdings vorkommen, dass die Uni dich als Schadensverursacher in Regress nimmt. Eine zum Schutz abgeschlossene Berufshaftpflichtversicherung muss deshalb grobe Fahrlässigkeit mit einschließen. Die Berufshaftpflichtversicherung kommt für Schäden an Personen, Sachen und Vermögen auf und sollte Haupt- und Nebentätigkeiten des beruflichen Alltags umfassen. Empfehlenswerte Deckungssummen: Personenschäden / Sachschäden (5.000.000 €) und Vermögensschäden (1.000.000 €) (siehe Seite 181).

Hausrat und Fahrrad, Laptop, Aquarium und Wasserbett
Eine Hausratversicherung schützt den Hausstand vor Schäden durch z. B. Feuer oder Einbruch. Auch PC´s und Fahrräder sind – allerdings unter z. T. besonderen Bedingungen – mitversichert. Die Aufnahme einer gesonderten Fahrrad-Klausel in die Hausratversicherung oder der Abschluss einer separaten Fahrrad-Versicherung kann daher sinnvoll sein. Auch bei Laptop, Aquarium und Wasserbett gibt es den Versicherungsschutz (siehe Seite 184).

Versicherung bei Auslandsaufenthalt: Kranken und Haftpflicht
Der Abschluss einer Auslandsreisekrankenversicherung ist unbedingt empfehlenswert, um das Kostenrisiko im Falle einer medizinischen Behandlung ausserhalb Deutschlands zu minimieren. Der Abschluss einer Haftpflichtversicherung ist ebenfalls ein absolutes Muss im Rahmen eines Auslandsaufenthaltes (siehe Seite 186).

Pflicht und Kür bei der Krankenversicherung
Studenten sind Pflichtmitglied in der gesetzlichen Krankenversicherung (bis 25. Lebensjahr mitversichert über die Familienversicherung). Sie können sich u. U. befreien lassen und in die private Krankenversicherung wechseln. Spätestens nach 14 Semestern endet die studentische Krankenversicherung. Sie kann dann wahlweise durch eine private oder freiwillig-gesetzliche Krankenversicherung fortgeführt werden (siehe Seite 187).

Muss – Soll – Kann: der Versicherungs-Check-Up für junge Mediziner
Unser Versicherungs-Check-Up bietet jungen Medizinern genaue Antworten, welche Versicherungen unverzichtbar, welche sinnvoll oder aber nur ergänzend nötig sind (siehe Seite 190).

Über den Tellerrand schauen

Die Bundesvertretung der Medizinstudierenden in Deutschland (bvmd) stellt sich vor

Willkommen in deinem Medizinstudium. Wir alle haben uns aus den verschiedensten Gründen für dieses Studienfach entschieden: Forschergeist? Gute Abitur-Noten? Deine Eltern sind Ärzte? Helferkomplex?
Medizinstudierende haben aber eins in jedem Fall gemeinsam: ihr Studium. Uns alle verbindet auch, dass bei niemandem und bei nichts alles immer so läuft, wie man es gerne hätte. Das gilt im Medizinstudium genau wie im ganzen Leben. Spätestens wenn die ersten Prüfungen bevorstehen, merkt jeder, wo er noch Hilfe braucht. Und wo er anderen helfen kann!
Weil wir keine Egoisten sind, die prüfungsrelevante Seiten aus den Büchern in der Bibliothek reißen – alles schon vorgekommen – sollte jeder Mediziner dem anderen helfen, wo er kann. Das fängt damit an, dass man dem Sitznachbarn im Hörsaal nochmal kurz die letzte Formel in Biochemie erklärt oder den Namen des gesuchten Medikaments verrät. Die nächste Stufe ist die medizinische Fachschaft deiner Universität, wo die Hilfe allen Studierenden an deiner Fakultät gilt. Einander helfen ist wichtig! Schließlich haben wir – so verschieden wir sind – alle das Ziel, später als Mediziner anderen Menschen zu helfen. Als gemeinsame Stimme all dieser angehenden Ärzte in Deutschland gibt es die **Bundesvertretung der Medizinstudierenden in Deutschland**, die bvmd. Sie und ihre Vorgängerorganisationen bringen bereits seit 1951 die Mediziner aus allen deutschen Unis zusammen. Die bvmd ist die Vertretung aller Medizinstudierenden in der Bundesrepublik und arbeitet auf vielen Ebenen für dich und dein Studium.

Deine Vertreter vor Ort

Auf lokaler Ebene wirst du die bvmd in Form deiner Fachschaft kennenlernen. Jede der 37 Fakultäten hat einen Kreis von engagierten Studierenden, die vor Ort die Vertretung der Studenten übernimmt und dabei viele interessante Projekte organisiert – etwa über die Verwendung deiner Studiengebühren mitentscheidet, mit dem Dekanat über Studien- und Prüfungsordnung berät und auch mal große Partys veranstaltet. Wenn du nicht nur deinem Nachbarn in der Prüfung, sondern deinem ganzen Semester helfen willst, dann hast du in der Fachschaft die Gelegenheit dazu.

Ständiger Kontakt zwischen 37 Fakultäten

Auf nationaler Ebene treffen sich diese 37 Fachschaften, oder nach der bvmd „Lokalvertretungen“, mindestens dreimal im Jahr an wechselnden Orten in Deutschland. Hier tauschen sich über 150 Interessierte aus allen Ecken der Republik über aktuelle Themen und Probleme aus. Ein Treffen im Wintersemester ist ein großer „Bundeskongress" mit 500 Medizinstudierenden. Verschiedene Arbeitsgruppen sind die Experten in den einzelnen Arbeitsfeldern und helfen dir bei der Organisation vieler Projekte an deiner Uni. Wir ziehen gemeinsam an einem Strang, um mehr erreichen zu können.

Von der Ausbildung bis zur Entwicklungshilfe

AGs, das heißt Arbeitsgruppen mit speziellen Themen aus unterschiedlichen Bereichen der Medizin und des Studiums, gibt es derzeit neun in der bvmd:

- Die AG Europäische Integration organisiert innereuropäische Projekte zum kulturellen Austausch und der Förderung des Europäischen Gedankens.
- Die AG Famulantenaustausch vermittelt Medizinstudierende für deren Famulaturen in die ganze Welt.
- Die AG Forschungsaustausch lässt dich an Forschungsprojekten im Ausland mitarbeiten.
- Die AG Gesundheitspolitik bringt sich in die aktuellen Entwicklungen im Gesundheitswesen und ärztlichen Arbeitsalltag ein.
- Die AG Medizinische Ausbildung arbeitet für eine bessere Lehre in der Medizin.
- Die AG Medizin & Menschenrecht befasst sich mit ethischen und menschenrechtlichen Fragen.
- Die AG Public Health & Entwicklungszusammenarbeit beschäftigt sich mit Präventionsprojekten in Deutschland, vermittelt die Teilnahme an Public Health Projekten in Entwicklungsländern und setzt sich für Themen der Global Health in der medizinischen Ausbildung ein.
- Die AG Sexualität & Prävention engagiert sich für die Aufklärung von Schülern über sexuell übertragbare Krankheiten.
- Die AG Palliativmedizin fordert eine stärkere Einbindung dieses Faches in unser Studium.

Jede dieser AGs bietet auf den Versammlungen einen Workshop an, in der die Teilnehmer sich weiterbilden können und neue Aktionen oder Projekte ausgearbeitet werden. Frische Ideen und kreative Köpfe sind dabei jederzeit willkommen.

Die bvmd und Arbeitsgemeinschaften werden durch die Trainingssparte unterstützt, welche Seminare zu Soft Skills gibt.

Europäischer Wind in deiner Stadt

Du hast Interesse über die Grenzen Deutschlands hinaus zu blicken? Du willst dir ein Stück Europa in deine Stadt holen? Du willst wissen, was echter „blue spirit" ist? Dann bist du bei der AG Europäische Integration (AG EI) genau richtig!
Die AG Europäische Integration kam zum ersten Mal 2007 innerhalb der bvmd zusammen und bestand eigentlich aus Vertretern der „European Medical Student's Association" (EMSA). Die EMSA ist ein europäischer Verein der sich nur aus Lokalvertretungen und einem europäischen Vorstand zusammensetzt. Die AG EI bildet den Knotenpunkt zwischen der bvmd, den EMSA-Lokalgruppen und dem Europavorstand der EMSA.
Neben einigen politischen Themen, wie z. B. dem Bologna Prozess, über die auf den Meetings der EMSA oder Treffen der AG diskutiert wird, lassen sich über die EMSA auch zahlreiche lokale Projekte verwirklichen.
Um dir echten europäischen Wind in deine Stadt zu holen, kannst du mit der EMSA zum Beispiel ein „Twinning" veranstalten. Das bedeutet, du besuchst eine Woche mit deiner Lokalgruppe eine andere Lokalgruppe irgendwo in Europa, die dann auch eine Woche zu euch kommt. Das kann durchaus auch im Semester sein, denn beim „Twinning" genießt du sowohl den kulturellen Austausch, kannst aber auch in die medizinische Ausbildung anderer Länder hineinschnuppern. Es gibt in deiner Stadt noch keine EMSA Gruppe?! Wir können dir mit Rat und Tat zur Seite stehen, sodass du schon nach kurzer Zeit mit verschiedenen Projekten starten kannst. Wir sind die Brücke zwischen bvmd und EMSA nicht nur auf nationaler sondern auch auf europäischer Ebene!

Aktuelle Schwerpunkte der AG Europäische Integration sind die Förderung und Verbesserung der Integration ausländischer Medizinstudenten in Deutschland. Im Rahmen des Projekts „Erasmus Medicus" versuchen wir die bisher oftmals sehr unpersönliche Betreuung ausländischer Studierender, z. B. im Rahmen des ERASMUS-Programms zu verbessern. Weiterhin versuchen wir Inputs und Impulse zu denen auf europäischer Ebene diskutierten Positionspapieren zu den Themen „Medizinische Ausbildung" und „Gesundheit und Migration in Europa" zu liefern. Auch die Debatte über die Integration europäischer Gesundheitssysteme wird bei uns eng verfolgt und mit diskutiert. Wer eines unserer Projekte lokal umsetzen möchte oder Interesse an internationaler Arbeit hat, ist bei uns herzlich willkommen! Auf unserer Webseite www.medi-learn.de/STF918 findest du noch mehr Informationen, aber wir freuen uns natürlich auch über Post, schreibe uns einfach unter noei@bvmd.de.

Leaving on a Jetplane – Der bvmd Austausch

Um Arzt zu werden, muss man bekanntlich vier Monate Famulatur ableisten. Außerdem sollte sich jeder Studierende einmal wissenschaftlich betätigt haben. Beides ist natürlich an seiner eigenen Uni möglich. Wer aber im Bereich Famulatur und Forschung einmal über den Tellerrand schauen möchte, der kann das durch den bvmd-Austausch.

AG Famulantenaustausch

Die AG Famulantenaustausch betreut jährlich um die 350 Studenten, die in etwa 70 verschiedenen Ländern im Ausland eine Famulatur machen, sowie die Studenten, die dafür im Gegenzug nach Deutschland kommen.
Dabei hat man die Möglichkeit, ein anderes Gesundheitssystem tiefgründig zu erleben und die alltägliche Arbeit als Arzt in ganz anderen Gefilden zu erkunden.
Die Basis der AG bilden unsere engagierten LEOs, die Local Exchange Officers. Sie organisieren in den jeweiligen Lokalvertretungen Famulaturplätze und alles rundherum für unsere ausländischen Gaststudenten und unterstützen auch die deutschen Studenten bei ihrer Bewerbung für einen Austausch.
Auf nationaler Ebene wird das Programm von den zwei NEOs, die National Exchange Officers, koordiniert. Sie stellen die internationalen Verbindungen her und stehen bei allen Fragen und Schwierigkeiten mit Rat und Tat zur Seite. Selbst bei hohem professionellem Charakter macht das Ganze unglaublich viel Spaß, man kann dadurch viele nette Menschen und interessante Kulturen kennenlernen und erleben. Es ist auf jeden Fall eine unglaubliche Erfahrung. Wer mal dabei war, möchte es nicht missen!

Wenn wir bei dir Interesse geweckt haben und du noch offene Fragen hast, dann besuche doch gerne unsere Seite: www.medi-learn.de/STF919 oder schreibe uns: NEO@bvmd.de
Wir freuen uns auf dich!

AG Forschungsaustausch

Der Forschungsaustausch der bvmd richtet sich an Medizinstudierende, die ihr Interesse an kulturellem Austausch mit einem einmaligen Einblick in wissenschaftliches Arbeiten verbinden möchten.
Durch die individuelle Betreuung in einem Labor können hier erste Erfahrungen im Bereich der Forschung gesammelt aber auch schon vorhandenes Wissen und Fähigkeiten ausgebaut werden. Den Bewerbern steht hierzu eine Vielzahl von Forschungsprojekten in der ganzen Welt zur Auswahl. Jedes Jahr nehmen etwa 50 deutsche Studenten an einem Forschungsaustausch in einem der 73 Länder teil. Hierbei werden die Organisation von Praktikumsplätzen und Unterkünften sowie die Betreuung komplett durch Medizinstudenten vor Ort übernommen. Für die Teilnehmer aus Deutschland kommen ebenso Studierende aus anderen Ländern zu uns, die einen Einblick in die Wissenschaft suchen. Deswegen gibt es auch an jeder deutschen Medizinischen Fakultät ein Team von engagierten Studenten der bvmd, die Wohnungen suchen, Praktikumsplätze organisieren und den Gästen die schönen Seiten der lokalen Kultur näher bringen.
Ist dein Interesse geweckt? Auf der Webseite www.medi-learn.de/STF920 stehen alle wichtigen Details zum Bewerbungsverfahren sowie zahlreiche Erfahrungsberichte zum Stöbern.

It´s the law, stupid? – Die AG Gesundheitspolitik

Unser ganzes Gesundheitssystem beruht auf politischen Entscheidungen. Obwohl Gesundheitspolitik sich häufig um abstrakte Strukturen dreht, reichen die Entscheidungen letztlich in jedes Arztzimmer und jeden Behandlungsplan hinein.

Doch sind Mediziner unpolitisch? Nicht unbedingt!

Die AG Gesundheitspolitik beschäftigt sich mit Fragestellungen, die die grundsätzliche Organisation des Gesundheitswesens betreffen oder von aktueller politischer Relevanz im medizinischen Bereich sind. Häufig betrifft dies Fragen der Finanzierungs- und Verteilungsgerechtigkeit sowie verschiedener gesellschaftlicher Spannungsfelder, etwa zwischen Einsparung und Versorgungsqualität oder zwischen Effizienz und Datenschutz. Wir thematisieren die heiß diskutierten Fragen und mischen uns in den politischen Diskurs ein! Externe Ansprechpartner für uns sind u. a. das Bundesministerium für Gesundheit (BMG) sowie verschiedene Verbände. Brauchst du weitere Informationen? Dann besuche: www.medi-learn.de/STF921

Diskutiere auf unserem Verteiler unter gesundheitspolitik@bvmd.de mit oder schreibe uns Koordinatoren direkt unter nohp@bvmd.de an.

We don't need no education? – Die AG Medizinische Ausbildung

Ein Medizinstudium ist lang. Ein Medizinstudium ist vielleicht auch anstrengender als einige andere Studiengänge. Gerade deshalb sollten wir diese Zeit effektiv nutzen!
Die AG Medizinische Ausbildung arbeitet als Vertretung aller Medizinstudierenden in Deutschland aktiv daran mit, unsere Ausbildung zu verbessern – damit man Vorlesungen, Seminare, Praktika, Kleingruppen, POL-Kurse etc. mit dem Gefühl verlässt, etwas Sinnvolles gelernt zu haben.
Durch Kontakte zu anderen Medizinstudierenden im Ausland versuchen wir innovative Lehrkonzepte nach Deutschland zu tragen.
Dieses verfolgen wir durch Präsenz auf politischer und akademischer Ebene, Vernetzung der bundesweiten Fachschaften sowie durch Diskurs und Interaktion auf nationalen und internationalen Veranstaltungen.
Dafür brauchen wir deine Hilfe! Teile uns deine Erfahrungen mit dem Medizinstudium mit, damit wir zusammen die Gestaltung, Organisation und den Inhalt des Curriculums verbessern können.
Dafür kannst du dich lokal in der Fachschaft engagieren und darüber hinaus in der AG Medizinische Ausbildung der bvmd tätig werden.
Mach mit! Lies dich ein: www.medi-learn.de/STF922 und schreibe an ausbildung@bvmd.de

Fight For Your Rights – Die AG Medizin & Menschenrechte

Die Medizin wirft naturgemäß ständig ethische Fragen auf. Als zukünftige Ärzte sollten wir uns im Klaren über die globalen Auswirkungen der Handlungen von großen und kleinen Mitspielern in der Medizin sein. Und wissen, welchen Beitrag jeder von uns leisten kann, um auch den Schwächsten am medizinischen Fortschritt teilhaben zu lassen. Mit dieser Problematik befasst sich die AG Medizin und Menschenrechte. Menschenrechte, globale Gesundheit, Flüchtlinge und Zugang zu medizinischer Versorgung sind die großen Themen, mit denen sich die Medizinstudierenden in dieser Arbeitsgruppe beschäftigen. Wir arbeiten mit Ärzte ohne Grenzen, der Buko-Pharmakampagne, den IPPNW-Studierenden, dem MediNetz und GandHI (siehe AG Public Health) zusammen. Einmal im Jahr finden zum Tag der Menschenrechte am 10. Dezember deutschlandweit Aktionen zur Steigerung der Aufmerksamkeit für Menschenrechte statt.

In Vorbereitung ist das Peer-Education-Projekt „Peace Test", bei dem Medizinstudierende Schüler für das Thema Menschenrechte sensibilisieren. Außerdem arbeitet die AG zusammen mit UAEM (Universities Allied for Essential Medicines) an den Themen Medikamentenzugang, Forschung an vernachlässigten Krankheiten und Patentrecht.
Willst du mehr wissen?
Dann besuche unsere Webseite unter www.medi-learn.de/STF923 oder schreibe eine Mail an uns unter norp@bvmd.de oder diskutiere auf dem Verteiler scorp@bvmd.de mit.

Health for All – Die AG Public Health und Entwicklungszusammenarbeit

Der Begriff „Public Health" steht für eine nachhaltige, weltweite Verbesserung der medizinischen Versorgung und der Gesundheit. Die bvmd engagiert sich in diesem Bereich sowohl national als auch international in den verschiedensten Projekten.
Auf nationaler Ebene gibt es Aktionen von Tabakkontrolle hin zu den Auswirkungen des Klimawandels auf die Gesundheit. Ein wichtiges Anliegen ist die Verbreitung der Public Health Programme an deutschen Universitäten. GandHI, die „Globalisation and Health Initiative der bvmd", setzt sich für die Implementierung von Global Health Inhalten in der Lehre deutscher Universitäten ein.
Auch international hat die AG Public Health so einiges zu bieten: Es gibt mehrere Public Health Projekte in Lateinamerika, Afrika und Asien, durch die du in einem mehrwöchigen Aufenthalt viel über Medizin, Probleme und Kultur in einem fernen Land erfahren kannst.
Dieses Jahr war die AG zudem an der Organisation eines studentischen Workshops im Rahmen des World Health Summit in Berlin beteiligt, welcher ein „Mega-Event" im Bereich „Global Health" ist und bei dem wichtige Persönlichkeiten aus der ganzen Welt vertreten waren.
Bist du neugierig geworden und willst mehr zu dem Thema „Globale Gesundheit" oder über die AG Public Health wissen?
Dann schreibe einfach eine Mail an npo@bvmd.de oder besuche unsere facebook-Seite „AG Public Health und Entwicklungszusammenarbeit (bvmd)".

Let's Talk About Sex – Die AG Sexualität & Prävention

Seit dem Jahr 2001 engagieren sich Studierende in der bvmd für die Aufklärung von Schülern über Verhütung, sexuell übertragbare Krankheiten und HIV/AIDS.

In unserem Projekt „Mit Sicherheit verliebt" bilden wir Studierende auf speziellen Workshopwochenenden dazu aus, in Schulklassen nach dem Peer-Education-Prinzip "Jung-lehrt-Jung" Sexualaufklärung und Prävention zu leisten. Der Schwerpunkt liegt dabei auf HIV, seinen Übertragungswegen, Verhütung von ungewollten Schwangerschaften und der Toleranz gegenüber verschiedenen Lebensweisen und Orientierungen.
Jedes Jahr bildet „Mit Sicherheit verliebt" dabei in enger Zusammenarbeit mit professionellen Pädagogen über 100 neue Aufklärer aus und erreicht deutschlandweit über 3.000 Schüler. Dabei lernen nicht nur die Schüler etwas über „Safer Sex", sondern auch die Studierenden sollen so ihr Wissen weiterentwickeln, einfühlsame Gesprächsführung lernen und erfahren, wie man aktiv Prävention leisten kann. Die AG Sexualität & Prävention organisiert außerdem jedes Jahr zum 01. Dezember eine deutschlandweite Aktion zum Welt-AIDS-Tag, um auch an den Universitäten und in der Presse auf das Thema AIDS aufmerksam zu machen.
Willst du mehr wissen? Dann besuche www.medi-learn.de/STF924
Hast du noch Fragen? Schreibe uns an: nora@bvmd.de

AG Palliativmedizin

Palliativmedizin bedeutet die Betreuung und Versorgung von Patienten mit unheilbaren, progredienten und weit fortgeschrittenen Erkrankungen bei eingeschränkter Lebenserwartung (meist Krebserkrankungen), unter Einbeziehung aller Beteiligten.
Mitte 2009 wurde der Querschnittsbereich „Palliativmedizin" in die Approbationsordnung für Ärzte (AO) eingefügt. Diesen Prozess zur Änderung der AO hat die AG über viele Jahre begleitet und aktiv vorangetrieben.
Da alle Universitäten diesen Querschnittsbereich spätestens ab dem Sommersemester 2013 anbieten müssen, wird die zukünftige Aufgabe der AG vor allem darin bestehen, eine sinnvolle Integration in die bestehenden Curricula zu unterstützen und Studentenworkshops anzubieten.
Melde dich bei Interesse daran und anderen Fragen direkt bei der AG-Leitung unter pallmed@bvmd.de.
Der offene Verteiler zur Diskussion ist palliativmedizin-alle@bvmd.de

bvmd - Training

Wie in fast allen studentischen Organisationen wird auch in der bvmd der Großteil der Aufgaben von Studenten erledigt. Diese können meist noch nicht auf bisherige Erfahrungen im Berufsleben zurückgreifen. Außerdem

stellt der regelmäßige, nahezu vollständige Personalwechsel eine Herausforderung für die bvmd dar.
Die Sparte Training unterstützt den geschäftsführenden und erweiterten Vorstand mit regelmäßigen Workshops zu Soft-Skills. Präsentationstechniken, Zeitmanagement, Gruppendynamik, Projektplanung: All das und noch mehr kann die Sparte Training bieten. An den Hochschulstandorten verbessern wir außerdem die Arbeit der Lokalvertretungen durch Teambuilding-Workshops. Und zu guter letzt stellt unser traditionelles Train-New-Trainers-Seminar im November einen Höhepunkt im bvmd-Kalender dar.
Falls du mehr Informationen haben möchtest, kannst du unsere Webseite unter www.medi-learn.de/STF925 besuchen oder uns unter der E-Mail-Adresse training@bvmd.de anschreiben.

Die Projektsparte der bvmd

Über die AGs hinaus beschäftigt die bvmd sich auch mit vielen Thematiken in kleineren Projekten. Diese werden in der Projektsparte der bvmd zusammengefasst und koordiniert. Hier wird der Austausch zwischen den AGs, dem Vorstand und vielen aktiven bvmdlern auf Projektebene angeregt. Projekte, wie das Teddybärkrankenhaus, wo es darum geht, Kindern die Angst vor Ärzten und dem Krankenhaus zu nehmen und „uni hilft!" – eine Knochenmarkstypisierungsaktion – sind vielen bekannt.
Aber wusstest du schon, dass die bvmd auch ein Projekt hat, dass sich damit beschäftigt, wie sich der Klimawandel auf die Gesundheit auswirkt, die Climate Health Initiative?
Oder ein Projekt, das daran mitarbeitet, dass es einen Nationalen kompetenzbasierten Lernzielkatalog Medizin (NKLM) für alle Studenten gibt?
Außerdem gibt es viele weitere Projekte, wie die Aktion Freundilie, Global Medicine, die Berichtedatenbank oder das Aachener Archiv. Du weißt nicht, was die Projekte machen und möchtest mehr Informationen? Dann besuche doch einmal unseren Webseitenbereich unter www.medi-learn.de/STF926. Wenn du selber ein Projekt gegründet hast, gerne ein Projekt gründen möchtest oder eine fabelhafte Idee hast, kannst du jederzeit an uns herantreten. Was dir das bringt? Durch unsere Hilfe kannst du das Projekt deutschland- und sogar weltweit bekannt machen. Wir können dir materielle und finanzielle Hilfe ermöglichen und du kannst dich mit anderen Gleichgesinnten vernetzen.
Schreibe uns an projektkoordination@bvmd.de

Aktion Freundilie der bvmd

Mit der Aktion Freundilie setzt sich die bvmd für eine gesunde, menschliche und familienfreundliche Arbeit als Arzt ein. Wir wollen Ärzte darin bestärken, von ihrem Recht Gebrauch zu machen, am Ende ihres Arbeitstages pünktlich nach Hause zu gehen, um die Freizeit zu genießen. Um Zeit mit Freunden und Familie (= Freundilie) zu verbringen. Um ausgeschlafen wieder zur Arbeit zu gehen. Um zufrieden mit dem Leben als Arzt zu sein. Gleichsam möchten wir Studierende dazu motivieren, sich für diese Verbesserungen einzusetzen und selbst aktiv für ein anderes Arbeiten im Krankenhaus einzutreten. Mit einer Vielzahl von Aktionen wie einer deutschlandweiten Umfrage zu den Bedürfnissen der zukünftigen Mediziner versuchen wir auf die Problematik aufmerksam zu machen. Außerdem möchten wir Ansprechpartner für lokale Initiativen oder Projekte sein.
Mehr Informationen findest du unter www.freundilie.de oder du schreibst uns unter freundilie@bvmd.de an. Wir freuen uns über Interessenten und engagierte Mitmachwillige!
Dein Freundilie-Team

Das Teddybärkrankenhaus

Kinder mit Angst vor Krankenhäusern und Ärzten? Das muss nicht sein! Mit den Teddybärkrankenhäusern versuchen wir einen Teil dazu beizutragen. Die Idee des Teddybärkrankenhauses stammt ursprünglich aus Skandinavien: In Uppsala öffnete 1999 eine Teddyklinik zum ersten Mal ihre Pforten. Ein Jahr später hielt das Projekt auch durch engagierte Medizinstudenten in Heidelberg und Bochum in Deutschland Einzug. Inzwischen wurden an den bisher 36 Medizinischen Fakultäten schon einmal Teddys behandelt und darüber hinaus sogar Initiativen an mehreren Lehrkrankenhäusern unterstützt.

Ein Teddybärkrankenhaus beruht auf dem Prinzip eines Rollenspiels: Studenten sind Ärzte, Kinder sind Eltern und Teddys Patienten. „Teddyeltern“ im Kindergarten- und Vorschulalter (4–6 Jahre) erleben so einen Krankenhaus- oder Arztbesuch, ohne selbst als Patient betroffen zu sein. Ziel ist es, dass die Kinder auf spielerische Weise die Angst vor dem Arzt verlieren. Dafür setzen sich engagierte Medizin-, Zahnmedizin- und Pharmaziestudierende ehrenamtlich ein. Dank kreativer Ideen werden Kuscheltiere untersucht, gebrochene Pfoten gegipst und Flügel geröntgt. Es wird erklärt, wie man Zähne richtig putzt und welcher Tee gegen eine Erkältung am besten hilft. Die Universitäten sowie unterschiedliche Sponsoren unterstützen die

Teams dabei, eine Teddyklinik aufzubauen. Dabei ist es ganz egal, ob Open-Air im Stadtpark oder in Räumen der Uniklinik, jedes Kuscheltier wird garantiert gut verarztet.

Wie kannst du dich engagieren? Jedes Teddybärkrankenhaus muss gut geplant und vorbereitet sein. Wer Lust darauf hat, kann verschiedene Aufgaben im Organisationsteam seiner Uni übernehmen. Darüber hinaus ist das Projekt auf zahlreiche Studenten angewiesen, die während der TBK-Tage den Job eines Teddyarztes übernehmen. Frage einfach an deiner Fakultät nach, wie du dich im Teddybärkrankenhaus einbringen kannst.
Mehr Informationen kannst du unter www.medi-learn.de/STF927 finden oder du schreibst uns nationalen Koordinatoren bei Fragen zum Projekt gerne unter tbk@bvmd.de an.

In gutem Kontakt zu allen Entscheidungsträgern im Gesundheits- und Bildungswesen

Um unsere Ziele und Projekte auch durchsetzen zu können, pflegen wir eine intensive Zusammenarbeit mit allen für uns wichtigen Ministerien (v. a. Gesundheit und Bildung), der Bundesärztekammer, der Gesellschaft für Medizinische Ausbildung, dem Medizinischen Fakultätentag, der Hochschulrektorenkonferenz, den Berufsverbänden und vielen anderen. Schließlich wollen wir, dass unsere Positionen und Vorschläge auch dort ankommen, wo sie hingehören und etwas bewirken können!

Weltweit organisiert

Auf internationaler Ebene schließlich ist die bvmd Mitglied des internationalen Medizinstudierendenverbandes IFMSA (International Federation of Medical Student's Associations). Die trifft sich zweimal im Jahr mit etwa 800 Studierenden aus aller Welt, um auch einen ländergrenzenübergreifenden Meinungs- und Informationsaustausch zu ermöglichen. Über 100 Nationen sind Teil der IFMSA und die meisten sind auf den Generalversammlungen vertreten. Auch studentische Projekte auf internationaler Ebene werden hier erdacht, geplant und durchgeführt.

Mach mit!

Hört sich interessant an? Dann mach mit! Deine Fachschaft, die bvmd und ihre Arbeitsgruppen freuen sich auf deine Mitarbeit! Egal, was dich genauer interessiert, wo deine Fähigkeiten liegen und was du gerne lernen würdest:

Es darf stets jeder mitmachen. Dabei lernt man mehr über Kommunikation, Teamarbeit, Projektmanagement, Finanzen und noch viel mehr, als man es sich je erträumen könnte. Es ist richtig, dass das Medizinstudium jeden von uns viel Zeit und Nerven kostet. Trotzdem kann man mehr daraus machen als über Büchern zu grübeln und Nervenfasern auswendig zu lernen! Auch wenn es dir bald so vorkommen wird, als hättest du nie so viel Stress wie jetzt gehabt: Denk daran, dass du jetzt so viel Zeit hast wie später nie wieder. Mach mehr aus deinem Studium – mach mit! Dein erster Schritt ist der zu deiner Fachschaft oder bvmd-Austauschgruppe vor Ort. Mehr Informationen zur bvmd, ihrer Arbeit und den Menschen, die dahinter stecken, gibt es unter www.bvmd.de

ZUSAMMENFASSUNG

Wichtiges zur bvmd

Bundesvertretung der Medizinstudierenden in Deutschland (bvmd)
Die bvmd ist die gemeinsame Stimme der angehenden Ärzte in Deutschland und entstand aus zwei Vorgänger-Organisationen. Sie ist die legitimierte Vertretung aller Medizinstudierenden in der Bundesrepublik (siehe Seite 193).

Lokal-Vertreter vor Ort und bundesweite Mitgliederversammlung
Lokal finden sich engagierte Studenten als sogenannte Fachschaft zusammen und vertreten die bvmd an insgesamt 37 Fakultäten. An vier Terminen im Jahr kommen die 37 Fachschaften zur bundesweiten Mitgliederversammlung zusammen (siehe Seite 194).

Fachorientierte Arbeitsgemeinschaften
Innerhalb der bvmd finden sich Interessierte zu folgenden Arbeitsgemeinschaften zusammen: Europäische Integration, Famulatenaustausch, Forschungsaustausch, Gesundheitspolitik, Medizinische Ausbildung, Medizin & Menschenrechte, Öffentliche Gesundheit und Entwicklungshilfe, Sexualität und Prävention, Palliativmedizin (siehe Seite 195).

Weltweite Organisationsstruktur
Die bvmd ist Mitglied im weltweiten Dachverband der International Federation of Medical Students´ Associations (IFMSA), der insgesamt über 100 Länder angehören (siehe Seite 196).

Mitmachen bei der bvmd
Bei der bvmd bzw. der Fachschaft vor Ort hat jeder Medizinstudent die Möglichkeit, sich entsprechend seiner Interessen in den Arbeitsgruppen zu engagieren (siehe Seite 203).

Die medizinische Doktorarbeit

Zum jetzigen Zeitpunkt, wo du dir erst einmal ein Bild davon machen willst, wie ein Medizinstudium aussieht, scheint das Thema Doktorarbeit noch in ziemlich weiter Ferne zu liegen. Aber du weißt vielleicht, dass im Fach Medizin relativ viele Studenten eine Dissertation (also die Doktorarbeit) schreiben, schließlich tragen viele Ärzte den Dr.-Titel vor ihrem Namen. Deswegen möchten wir dir an dieser Stelle wenigstens einige grundlegende Informationen zu diesem Thema vermitteln. Ausführliche Informationen zu diesem Thema findest du in unserem Buch „Abenteuer Klinik", das ebenfalls im MEDI-LEARN Verlag erschienen ist (www.medi-learn.de/STF928). Es begleitet dich durch deine gesamte klinische Ausbildung und behandelt das Thema detailliert inklusive interessanter Erfahrungsberichte.

Promovieren oder nicht promovieren?

Das ist hier die Frage. Heutzutage promovieren etwas mehr als 50 Prozent der Studierenden. Im Rahmen der Bewerbungen spielt die Dissertation eine wichtige Rolle: Wer einen Titel trägt, hat schon mal einen Pluspunkt gegenüber Bewerbern, die keine Doktorarbeit absolviert haben. Dennoch ist die Dissertation nicht zwingend erforderlich, es sei denn, man möchte an einer Uni-Klinik die Laufbahn zum Professor einschlagen.

Die Entscheidung „promovieren/nicht promovieren" muss jeder Medizinstudent für sich treffen. Nach einigen Semestern Studium ist in der Regel für jeden absehbar, ob er sich eine Dissertation zutraut (und zumutet) oder ob das wissenschaftliche Arbeiten ihm weniger liegt.

Die meisten Studenten, die eine Dissertation anfertigen, haben damit zwischen dem fünften und dem zehnten Semester begonnen, also im Verlauf des Hauptstudiums. Einige beginnen auch schon im Ersten Studienabschnitt. Die Prüfung zur Dissertation (Rigorosum) wird aber immer erst nach Abschluss des Studiums abgelegt.
Wann man seine Doktorarbeit beginnen sollte, hängt von der persönlichen Leidens- und Organisationsfähigkeit ab: Das Anfertigen einer Doktorarbeit kostet Zeit, Energie und Nerven, also Dinge, die für das Studium an sich (Examina, Scheine machen, Famulaturen etc.) entsprechend fehlen. Wer schon im Normalstudium an seiner Kapazitätsgrenze arbeitet, sollte überlegen, ob eine Anfertigung nach Beendigung des Studiums oder gar ein Verzicht nicht sinnvoller ist.
Auf der anderen Seite kann es auch sehr gut für das Studium sein, weil man sich ja mit einem Thema beschäftigt, für das man sich interessiert. Das motiviert. Also wieder einmal: abwägen, was besser ist.

Welcher Doktorarbeitstyp passt zu mir?

Im Groben lässt sich zwischen drei Typen von Doktorarbeiten unterscheiden: Eine statistische Arbeit (Aktenarbeit), eine klinische Studie (auf Station) oder eine experimentelle Arbeit im Labor. Zum Beispiel: Statistische Doktorarbeiten im Rahmen von rückblickenden klinischen Studien (etwa der Vergleich von Werten in Patientenakten, um heraus zu finden, ob Medikament X Einfluss auf den Blutdruck hatte), klinische Studien (Untersuchungen einer Spinalanästhesie am Patienten auf das Blutdruckverhalten und daraus resultierend gegebenenfalls Änderung des klinischen Standards) oder aber experimentelle Arbeiten in Forschungslabors (etwa die Untersuchung neuer Varianten des Medikaments Y an Versuchstieren hinsichtlich der Änderung des Blutdruckverhaltens).

Wer beabsichtigt, später einmal eine akademische Karriere an einer Hochschule zu durchlaufen, also in der Forschung tätig zu sein und sich zu habilitieren („Professor zu werden“), dem kann das Anfertigen einer umfassenden experimentellen Doktorarbeit im Labor angeraten werden.

@ **SURFTIPP**

Thema Dissertation

Wenn du in das Thema Dissertation hineinschnuppern willst, empfehlen wir dir, das Forum zum Thema Doktorarbeit anzusehen:

- www.medi-learn.de/STF930

Martin K. hat sich entschieden: „Ganz klar: Ich möchte später in der Forschung tätig sein und vielleicht sogar einmal Dozent an der Uni werden. Außerdem macht mir das Experimentieren im Labor einfach Spaß – auch wenn es manches Mal argen Frust gab. Ich liebe es, mich in Details zu vertiefen!" Martin hat eine experimentelle Doktorarbeit über die Dauer von fünf Semestern in einem Grundlagenlabor zur Herzforschung an Zellkulturen durchgeführt, die er später zur Habilitation ausbauen möchte.

Wer sich hingegen sicher ist, später nicht an der Uni, sondern in der eigenen Praxis oder im lokalen Krankenhaus arbeiten zu wollen, sollte sich den Schritt, eine umfassende experimentelle Doktorarbeit anzufertigen, die viel Zeit (bis zu drei Jahren oder mehr) kostet, reiflich überlegen.
Corinna S. hat sich folgendermaßen entschieden: „Warum soll ich mir monate- oder gar jahrelang in irgendwelchen Labors die Nächte um die Ohren schlagen, mit den Versuchen hadern und wertvolle Energie und Zeit investieren, wenn ich es auch einfacher haben kann? Ich werde später ohnehin Allgemeinmedizinerin und dafür reicht eine kleine, kompakte Doktorarbeit." Corinna untersuchte in einer retrospektiven Studie den Einfluss eines Hormonpräparates auf das Thromboserisiko bei Raucherinnen.

Die Anfertigung einer weniger zeitraubenden, statistischen Doktorarbeit kann durchaus sinnvoll sein, zum Beispiel, wenn es in der Hausarztpraxis später nicht darauf ankommt, ob man sich während des Studiums in Forschungsarbeiten vertieft hat. Hinsichtlich der Länge unterscheiden sich Doktorarbeiten erheblich: Es gibt Dissertationen, die 30 bis 40 Seiten kurz sind, ebenso gibt es umfassend angelegte Arbeiten mit über 200 Seiten.
Allen Doktorarbeiten gemeinsam ist allerdings, dass man sich die Methoden der wissenschaftlichen Recherche und des wissenschaftlichen Arbeitens aneignet und eigenständig die im Rahmen der Untersuchungen erzielten Ergebnisse als Text anfertigt.

Wenn du dich im Laufe des Studiums näher für ein mögliches Dissertationsthema interessieren solltest, dann ist es auf jeden Fall hilfreich, ähnliche, bereits bestehende Arbeiten einmal überfliegend zu lesen – zum einen, weil du dann ein Gefühl für die Materie bekommst und zum anderen, weil du nicht zu genau demselben Thema promovieren kannst. Warum? Du sollst die Forschung in diesem Gebiet mit einer neuen Fragestellung vorantreiben – denn darum geht es bei einer Doktorarbeit.

Auch wenn es nicht die Regel ist, eine Doktorarbeit bereits in der Vorklinik (1.–4. Semester) zu beginnen, wollen wir dir den Erfahrungsbericht von Akja F. nicht vorenthalten. Er gibt dir einen guten Einblick in die Arbeit als Doktorand:

„Was, jetzt schon? Ungläubigkeit, Neugier und manchmal sogar ein bisschen Unverständnis war meistens auf den Gesichtern derer zu sehen, denen ich am Ende meines zweiten vorklinischen Semesters mitteilte, dass ich gerade die molekularbiologischen Experimente zu meiner Doktorarbeit begonnen hätte. Meistens folgte dann verständnisloses Kopfschütteln und das Thema war mit einem ähnlichen Kommentar wie: „Das ist doch Quatsch, es ist doch viel zu früh für so was!" beendet. Solche Gespräche haben mich am Anfang ziemlich irritiert.
Wie kam es aber nun dazu, dass ich mich, obwohl seit dem Chemiepraktikum auf Kriegsfuß mit Pipetten und farbigen Lösungen, auf solch unbekanntes Terrain wagte?
Im zweiten Semester fand ein Zellbiologieseminar statt, bei dem in kleinen Gruppen anhand von kurzen Vorträgen der Mitstudenten zellbiologische Grundlagen erarbeitet wurden. Zellbiologie war durch die enthusiastische Moderation unseres Dozenten plötzlich auch gar nicht mehr langweilig. Zum Abschluss dieses Seminars bekamen wir eine Führung durch die Labors des Instituts für Anatomie und medizinische Zellbiologie. Während der Führung hat mir die Atmosphäre im Institut gut gefallen und ich empfand Interesse für die Neurone in den Petrischalen, die uns gezeigt wurden. Insgesamt war der Entschluss, nach einem Praktikum für die Semesterferien zu fragen, also mehr eine Bauchentscheidung.

Molekularbiologie für Anfänger

Also machte ich ein Praktikum im Institut für Anatomie und Zellbiologie. Ich bekam ein kleines Projekt, an dem ich die Grundlagen der Molekularbiologie erlernen konnte. Am Anfang bekam ich in unendlicher Geduld die absoluten Basics erklärt: Pipetten, Puffer, Petrischalen und Geduld, Geduld, Geduld.

Schnell bekam ich den Ernst der Angelegenheit zu spüren

Ich blieb die kompletten Semesterferien. Arbeitete ich am Anfang noch die Protokolle meines Betreuers ab, so konnte ich am Ende fast selbstständig arbeiten. Zu dem Zeitpunkt war ich in meiner Verwandtschaft und in meinem Freundeskreis eine ziemliche Lachnummer. Alleine die Antwort auf die Frage, was ich im Labor denn genau machen würde, war fast unmöglich zu geben. Entweder die Augen der Zuhörer weiteten sich im Entsetzen über die Vorstellung, was ich mit „gentechnischen Arbeitsmethoden" meinte oder meine Erklärungsansätze über grün-fluoreszierende Fusionsproteine erstickten in Lachsalven. Trotz allem: Für mich stand am Ende fest, dass ich verdammt gerne mein eigenes Projekt hätte und nicht mehr Praktikantin, sondern Doktorandin sein wollte! Wieder kam mir der Zufall zur Hilfe. Am Ende des Jahres gab es neue Ergebnisse in der Arbeitsgruppe meines Betreuers aus dem Zellbio-Seminar. Ich hatte dann die schwierige Wahl zwischen einem etablierten molekularbiologischen Projekt und einem anderen, das auf Zellkultur aufbaute, unsicherer war, aber vielleicht erfolgreicher und spannender. Wieder entschied ich nach Bauchgefühl und begann am Jahresanfang mit dem Zellkulturprojekt.

Upgrade zur Doktorandin

Der Statuswechsel von Praktikantin zur Doktorandin verlief nicht ohne Spuren. Erst einmal war ich natürlich furchtbar stolz. Doch schnell bekam ich den Ernst der Angelegenheit zu spüren: Ab diesem Zeitpunkt bekam ich zum Beispiel kein Protokoll mehr geschrieben, ich musste meine Experimente selbst planen, durchführen und eigenständig „troubleshooting" betreiben, falls sie nicht funktionierten. Und das war oft der Fall.
Das war neu! Das erste, was ich dazulernte, war noch mehr Geduld, Geduld, Geduld. Spätestens jetzt zahlte sich das lange Praktikum aus. Ich war unabhängig von den anderen Leuten im Labor und konnte kommen und gehen wann ich wollte.

Vor dem Vortrag konnte ich kaum noch schlafen

Mein Doktorvater ließ mir da auch die notwendige Freiheit, damit ich meine Arbeit im Labor um mein Studium gruppieren konnte. Eine andere Verpflichtung, die mich am Anfang eiskalt traf, war die Teilnahme an den Abteilungsveranstaltungen. Also am Journal Club (Präsentation von aktuellen Publikationen) und am Progress Report (jeder Mitarbeiter muss halbjährlich seine eigene Arbeit präsentieren). Das Ganze auf Englisch, und das, obwohl ich doch seit der Schulzeit kein Englisch mehr gesprochen hatte!
Irgendwann musste es ja kommen. Genauer gesagt: Musste ich dran kommen. Mein erster Progress Report: Ich glaube, das Wort „Panik" wäre eine Untertreibung. Ich war überzeugt, ich würde das erstens nicht hinkriegen, zweitens wollte ich es überhaupt nicht, drittens hatte ich in meinen Augen so-

wieso keine relevanten Daten und viertens Englisch, das ging schon gar nicht. Ich konnte vier Wochen vorher kaum noch schlafen! Es hat natürlich geklappt. Mein Doktorvater hat während der Vorbereitung auf meinen ersten Vortrag großes Geschick an den Tag gelegt, mich zu führen, zu motivieren und mich nebenbei zu einem Powerpoint-Profi gemacht. Nach einem Haufen Probevorträgen war der Auftritt selbst dann fast Nebensache. Meine nächsten Vorträge machte ich dann immer selbstständiger und meine Angst wurde auch von Mal zu Mal weniger.
Richtig Spaß hat dann mein erster Besuch auf einem Kongress gemacht, bei dem ich ein Poster mit meinen Ergebnissen vorstellen durfte. Es war ein komisches Gefühl, am Poster zu stehen und den Professoren – denn das waren die meisten – meine Arbeit zu erklären. Auch da war ich am Anfang nicht alleine, sondern mein Doktorvater stand irgendwo in Rufweite, sozusagen als Rettungsanker.

Schreiben – was ist das?

Ich habe zwei Jahre an meinen Experimenten gearbeitet. Es ist nicht einfach für mich, vom Experimentator zum Schreiberling zu werden. Ich denke, jeder Medizinstudent kann das nachvollziehen, denn wir werden nicht unbedingt zum Schreiben erzogen. Auf der anderen Seite freue ich mich auch auf die kommende Zeit. Ich habe mir die Semesterferien freigehalten, damit ich noch mal ausgiebig lesen und dann meine Ergebnisse in eine schöne Form bringen kann.
Ich hatte mich absichtlich gegen ein Freisemester entschieden, dementsprechend hatte ich keinen Urlaub in dieser Zeit und gerade in den Klausurphasen war es manchmal stressiger, als ich es gerne gehabt hätte. Trotz allem würde ich mich wieder für eine Arbeit im Labor entscheiden. Gerade, weil es eine so schöne Ergänzung zur Klinik ist. Zu früh ist es für eine experimentelle Arbeit während der Vorklinik in keinem Fall. Bedenke bitte: In der Klinik hast du auch nicht mehr Ahnung von Zellkultur oder Molekularbiologie als in der Vorklinik!
Ich habe in den letzten beiden Jahren viel gelernt: Experimente planen, verschiedenste Methoden quer durch die Molekularbiologie, Präsentationen erstellen, Vorträge halten – und auch über mich selbst habe ich viel Neues erfahren.

Tipps für die Dissertation

Such dir deinen Doktorvater gut aus. In meinen Augen kommst du um ein Praktikum vorher nicht herum. Du musst herausfinden, ob du mit der Arbeitsgruppe klar kommst, weil du sehr viel Zeit mit ihr zusammen verbringen wirst – und das nicht nur in Augenblicken, in denen alles rund läuft. Ich persönlich finde das wichtiger, als eine lange Liste von Veröffentlichungen. Denn was bringen dir die Publikationen eures Doktorvaters im „Nature", wenn er sich nicht um die Natur eurer Sorgen und Probleme kümmert? Deshalb: Schau, dass dein Doktorvater auch dein Betreuer ist. Es ist eine dumme Situation, wenn du irgendwann zwischen beiden stehst, weil sie sich nicht einig sind. Was du unbedingt brauchst, ist: Neugier, Mut, Durchhaltevermögen und sehr viel Geduld. Aber eines ist garantiert: Es lohnt sich!

ZUSAMMENFASSUNG

Die medizinische Doktorarbeit

Die medizinische Doktorarbeit
Rund die Hälfte aller Medizinstudenten fertigt im Laufe oder im Anschluss an das Studium eine medizinische Doktorarbeit (Promotion oder auch Dissertation) an und erwirbt damit den Titel des Dr. med. (siehe Seite 205).

Promovieren oder nicht promovieren?
Eine abgeschlossene Doktorarbeit bietet Vorteile im Rahmen der Stellensuche als Assistenzarzt. Sie ist aber nicht zwingend vorgeschrieben, um als Arzt tätig zu sein. Schon im Studium kann die Doktorarbeit begonnen werden, die meisten Studenten beginnen nach dem Physikum damit. Die eigentliche Prüfung (Rigorosum) kann erst im Anschluss an das Studium absolviert werden (siehe Seite 205).

Verschiedene Doktorarbeitstypen
Grob gesagt kann zwischen statistischen, klinischen und experimentellen Typen bei Doktorarbeiten unterschieden werden. Bei einer statistischen Doktorarbeit wertet man zumeist Patientenakten aus, in einer klinischen Arbeit werden z. B. in einer Studie auf Station im Krankenhaus Untersuchungen begleitet, die experimentelle Arbeit wird im Forschungslabor durchgeführt (siehe Seite 206).

Mehr Cartoons unter:
www.medi-learn.de/cartoons
www.facebook.de/medilearn

Ausblick: Approbation und Facharztausbildung

Was Laien oft nicht wissen: Die Spezialisierung auf ein bestimmtes Gebiet (z. B. Hautarzt, Kinderarzt, Frauenarzt etc.) erfolgt erst nach dem Studium. Sobald die offizielle staatliche Genehmigung zur Berufsausübung – die heiß ersehnte Approbation – vorliegt, darfst du dich tatsächlich als „Ärztin/Arzt" bezeichnen! Ausgestellt wird die Approbation von den Landesärztekammern. Doch dann geht die Ausbildung zum Facharzt erst richtig los: Je nach Ausrichtung dauert diese noch einmal vier bis sieben Jahre! Struktur, Inhalt und Umsetzung der Weiterbildung sind dabei Sache der regionalen Landesärztekammern und werden in der jeweiligen Weiterbildungsordnung festgelegt. Diese orientieren sich an der Musterweiterbildungsordnung (MWBO) der Bundesärztekammer, die als Richtschnur für die Umsetzung in den einzelnen Landesärztekammern gilt. Seit 2003 gibt es eine neue Ordnung, die mittlerweile fast überall umgesetzt wird. Die MWBO von 2003 definiert: „Ziel der Weiterbildung ist der geregelte Erwerb festgelegter Kenntnisse, Erfahrungen und Fertigkeiten, um nach Abschluss der Berufsausbildung besondere ärztliche Kompetenzen zu erlangen. Die Weiterbildung dient der Sicherung der Qualität ärztlicher Berufsausübung."

SURFTIPP @

Weiterbildungsplaner

Die Deutsche Ärzteversicherung bietet als kostenlose Serviceleistung einen Weiterbildungsplaner an. Auf den Webseiten kannst du bei Interesse schon einmal durch die verschiedenen Möglichkeiten der Facharztausbildung surfen:

- www.medi-learn.de/STF931

Vielleicht hast du jetzt schon eine grobe Vorstellung, in welchem Bereich du später tätig sein möchtest. Bei den meisten Medizinstudenten festigt sich diese aber erst im zweiten Abschnitt des Studiums, und manche werfen ihre Pläne noch im PJ um, wenn ihnen ein zuvor angestrebter Bereich in der Praxis auf einmal gar nicht mehr so schmeckt – oder ein zuvor nie erwägter Bereich auf einmal umso mehr!

Deswegen soll dieser Ausblick auch als solcher verstanden werden. Wenn du mehr zu den Facharztausbildungen wissen möchtest, kannst du dich online bei der Bundesärztekammer (www.medi-learn.de/STF931) im Bereich

„Weiterbildung“ informieren. Alternativ kannst du das bereits im vorherigen Kapitel erwähnte Nachfolgebuch „Abenteuer Klinik“ (siehe Seite 205) durchstöbern. Empfohlen ab dem 4. Semester gibt es dir viele hilfreiche Informationen rund um deine klinische Ausbildung. Auch während und nach der Approbation, in den Jahren als Assistenzarzt und bis zur Facharztprüfung bietet dir das „Abenteuer Klinik“ eine geballte Ladung Praxiswissen. Damit kannst du dich in Ruhe auf die Zeit nach dem Physikum vorbereiten.

Fazit

In den vergangenen Kapiteln sind eine ganze Menge Informationen, Regelungen und Verordnungen auf dich eingeprasselt. Das ist leider unumgänglich, denn das Medizinstudium ist zahlreichen Regularien unterworfen, von denen du zeitig etwas gehört haben solltest. Wir hoffen aber, dass wir dir mit unseren Hinweisen, Erfahrungsberichten, Tipps und Tricks ein wenig weiterhelfen konnten. Auch wenn es wie eine Binsenweisheit klingt: Vieles, was am Anfang des Medizinstudiums unverständlich erscheint, regelt sich alsbald von selbst. Andere Dinge werden vielleicht unverständlich bleiben. So, wie während der Weltmeisterschaft 2010 fast jeder Fußballfan ein Bundestrainer war, so weiß jeder Medizinstudent, wie das Studium besser aufgebaut sein und durchgeführt werden könnte.
In der Tat ist das Medizinstudium nicht immer die reine Freude. Es kostet viel Anstrengung, Durchhaltevermögen, Zeit und Geld. Und ab und zu raubt es einem den letzten Nerv. Aber es hat auch viele schöne Seiten und Lichtblicke zu bieten: Bestandene Prüfungen, spannende Inhalte, Erkenntnisgewinn und neue Freundschaften, die oft ein Leben lang halten. Und nicht zuletzt: dankbare Patienten, wenn es in die Praxis geht.

UNSER TIPP

Homepage und Forum

Im gesamten Studienführer bist du bereits an vielen Stellen auf die Webseite von MEDI-LEARN und das Forum von uns aufmerksam gemacht worden. Am Ende des ersten Teils des Buches möchten wir dir diese beiden Bereiche noch einmal ans Herz legen. Du wirst dort nicht nur Antworten auf viele Fragen finden, sondern auch Mitstudenten aus dem ganzen deutschsprachigen Bereich kennenlernen, die dir bei fast jedem Problem weiterhelfen könnten.
Wir sehen uns online unter www.medi-learn.de

Zu guter Letzt: Wir von MEDI-LEARN sind immer wieder erfreut über die vielen Berichte von Studenten, die im Rahmen ihrer Famulaturen oder ihres Praktischen Jahres das Gelernte in die Tat umsetzen dürfen und damit vielen Menschen helfen können – oft in Regionen dieser Welt, in denen medizinische Versorgung alles andere als selbstverständlich ist. Diese Freude, anderen Menschen helfen zu können, macht den Beruf des Arztes einzigartig. Und sie wiegt all die Entbehrungen und Anstrengungen während des Weges hin zu diesem Beruf auf!

UNSER TIPP

@

Alltag als Assistenzarzt

Was heutige Assistenzärzte bewegt, zeigt dir unser sehr aktives Assistenzarzt-Forum. Auch ein aktueller Blog auf unseren Seiten gibt Einblicke in den Alltag junger Mediziner.

- Forum: www.medi-learn.de/STF932
- Assistenzarzt-Blog: www.medi-learn.de/STF933

ZUSAMMENFASSUNG

Approbation und Facharztausbildung

Ausblick: Die Zeit als Assistenzarzt

Mit dem Erwerb der Approbation, also der offiziellen Erlaubnis zur Ausübung der ärztlichen Heilkunde, geht es nach einem kurzen, verdienten „Verschnaufer" gleich auf in die Weiterbildung zum Facharzt. Als sogenannter Assistenzarzt erwirbst du dann in den zumeist fünf bis sieben (je nach Fachrichtung) auf das Studium folgenden Jahren die nötigen praktischen wie theoretischen Fachkenntnisse, um die Facharztprüfung zu absolvieren (siehe Seite 212).

Die Weiterbildungsordnung

Nicht nur das Studium (Approbationsordnung) auch die ärztliche Weiterbildung ist durch eine sogenannten Weiterbildungsordnung offiziell geregelt, um den Erwerb ausreichender Kenntnisse des späteren Facharztes zu gewährleisten. Hier ist z. B. genau vorgegeben, welche Zeiten sich auf welche Fachrichtung anrechnen lassen bzw. zu erbringen sind und wie der Weg zum Facharzt sich in den einzelnen Disziplinen gestaltet (siehe Seite 212).

Fazit

Die Freude, anderen Menschen dabei zu helfen, ihren Gesundheitszustand zu verbessern und den Alltag mit mehr Lebensqualität verbringen zu können, macht den Beruf des Arztes einzigartig. Diese Motivation hilft – zusammen mit den Infos aus dem Studienführer – über so manche Durststrecke im Studium hinweg dem Ziel entgegen: zur rechten Zeit das rechte Wort zu finden, ganz wie die Situation es erfordert und dankbaren Patienten die Hand zu schütteln (siehe Seite 214).

Uni-Städte im Portrait

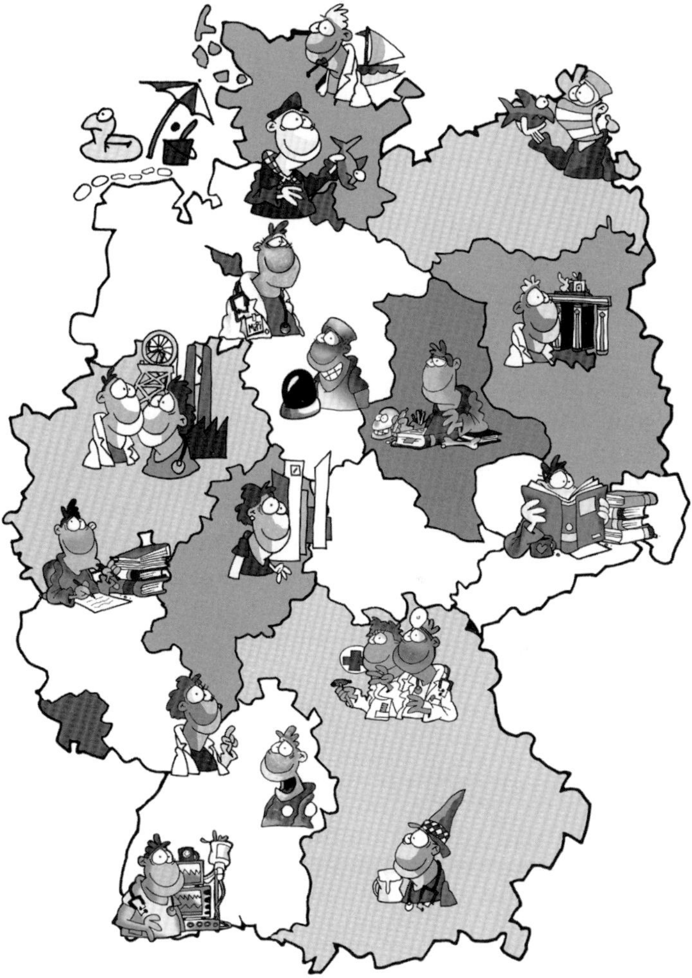

Stadtberichte nach Ergebnissen aus dem MEDI-LEARN Uniranking

Wir haben im Rahmen des MEDI-LEARN Unirankings mehrere tausend Medizinstudenten zu ihrem Studium befragt und in diesem Rahmen auch Bewertungen für die Unis zu zahlreichen, nachfolgend erklärten Punkten erhalten, die bei der Auswahl der Uni eine wichtige Hilfestellung bieten und sich im nun folgenden Lokalteil mit den Städteberichten befinden. Da sich gerade Kontaktdaten und Links ändern können, findest du online die aktuellsten Adressen und Links: www.medi-learn.de/lokaldaten. Zusätzlich empfehlen wir dir einen Besuch in den Lokalforen der einzelnen Städte innerhalb der Foren von MEDI-LEARN unter: www.medi-learn.de/STF934. Hier kannst du direkt Studenten der einzelnen Unis um Rat fragen.

ZUSAMMENFASSUNG

Erläuterungen zu den Stadtberichten im Lokalteil

Im folgenden Abschnitt haben wir für dich detaillierte Informationen zu allen Standorten zusammengestellt, an denen man in Deutschland Medizin studieren kann. Du findest für jede Universität zunächst wichtige Basisangaben (Postanschrift, Internetadresse, Einwohner, Anzahl Medizinstudenten) sowie die Angabe, ob ein besonderer Modellstudiengang angeboten wird und wo der Studienbeginn (Wintersemester und/oder Sommersemester) liegt. Die finanziellen Kennzahlen (Mietkosten, Semestergebühren, Monatsbudget, Semesterticket) erlauben eine Beurteilung der Kosten, die beim Leben in dieser Stadt und Studieren an dieser Uni zu erwarten sind. Die Werte und weitere im Lokalteil aufgeführten Daten basieren auf dem MEDI-LEARN Uniranking, in dem mehrere tausend Medizinstudenten zu vielen Aspekten des Medizinstudiums befragt wurden (www.medi-learn.de/ranking). Wichtig sind auch die Tauschtendenzen „hin und weg“: Diese Zahlen ergeben sich aus den Einträgen in der Studienplatz-Tauschbörse von MEDI-LEARN und geben die Anzahl der Studenten an, die an diese Uni wechseln (hin) bzw. sie verlassen möchten (weg). Darüber hinaus wird die Examensleistung der Studenten der jeweiligen Uni aufgelistet: Hier ist aus den offiziellen Prüfungsergebnissen der Prozentwert derjenigen, die das Physikum bzw. Hammerexamen erfolgreich absolviert haben, genannt. Desweiteren ist die sich für die Uni daraus ergebende Platzierung in der „Bestenliste“ der 36 Unis im Hinblick auf den Erfolg ihrer Studenten in den Examina angegeben.

Weiterempfehlung und Uni-Benotung
Die Frage „Würdest du einem Studenten empfehlen, an deiner Uni zu studieren?“ konnte – mit Zwischenwerten – auf einer Skala von „Auf jeden Fall“ bis hin zu „Auf keinen Fall“ beantwortet werden. Wir geben in der Tabelle samt Grafik an, wie viele Angaben auf einzelne Antwortmöglichkeiten entfielen und wie die Uni im Vergleich zu den anderen Unis liegt. Zusätzlich führen wir die Schulnote auf, die die Studenten aus dieser Stadt für das Studium an ihrer Uni erteilt haben.

Studentenmeinung
Als Abrundung findest du eine Auswahl der Antworten auf die Fragen: Was gefällt dir an der Uni Stadt? Was stört dich an deiner Uni-Stadt? In diesem Teil findest du quasi den Originalton der Studenten, die zusätzlich gleich ein paar wertvolle Tipps für die Freizeitgestaltung geben.
Nun wünschen wir dir viel Spaß bei der virtuellen Reise durch die verschiedenen Unistädte Deutschlands von der Ostsee bis zu den Alpen!

Mehr Cartoons unter:
www.medi-learn.de/cartoons
www.facebook.de/medilearn

Aachen

©istockphoto

>> Universität

RWTH Aachen Universitätsklinikum

>> Adresse

Dekanat der Medizinischen Fakultät
Pauwelstraße 30, 52074 Aachen
Internet: www.medi-learn.de/STF925

Modellstudiengang: ja

Studienbeginn: WiSe

Einwohnerzahl: 260.000
Medizinstudenten: ca. 2.000
Gesamtzahl Studenten: ca. 28.500

Durchschnittliche Mietkosten: 294 €
Durchschnittliches Budget: 622 €

Examensleistung:
Kein Physikum wegen Reformstudiengang
Hammerexamen: 77,1 %, Platz 9

Kontaktadressen und weitere Infos findest du unter:
www.medi-learn.de/STF936

>> Geschichte

Die RWTH wurde 1870 als „Königliche Rheinisch-Westphälische Polytechnische Schule" gegründet. Die Medizinische Fakultät besteht seit 1966. Alle seit dem Wintersemester 03/04 zum ersten Semester zugelassenen Studenten befinden sich im Modellstudiengang Medizin. Dieser fördert ein organzentriertes statt eines fachzentrierten Lernens und so das Verständnis für den menschlichen Körper und Erkrankungen. Praxisbezug und theoretische Ausbildung werden gleichmäßig über das Studium verteilt. Daneben erlernen die Studenten auch wirtschaftliche und technische Grundlagen. Das Forschungsspektrum an der RWTH Medizin deckt nahezu alle Bereiche ab.

>> Surftipp

www.medi-learn.de/STF937

WEITEREMPFEHLUNG

>> Aachen

Auf die Frage, ob sie einem Studieninteressierten oder Studenten empfehlen würden, in Aachen zu studieren, antworteten die Studenten folgendermaßen:

„Auf jeden Fall"	*11*
„Wahrscheinlich schon"	*5*
„Wüsste ich nicht genau"	*12*
„Wahrscheinlich nicht"	*5*
„Auf keinen Fall"	*1*

Note: 2,32 Platz: 26 von 35 Teilnehmer: 44

So bewerten Medizinstudenten aus Aachen
- die Vorklinik: 2,70 (Platz 24 von 35)
- die Klinik: 2,81 (Platz 21 von 35)

STUDENTENMEINUNG

Was gefällt den Studenten an Aachen?

„die Nähe zu Belgien und den Niederlanden", „viele gemütliche Kneipen", „alles mit dem Fahrrad erreichbar", „echte Studentenstadt"

Was gefällt den Studenten nicht?

„zu viel Regen", „wenig Diskotheken", „Busse fahren nicht mehr nach 0:30 Uhr", „etwas klein"

Was gefällt den Studenten am Studium?

„alles unter einem Dach", „Entgegenkommen der Professoren", „Seminare in kleinen Gruppen", „trotz Lehrplanvorgaben Spielraum für eigene Studieninteressen"

Was gefällt den Studenten nicht?

„mangelnde Information und Organisation", „überteuerte Preise in der Mensa", „das Klinikumsgebäude", „beschränkter Zugang zu Computern und Internet"

Freizeittipps:

„Joggen, Biken und Inlineskaten im Dreiländereck", „die Aachener Parks", „Carolus-Thermen", „Kneipen und Restaurants in der Pontstrasse", „Hochschulsport"

Berlin

©istockphoto

>> Universität

Charité - Universitätsmedizin Berlin

>> Adresse

Charitéplatz 1
10117 Berlin
Internet: www.medi-learn.de/STF938

Modellstudiengang: ja
Studienbeginn: WiSe / SoSe Regelstudiengang, WiSe Modellstudiengang

Einwohnerzahl: 3.500.000
Medizinstudenten: ca. 6.500
Gesamtzahl Studenten: ca. 110.000

Durchschnittliche Mietkosten: 338 €
Durchschnittliches Budget: 667 €

Examensleistung:
Physikum: 66,9 %, Platz 23
Hammerexamen: 74,7 %, Platz 26

Kontaktadressen und weitere Infos findest du unter:
www.medi-learn.de/STF939

>> Geschichte

Die Charité wurde im Jahre 1710 gegründet. Sie ist das größte Universitätsklinikum Europas. Die neu gegründete CUB (Charité-Universitätsmedizin Berlin) ist gemeinsame Medizinische Fakultät der Freien Universität und der Humboldt-Universität Berlin. Das parallel zum Regelstudiengang laufende Reformmodell wurde 1999 als erstes seiner Art gestartet und sieht Problem-orientiertes Lernen, Blockstrukturen und Evaluation der Lehre vor. Für den Dialog zwischen allen Studierenden und dem Lehrkörper wurde das Online-Portal „campusnet" (www.charite.de/lehre) eingerichtet.

>> Surftipp

www.medi-learn.de/STF940
www.medi-learn.de/STF941

WEITEREMPFEHLUNG

>> Berlin

Auf die Frage, ob sie einem Studieninteressierten oder Studenten empfehlen würden, in Berlin zu studieren, antworteten die Studenten folgendermaßen:

„Auf jeden Fall"	*41*
„Wahrscheinlich schon"	*82*
„Wüsste ich nicht genau"	*32*
„Wahrscheinlich nicht"	*10*
„Auf keinen Fall"	*3*

Note: 2,12 Platz: 20 von 35 Teilnehmer: 168

So bewerten Medizinstudenten aus Berlin
- die Vorklinik: 2,68 (Platz 23 von 35)
- die Klinik: 2,89 (Platz 23 von 35)

STUDENTENMEINUNG

Was gefällt den Studenten an Berlin?

„Hauptstadt: Hier gibt es einfach alles!", „multikulturelle Vielfalt", „gute Wohnungssituation", „großes kulturelles Angebot", „super Nachtleben"

Was gefällt den Studenten nicht?

„Verkehr, Lärm, Luftverschmutzung", „wirtschaftlicher und sozialer Abwärtstrend", „zufällig jemanden treffen passiert so gut wie nie", „manchmal zu viel Ablenkung"

Was gefällt den Studenten am Studium?

„gute Ausstattung von Übungsräumen und Bibliothek", „viele Auslandsmöglichkeiten", „der gute Ruf der Charité", „auch Regelstudenten können Reformstudiengang nutzen"

Was gefällt den Studenten nicht?

„stundenlanges Pendeln zwischen Campi und Kliniken", „Organisation oft unstrukturiert", „schwer zugängliche Informationen"

Freizeittipps:

„Berliner Clubs sind super!", „die Stadt mit dem Fahrrad erobern", „im Sommer an einem der vielen Seen faulenzen", „Boot leihen und durch die Stadt schippern"

Bochum

©istockphoto

>> Universität

Ruhr-Universität Bochum

>> Adresse

Dekanat der Medizinischen Fakultät
Universitätsstraße 150
44801 Bochum
Internet: www.medi-learn.de/STF942

Modellstudiengang: ja
Studienbeginn: WiSe Regelstudiengang und Modellstudiengang

Einwohnerzahl: 370.000
Medizinstudenten: ca. 2.200
Gesamtzahl Studenten: ca. 32.500

Durchschnittliche Mietkosten: 288 €
Durchschnittliches Budget: 585 €

Examensleistung:
Physikum: 64,8 %, Platz 30
Hammerexamen: 72,7 %, Platz 34

Kontaktadressen und weitere Infos findest du unter:
www.medi-learn.de/STF943

>> Geschichte

Die Ruhr-Universität Bochum wurde 1965 eröffnet. Sie ist die erste neu gegründete Universität der Bundesrepublik und gilt als Prototyp der Campus-Uni. Parallel zum Regelstudiengang wird auch in Bochum ein Reformstudiengang mit Blockpraktika, Organzentriertem Lernen und Zusatzqualifikationen angeboten. Durch Problemorientiertes Lernen, Arbeit mit eigens entwickeltem Fallmaterial und Bewertung der Lehre wurde auch der alte Studiengang erneuert. Geforscht wird an der RUB unter anderem in Kardiovaskulärer Medizin, Molekularer Medizin und Medizintechnik.

>> Surftipp

www.medi-learn.de/STF944

WEITEREMPFEHLUNG

>> Bochum

Auf die Frage, ob sie einem Studieninteressierten oder Studenten empfehlen würden, in Bochum zu studieren, antworteten die Studenten folgendermaßen:

„Auf jeden Fall“	*16*
„Wahrscheinlich schon“	*38*
„Wüsste ich nicht genau“	*25*
„Wahrscheinlich nicht“	*18*
„Auf keinen Fall“	*4*

Note: 2,56 Platz: 33 von 35 Teilnehmer: 101

So bewerten Medizinstudenten aus Bochum
- die Vorklinik: 2,75 (Platz 27 von 35)
- die Klinik: 2,93 (Platz 24 von 35)

STUDENTENMEINUNG

Was gefällt den Studenten an Bochum?

„viele Kneipen und Bars“, „günstiges Wohnen“, „zentrale Lage“, „gute Anbindung an umliegende Städte“, „großes Freizeit- und Kulturangebot“

Was gefällt den Studenten nicht?

„keine echte Studentenstadt, „Pendleruni“, „keine schönen Wohnheime“, „die Beton-Uni“, „Parkplätze sind oft knapp“

Was gefällt den Studenten am Studium?

„auf dem Campus ist alles nah bei-einander“, „Problemorientiertes Lernen ist super!“, „viele Wahlfächer und Zusatzveranstaltungen“, „viele spezialisierte Lehrkrankenhäuser“, „Organisation durch Dekanat und Prüfungsbüro“

Was gefällt den Studenten nicht?

„zeitraubendes Pendeln zwischen den Unikliniken“, „Institute stimmen sich untereinander nicht ab“, „unpersönliche Atmosphäre“, „teilweise veraltete Lernmittel“

Freizeittipps:

„Bermuda-Dreieck: sehr viele Kneipen“, „Kemnader See und Botanischer Garten an der Uni“, „Schauspielhaus Bochum“, „Clubs in Bochum, Essen, Dortmund …“, „unbedingt Currywurst essen!“

Bonn

©istockphoto

>> Universität

Rheinische Friedrich-Wilhelms-Universität Bonn

>> Adresse

Dekanat der Medizinischen Fakultät
Sigmund-Freud-Straße 25
53127 Bonn
Internet: www.medi-learn.de/STF945

Modellstudiengang: nein
Studienbeginn: WiSe Regelstudiengang und Modellstudiengang

Einwohnerzahl: 327.000
Medizinstudenten: ca. 2.000
Gesamtzahl Studenten: ca. 30.000

Durchschnittliche Mietkosten: 337 €
Durchschnittliches Budget: 585 €

Examensleistung:
Physikum: 66,5 %, Platz 26
Hammerexamen: 75,9 %, Platz 16

Kontaktadressen und weitere Infos findest du unter:
www.medi-learn.de/STF946

>> Geschichte

Die Uni Bonn kann auf fast 200 Jahre Geschichte zurückblicken: Friedrich Wilhelm der Dritte eröffnete sie 1818. In seinem Schloss befindet sich heute ein Teil der Uni. Rund 80 Studiengänge werden in Bonn angeboten. Der Fachbereich Medizin hat sich in der Forschung besonders auf Neurowissenschaften, genetische Grundlagen menschlicher Erkrankungen sowie Erkrankungen des Herz-Kreislauf-Systems spezialisiert.

>> Surftipp

www.medi-learn.de/STF947

WEITEREMPFEHLUNG

>> Bonn

Auf die Frage, ob sie einem Studieninteressierten oder Studenten empfehlen würden, in Bonn zu studieren, antworteten die Studenten folgendermaßen:

„Auf jeden Fall"	*14*
„Wahrscheinlich schon"	*46*
„Wüsste ich nicht genau"	*10*
„Wahrscheinlich nicht"	*8*
„Auf keinen Fall"	*8*

Note: 2,42 Platz: 30 von 35 Teilnehmer: 86

So bewerten Medizinstudenten aus Bonn
- die Vorklinik: 3,05 (Platz 33 von 35)
- die Klinik: 3,05 (Platz 29 von 35)

STUDENTENMEINUNG

Was gefällt den Studenten an Bonn?

„schöne Stadt, alte Gebäude, viele Parks", „Spazieren am Rhein", „tolle Museumsmeile und viele Kulturveranstaltungen", „man trifft überall Bekannte", „gemütlich und nah an Köln"

Was gefällt den Studenten nicht?

„Unikliniken liegen ab vom Schuss auf dem Venusberg", „hoher Mietspiegel, alles sehr teuer", „man kennt fast jeden", „teilweise schlechte Verkehrsanbindungen"

Was gefällt den Studenten am Studium?

„Jedes Semester Bewertung der Lehre durch Studenten", „räumliche Nähe der Institute", „Angebote fürs Auslandsstudium", „Fachschaftsarbeit und Studentenengagement"

Was gefällt den Studenten nicht?

„Kriterien härter als an anderen Unis", „zu viel Bürokratie", „Unterschiede in der Lehrqualität", „Veranstaltungszeiten nicht aufeinander abgestimmt"

Freizeittipps:

„im Sommer im Hofgarten an der Uni oder an der Rheinaue sitzen", „eines der vielen Museen besuchen", „viele Konzerte", „zum Feiern rüber nach Köln fahren"

Dresden

©istockphoto

>> Universität

Technische Universität Dresden

>> Adresse

Medizinische Fakultät Carl Gustav Carus
Fetscherstraße 74
01307 Dresden
Internet: www.medi-learn.de/STF948

Modellstudiengang: nein
Studienbeginn: WiSe

Einwohnerzahl: 529.000
Medizinstudenten: ca. 2.000
Gesamtzahl Studenten: ca. 22.000

Durchschnittliche Mietkosten: 259 €
Durchschnittliches Budget: 533 €

Examensleistung:
Physikum: 70,3 %, Platz 8
Hammerexamen: 76,8 %, Platz 12

Kontaktadressen und weitere Infos findest du unter:
www.medi-learn.de/STF949

>> Geschichte

Die Technische Universität wurde 1828 gegründet. Nach der Wiedervereinigung wurde Medizin zusammen mit einer Reihe geistes- und sozialwissenschaftlicher Fächer an der Uni eingeführt. Entsprechend neuwertig ist die technische Ausstattung der Medizin. In Dresden wurde das Problemorientierte Lernsystem DIPOL eingeführt, das fächerübergreifend und studentenorientiert Wissen vermittelt. Dabei treten Kleingruppenarbeit in Tutorien, interdisziplinäre Veranstaltungen und Multimedia-Unterricht neben die traditionellen Lehrformen.

>> Surftipp

www.medi-learn.de/STF950

WEITEREMPFEHLUNG

>> Dresden

Auf die Frage, ob sie einem Studieninteressierten oder Studenten empfehlen würden, in Dresden zu studieren, antworteten die Studenten folgendermaßen:

„Auf jeden Fall“	*35*
„Wahrscheinlich schon“	*32*
„Wüsste ich nicht genau“	*9*
„Wahrscheinlich nicht“	*4*
„Auf keinen Fall“	*1*

Note: 1,81 Platz: 8 von 35 Teilnehmer: 81

So bewerten Medizinstudenten aus Dresden
- die Vorklinik: 2,25 (Platz 12 von 35)
- die Klinik: 2,45 (Platz 9 von 35)

STUDENTENMEINUNG

Was gefällt den Studenten an Dresden?

„Kulturangebot in der Altstadt, viele Sehenswürdigkeiten“, „die vielen Bars und Clubs in der Neustadt“, „total schöne Wohngegenden“, „unglaublich schöne Umgebung“

Was gefällt den Studenten nicht?

„zu viel Regen“, „wenig Diskotheken“, „Busse fahren nicht mehr nach 0:30 Uhr“, „etwas klein“

Was gefällt den Studenten am Studium?

„alles modern, tolles Klima, gute Organisation“, „gutes Wissen der Lehrenden“, „DIPOL-Kurse sind gut“, „Einrichtungen zentral und auf einem Fleck“, „relativ geringe Studentenzahl“

Was gefällt den Studenten nicht?

„recht schwere Vorklinik“, „wenig Internationalität“, „immer mal wieder organisatorische Probleme“

Freizeittipps:

„Abhängen an den Elbwiesen oder im Großen Garten“, „Ausflug ins Elbsandsteingebirge“, „viele selbstorganisierte Partys“, „Kneipentour durch die Neustadt machen“, „Filmnächte am Elbufer“

Düsseldorf

©istockphoto

>> Universität
Heinrich Heine-Universität Düsseldorf

>> Adresse
Dekanat der Medizinischen Fakultät
Moorenstraße 5
40225 Düsseldorf
Internet: www.medi-learn.de/STF951

Modellstudiengang: nein
Studienbeginn: WiSe

Einwohnerzahl: 592.000
Medizinstudenten: ca. 2.000
Gesamtzahl Studenten: ca. 30.000

Durchschnittliche Mietkosten: 318 €
Durchschnittliches Budget: 565 €

Examensleistung:
Physikum: 67 %, Platz 22
Hammerexamen: 75,2 %, Platz 23

Kontaktadressen und weitere Infos findest du unter:
www.medi-learn.de/STF952

>> Geschichte
Bereits im Jahre 1747 wurden in Düsseldorf mehrere medizinische Lehrstätten zum Collegium anatomico-chirurgicum mit festem Lehrplan zusammengeführt. 1966 wird aus der ehemaligen Medizinischen Akademie die Universität Düsseldorf mit neu eingeführten geistes- und naturwissenschaftlichen Fakultäten. Das Medizinstudium bietet eine sehr gute klinisch-praktische Ausbildung in den Universitätskliniken. Die Lehrmethodik der Dozenten wird durch die Arbeitsgruppe Medizindidaktik geschult. Zudem besteht auch die Möglichkeit, medizinische Spitzenforschung zu betreiben.

>> Surftipp
www.medi-learn.de/STF953

WEITEREMPFEHLUNG

>> Düsseldorf

Auf die Frage, ob sie einem Studieninteressierten oder Studenten empfehlen würden, in Düsseldorf zu studieren, antworteten die Studenten folgendermaßen:

„Auf jeden Fall"	*3*
„Wahrscheinlich schon"	*26*
„Wüsste ich nicht genau"	*36*
„Wahrscheinlich nicht"	*39*
„Auf keinen Fall"	*12*

Note: 3,27 Platz: 35 von 35 Teilnehmer: 116

So bewerten Medizinstudenten aus Düsseldorf
- die Vorklinik: 3,41 (Platz 35 von 35)
- die Klinik: 3,04 (Platz 27 von 35)

STUDENTENMEINUNG

Was gefällt den Studenten an Düsseldorf?

„die Altstadt direkt am Rhein", „super zum Shoppen", „Großstadt-Feeling, keine reine Uni-Stadt", „sehr gute Anbindung an umliegende Städte", „Nachtleben und man bekommt jederzeit was zu essen"

Was gefällt den Studenten nicht?

„teilweise sehr versnobbte Leute", „man kommt nach 23 Uhr schlecht von der Uni in die Stadt", „Uni relativ weit draußen", „teuer"

Was gefällt den Studenten am Studium?

„aufgeschlossene Dozenten", „klinischer Abschnitt ist sehr gut", „alle Einrichtungen nah beieinander", „Campus, man ist als Mediziner nicht isoliert", „das Café in der medizinischen Fakultät"

Was gefällt den Studenten nicht?

„kaum Studi-Feeling, viele Pendler", „Informationsfluss zwischen Organisation und Dozenten könnte besser sein", „zu viele Studenten, oft unpersönlich", „alte Hörsäle"

Freizeittipps:

„durch die Altstadt-Kneipen ziehen", „Beach Clubs im Sommer", „tolle Ausstellungen im K20 und anderen Museen", „Relaxen am Unterbacher See oder am Rhein", „Botanischer Garten"

Erlangen

©istockphoto

>> Universität

Friedrich Alexander-Universität Erlangen

>> Adresse

Dekanat der Medizinischen Fakultät
Östliche Stadtmauerstraße 30a
91054 Erlangen
Internet: www.medi-learn.de/STF954

Modellstudiengang: nein
Studienbeginn: WiSe / SoSe

Einwohnerzahl: 106.000
Medizinstudenten: ca. 2.000
Gesamtzahl Studenten: ca. 26.000
Durchschnittliche Mietkosten: 321 €
Durchschnittliches Budget: 595 €

Examensleistung:
Physikum: 72,6 %, Platz 2
Hammerexamen: 77,7 %, Platz 5

Kontaktadressen und weitere Infos findest du unter:
www.medi-learn.de/STF955

>> Geschichte

Die Uni Erlangen wurde 1743 vom Markgrafen Friedrich gegründet, sein Nachfolger Alexander ließ sie ausbauen. Ab 1769 wurde hier neben den Klassikern Theologie, Jura und Philosophie auch Medizin gelehrt. Das Universitätsklinikum mit insgesamt zehn Abteilungen wurde 1824 gegründet, ist überwiegend am Erlanger Schlosspark gelegen und besitzt derzeit den modernsten Operationssaal der Welt. Leitidee des Uniklinikums ist die enge fachübergreifende Verzahnung der klinischen Forschung sowie der wissenschaftlichen Nachwuchsförderung. Dafür wurde das Interdisziplinäre Zentrum für Klinische Forschung (IZKF) gegründet.

>> Surftipp

www.medi-learn.de/STF956

WEITEREMPFEHLUNG

>> Erlangen

Auf die Frage, ob sie einem Studieninteressierten oder Studenten empfehlen würden, in Erlangen zu studieren, antworteten die Studenten folgendermaßen:

„Auf jeden Fall“	*19*
„Wahrscheinlich schon“	*46*
„Wüsste ich nicht genau“	*22*
„Wahrscheinlich nicht“	*8*
„Auf keinen Fall“	*3*

Note: 2,29 Platz: 25 von 35 Teilnehmer: 98

So bewerten Medizinstudenten aus Erlangen
- die Vorklinik: 2,41 (Platz 17 von 35)
- die Klinik: 3,10 (Platz 30 von 35)

STUDENTENMEINUNG

Was gefällt den Studenten an Erlangen?

„direkte Nähe zu Nürnberg“, „viele Bars und Kneipen, in die man gehen kann“ „der Schlosspark“, „kurze Wege, überschaubar“

Was gefällt den Studenten nicht?

„kein Semesterticket“, „sehr hohe Mieten und Wohnungsmangel“, „wenig kulturelles Angebot in Erlangen selbst“, „Fahrraddiebstahl scheint Volkssport zu sein“

Was gefällt den Studenten am Studium?

„Vorklinische Dozenten sind immer gut erreichbar“, „relativ wenig Studenten pro Semester“, „selten überfüllte Hörsäle“, „Ausbildung im Grundstudium ist gut“

Was gefällt den Studenten nicht?

„Bücher-Auswahl ist nicht gut“, „mangelndes Raumangebot für Arbeit in Lerngruppen“, „bürokratisch und manchmal etwas unorganisiert“

Freizeittipps:

„Traditions-Studentendisko Zirkel“, „Faulenzen im Schlosspark“, „verlängertes Wochenende in der Fränkischen Schweiz machen“, „Freeclimbing, Wandern, Kajak, Höhlenforschung“, „umliegende Badeseen“

Essen

©istockphoto

>> Universität

Universität Essen

>> Adresse

Dekanat der Medizinischen Fakultät
Hufelandstraße 55
45122 Essen
Internet: www.medi-learn.de/STF957

Modellstudiengang: nein

Studienbeginn: WiSe

Einwohnerzahl: 573.000
Medizinstudenten: ca. 1.700
Gesamtzahl Studenten: ca. 35.000

Durchschnittliche Mietkosten: 328 €
Durchschnittliches Budget: 625 €

Examensleistung:
Physikum: 64,8 %, Platz 31

Hammerexamen: 73,7 %, Platz 32

Kontaktadressen und weitere Infos findest du unter:
www.medi-learn.de/STF958

>> Geschichte

Die Universität gibt es erst seit 2003: Zuvor waren die jetzigen Standorte Duisburg und Essen unabhängige Gesamthochschulen. Beide wurden 1972 gegründet. Der Ausbildungsort für Medizin bleibt nach der Fusion weiterhin Essen. Blockpraktika und Kleingruppenarbeit haben auch in Essen Einzug gehalten. Daneben wurden verschiedene medizinnahe Studiengänge initiiert. Über das System „EVALuna" können die Studierenden ihre Kurse bewerten. Wer sich für Herz-Kreislauf-Erkrankungen, Onkologie und Transplantationsmedizin interessiert, findet hier den richtigen Forschungsschwerpunkt.

>> Surftipp

www.medi-learn.de/STF959

WEITEREMPFEHLUNG

>> Essen

Auf die Frage, ob sie einem Studieninteressierten oder Studenten empfehlen würden, in Essen zu studieren, antworteten die Studenten folgendermaßen:

„Auf jeden Fall"	*32*
„Wahrscheinlich schon"	*44*
„Wüsste ich nicht genau"	*18*
„Wahrscheinlich nicht"	*6*
„Auf keinen Fall"	*2*

Note: 2,04 Platz: 17 von 35 Teilnehmer: 102

So bewerten Medizinstudenten aus Essen
- die Vorklinik: 2,76 (Platz 28 von 35)
- die Klinik: 2,59 (Platz 14 von 35)

STUDENTENMEINUNG

Was gefällt den Studenten an Essen?

„gutes Verkehrsnetz, man ist schnell überall im Ruhrgebiet", „viele schöne Kneipen, Bars und Clubs", „bezahlbare Wohnungen", „gute Shopping-Stadt"

Was gefällt den Studenten nicht?

„keine schöne Stadt, wenig Studentenflair", „Pendleruni", „überfüllte Straßen, viel Verkehr", „soziale Probleme"

Was gefällt den Studenten am Studium?

„zentrale Lage, alle Institute und Kliniken an einem Platz", „überschaubare Studentenzahl, gutes Betreuungsverhältnis", „gute Fachschaftsarbeit", „Anschaffungswünsche bei Büchern werden berücksichtigt"

Was gefällt den Studenten nicht?

„Mediziner sind ausgelagert und von anderen Fakultäten isoliert", „veraltetes Equipment, kaputte Stühle", „manche Kurse überschneiden sich zeitlich", „Studienreform wird schleppend umgesetzt"

Freizeittipps:

„Zum Entspannen in den Gruga-Park", „Inlineskaten oder Spazieren am Baldeneysee", „Kulturmetropole, viele Ausstellungen, Theater, Oper, Ballett etc.", „schnell im Grünen"

Frankfurt

©istockphoto

>> Universität

Johann Wolfgang von Goethe-Universität Frankfurt

>> Adresse

Dekanat der Medizinischen Fakultät
Theodor-Stern-Kai 7
60590 Frankfurt am Main
Internet: www.medi-learn.de/STF960

Modellstudiengang: nein

Studienbeginn: WiSe

Einwohnerzahl: 691.000
Medizinstudenten: ca. 3.000
Gesamtzahl Studenten: ca. 35.000

Durchschnittliche Mietkosten: 391 €
Durchschnittliches Budget: 666 €

Examensleistung:
Physikum: 68,4 %, Platz 18

Hammerexamen: 74,0 %, Platz 30

Kontaktadressen und weitere Infos findest du unter:
www.medi-learn.de/STF961

>> Geschichte

1914 wurde die Universität Frankfurt als Stiftungsuniversität gegründet, vollständig aus privaten Mitteln finanziert. Die Medizinische Fakultät befindet sich in Niederrad, einem der vier Standorte. Mit der Umstellung des Medizinstudiums auf das Studienjahr konnte in Frankfurt ein völlig neues Unterrichtskonzept realisiert werden: Zusammenfassung in Themenblöcken, Wahlfächer, Problemorientiertes Lernen und regelmäßige Bewertung durch die Studierenden. Namenhafte Forschung wird vor allem im Bereich der kardiovaskulären Medizin und der Neurowissenschaften betrieben.

>> Surftipp

www.medi-learn.de/STF962

WEITEREMPFEHLUNG

>> Frankfurt

Auf die Frage, ob sie einem Studieninteressierten oder Studenten empfehlen würden, in Frankfurt zu studieren, antworteten die Studenten folgendermaßen:

Note: 2,39 Platz: 28 von 35 Teilnehmer: 124

So bewerten Medizinstudenten aus Frankfurt
- die Vorklinik: 2,54 (Platz 22 von 35)
- die Klinik: 3,14 (Platz 31 von 35)

STUDENTENMEINUNG

Was gefällt den Studenten an Frankfurt?

„Hochhäuser, mondänes Flair“, „gut ausgebautes Verkehrsnetz“, „man findet sehr schnell einen Nebenjob“, „romantisches Mainufer“, „gute Studentenpartys“, „kulturelle Vielfalt“

Was gefällt den Studenten nicht?

„alles ist teuer und auf schick gemacht“, „wenig Studentenleben, viele Anzugträger“, „Smog, hohe Mietkosten und in manchen Stadtteilen alleine nachts nicht ganz sicher“

Was gefällt den Studenten am Studium?

„Vorklinik ist ganz gut strukturiert“, „viel Wahlfreiheit“, „schickes Klinikum, nette Mitstudenten“, „unser Medizinstudentenhaus KOMM“, „kurze Wege zu den Veranstaltungen“

Was gefällt den Studenten nicht?

„wenig Kontakt zu anderen Studiengängen“, „ausbaufähige Informationspolitik“, „derzeit noch antiquierte Ausstattung der Vorklinik-Labore“

Freizeittipps:

„Partys im KOMM“, „günstige Uni-Sport-Kurse“, „Abhängen im Palmengarten“, „einfach an den Main legen und faulenzen“, „in die Alte Oper oder eines der Museen gehen“

Freiburg

©istockphoto

>> Universität

Albert-Ludwigs-Universität Freiburg

>> Adresse

Dekanat der Medizinischen Fakultät
Hugstetter Straße 49
79106 Freiburg
Internet: www.medi-learn.de/STF963

Modellstudiengang: nein

Studienbeginn: WiSe

Einwohnerzahl: 229.000
Medizinstudenten: ca. 3.100
Gesamtzahl Studenten: ca. 21.000

Durchschnittliche Mietkosten: 336 €
Durchschnittliches Budget: 643 €

Examensleistung:
Physikum: 70,0 %, Platz 11

Hammerexamen: 80,3 %, Platz 1

Kontaktadressen und weitere Infos findest du unter:
www.medi-learn.de/STF964

>> Geschichte

Die Universität Freiburg wurde 1457 gegründet. Medizin war von Anfang an Teil des Fächerangebots. Anfang des 19. Jahrhunderts sicherte Großherzog Ludwig den Fortbestand der Ausbildungsstätte, man dankte es ihm mit der Namensnennung. Praxis- und fallbezogener Unterricht, die Förderung des Selbststudiums und zusätzliche Vertiefungsveranstaltungen werden angeboten. Für geschichtliche und ethische Aspekte wurde das Zentrum für Ethik und Recht in der Medizin (ZERM) gegründet. Die Medizinische Fakultät genießt in ihrer experimentellen und auch in der klinischen Forschung hohes internationales Ansehen.

>> Surftipp

www.medi-learn.de/STF965

WEITEREMPFEHLUNG

>> Freiburg

Auf die Frage, ob sie einem Studieninteressierten oder Studenten empfehlen würden, in Freiburg zu studieren, antworteten die Studenten folgendermaßen:

„Auf jeden Fall“	*20*
„Wahrscheinlich schon“	*23*
„Wüsste ich nicht genau“	*13*
„Wahrscheinlich nicht“	*4*
„Auf keinen Fall“	*1*

Note: 2,07 Platz: 18 von 35 Teilnehmer: 61

So bewerten Medizinstudenten aus Freiburg
- die Vorklinik: 2,38 (Platz 16 von 35)
- die Klinik: 2,34 (Platz 7 von 35)

STUDENTENMEINUNG

Was gefällt den Studenten an Freiburg?

„schöne Stadt, gutes Wetter, hoher Freizeitwert“, „tolle Outdoor-Möglichkeiten“, „man kann gut und recht günstig ausgehen“, „viele Angebote für Studenten“, „familiäre Atmosphäre“

Was gefällt den Studenten nicht?

„hohe Mietpreise und wenig Wohnungen“, „andere Großstädte sind weit weg“, „auf Dauer etwas provinziell“

Was gefällt den Studenten am Studium?

„der gute Ruf der Uni“, „Lehre wird verbessert“, „Studienverlauf ist gut organisiert“, „alle Institute sind schnell erreichbar“

Was gefällt den Studenten nicht?

„noch zu wenig Praxisanteile“, „Kontakt zu Dozenten könnte persönlicher sein“, „zu viel Gewichtung der Forschung“

Freizeittipps:

„Skifahren auf dem Feldberg“, „Ausflugsziele Dreisam und Schauinsland“, „Mountainbiken, Wandern, in die Schweiz fahren“, „Vergünstigungen für Kino, Kneipen, Theater etc. nutzen“

Gießen

©istockphoto

>> Universität

Justus Liebig-Universität Gießen

>> Adresse

Dekanat der Medizinischen Fakultät
Rudolf-Buchheim-Straße 6
35392 Gießen
Internet: www.medi-learn.de/STF968

Modellstudiengang: nein

Studienbeginn: WiSe / SoSe

Einwohnerzahl: 78.000
Medizinstudenten: ca. 2.700
Gesamtzahl Studenten: ca. 26.500

Durchschnittliche Mietkosten: 286 €
Durchschnittliches Budget: 596 €

Examensleistung:
Physikum: 69,7 %, Platz 13

Hammerexamen: 74,2 %, Platz 27

Kontaktadressen und weitere Infos findest du unter:
www.medi-learn.de/STF969

>> Geschichte

Die Uni in Gießen wurde 1607 gegründet, vier Jahre später wurde hier das Studium der Medizin angeboten. Gießen ist die Stadt mit der höchsten Studentendichte Deutschlands. Der „Hortus Medicus" (Botanischer Garten) ist der älteste seiner Art. Vorklinische Institute und Universitätsklinikum liegen auf einem gemeinsamen Campus. Eine umfangreiche virtuelle Bibliothek mit medizinischen Lernprogrammen steht für die Studenten bereit. Zugpferde der Wissenschaft am Fachbereich Medizin in Gießen sind Forschungsschwerpunkte wie das „Kardiopulmonale Gefäßsystem", „Infektion und Immunität" und „Reproduktionsmedizin".

>> Surftipp

www.medi-learn.de/STF970

WEITEREMPFEHLUNG

>> Gießen

Auf die Frage, ob sie einem Studieninteressierten oder Studenten empfehlen würden, in Gießen zu studieren, antworteten die Studenten folgendermaßen:

„Auf jeden Fall"	*22*
„Wahrscheinlich schon"	*63*
„Wüsste ich nicht genau"	*26*
„Wahrscheinlich nicht"	*9*
„Auf keinen Fall"	*3*

Note: 2,25 Platz: 24 von 35 Teilnehmer: 123

So bewerten Medizinstudenten aus Gießen
- die Vorklinik: 2,50 (Platz 21 von 35)
- die Klinik: 2,45 (Platz 10 von 35)

STUDENTENMEINUNG

Was gefällt den Studenten an Gießen?

„alle Einrichtungen liegen dicht beieinander", „familiäre Strukturen, man kennt fast jeden", „Angebote in der Stadt sind auf Studenten zugeschnitten", „viele Bars und Kneipen"

Was gefällt den Studenten nicht?

„keine schöne Stadt", „zu übersichtlich", „die Bahnschranke an der Frankfurter Straße, an der alle Studenten ständig warten müssen"

Was gefällt den Studenten am Studium?

„gute Betreuung in der Vorklinik", „immer ein Ansprechpartner", „kleine Kursgruppen", „Dozenten kennen einen oft persönlich", „fühle mich immer gut aufgehoben"

Was gefällt den Studenten nicht?

„zu wenig Bücher für manche Fächer", „wenig schöne Studentenwohnheime, lange Wartezeit", „manchmal etwas chaotische Organisation"

Freizeittipps:

„Radfahren entlang der Lahn und in der Umgebung", „Open Air-Konzerte im Sommer", „viele Studenten- und WG-Partys", „gutes Hochschulsportprogramm"

Göttingen

©istockphoto

>> Universität

Georg-August-Universität Göttingen

>> Adresse

Studierendenbüro der Universität Göttingen
Wilhelmsplatz 4
37073 Göttingen
Internet: www.medi-learn.de/STF971

Modellstudiengang: nein
Studienbeginn: WiSe / SoSe

Einwohnerzahl: 121.000
Medizinstudenten: ca. 4.000
Gesamtzahl Studenten: ca. 24.000

Durchschnittliche Mietkosten: 262 €
Durchschnittliches Budget: 600 €

Examensleistung:
Physikum: 70,6 %, Platz 6

Hammerexamen: 77,2 %, Platz 8

Kontaktadressen und weitere Infos findest du unter:
www.medi-learn.de/STF972

>> Geschichte

Die Georg August-Universität wurde 1737 gegründet. In jedem Frühjahr und Herbst fangen mittlerweile über 300 Studierende in den Studiengängen der Human- und Zahnmedizin an. Seit 2004 wird der gesamte klinische Studienabschnitt themenzentriert und interdisziplinär in Modulen angeboten. Neue Lehrveranstaltungen wie Blockpraktika und Wahlfächer wurden eingeführt. Ebenso wird in Kleingruppen gearbeitet. Besonders profilierte Forschungsbereiche sind die Neurowissenschaften sowie Forschungen in Zelldifferenzierung und Organentwicklung.

>> Surftipp

www.medi-learn.de/STF973

WEITEREMPFEHLUNG

>> Göttingen

Auf die Frage, ob sie einem Studieninteressierten oder Studenten empfehlen würden, in Göttingen zu studieren, antworteten die Studenten folgendermaßen:

„Auf jeden Fall"	*55*
„Wahrscheinlich schon"	*76*
„Wüsste ich nicht genau"	*28*
„Wahrscheinlich nicht"	*6*
„Auf keinen Fall"	*1*

Note: 1,93 Platz: 12 von 35 Teilnehmer: 166

So bewerten Medizinstudenten aus Göttingen
- die Vorklinik: 2,82 (Platz 30 von 35)
- die Klinik: 2,71 (Platz 19 von 35)

STUDENTENMEINUNG

Was gefällt den Studenten an Göttingen?

„sehr schöne Studentenstadt", „alles dreht sich um die Uni, tolle Atmosphäre", „viele nette Kneipen, clubtechnisch ist für jeden was dabei", „günstiger Wohnraum", „man kennt sich"

Was gefällt den Studenten nicht?

„manchmal zu beschaulich", „häufig schlechtes Wetter", „kaum sinnvolle öffentliche Verkehrsmittel", „wenig los in den Semesterferien"

Was gefällt den Studenten am Studium?

„gut organisierte Vorklinik", „guter Dozentenkontakt", „übersichtliche Semestergröße", „kurze Wege zu den Instituten", „Organisation ist immer auf Problemlösung bedacht"

Was gefällt den Studenten nicht?

„Sparmaßnahmen", „Organisation der Institute untereinander ist nicht gut", „noch zu wenig Praxis-Angebote", „zu wenig klinische Bezüge"

Freizeittipps:

„Kiessee", „Badeparadies Eiswiese", „Grillen auf den Schillerwiesen", „guter Unisport", „Kneipen und Studentenclubs in der Innenstadt"

Greifswald

©istockphoto

>> Universität

Ernst-Moritz-Arndt-Universität Greifswald

>> Adresse

Dekanat der Medizinischen Fakultät
Fleischmannstraße 8
17487 Greifswald
Internet: www.medi-learn.de/STF974

Modellstudiengang: nein
Studienbeginn: WiSe

Einwohnerzahl: 55.000
Medizinstudenten: ca. 1.300
Gesamtzahl Studenten: ca. 10.000
Durchschnittliche Mietkosten: 288 €
Durchschnittliches Budget: 549 €

Examensleistung:
Physikum: 70,1 %, Platz 9
Hammerexamen: 75,4 %, Platz 20

Kontaktadressen und weitere Infos findest du unter:
www.medi-learn.de/STF975

>> Geschichte

Die Universität Greifswald erhielt 1456 die Stiftungsbulle von Papst Calixtus III. Die Medizinische Klinik wurde im Jahr 1856 gegründet. Seit 1961 ist die Medizinische Schule an die Universität angegliedert, acht Jahre später wurde der Studienbereich Medizin gegründet. Die Medizinische Fakultät vermittelt mit den Schwerpunkten „Community Medicine" und „Molekulare Medizin" Fähigkeiten und Kenntnisse, die den Arzt zu einer naturwissenschaftlichen Betrachtungsweise und einer an den Bedürfnissen der regionalen Bevölkerung orientierten Handlungsweise befähigen. Besondere Bedeutung hat dabei die interdisziplinäre Vernetzung mit anderen Einrichtungen des Gesundheitswesens.

>> Surftipp

www.medi-learn.de/STF976

WEITEREMPFEHLUNG

>> Greifswald

Auf die Frage, ob sie einem Studieninteressierten oder Studenten empfehlen würden, in Greifswald zu studieren, antworteten die Studenten folgendermaßen:

„Auf jeden Fall"	*44*
„Wahrscheinlich schon"	*19*
„Wüsste ich nicht genau"	*7*
„Wahrscheinlich nicht"	*3*
„Auf keinen Fall"	-

Note: 1,58 Platz: 4 von 35 Teilnehmer: 73

So bewerten Medizinstudenten aus Greifswald
- die Vorklinik: 1,89 (Platz 3 von 35)
- die Klinik: 2,27 (Platz 5 von 35)

STUDENTENMEINUNG

Was gefällt den Studenten an Greifswald?

„Uni steht im städtischen Mittelpunkt", „Stadt liegt nah am Meer", „man kennt sich, auch Studenten aus anderen Fachrichtungen", „im Sommer genial, man kann am Strand lernen"

Was gefällt den Studenten nicht?

„abgelegen, Großstädte zu weit entfernt", „mäßige Anbindung", „zu kleine Mensa bei steigenden Studentenzahlen"

Was gefällt den Studenten am Studium?

„kleine Uni mit super Betreuung!", „guter Kontakt zu den Professoren", „Kliniken und andere Einrichtungen sind schnell erreichbar", „Praxisnähe durch Blockpraktika", „klinische Inhalte werden schon mit der Vorklinik verknüpft"

Was gefällt den Studenten nicht?

„Hauptfächer könnten besser miteinander verknüpft werden", „Zeitaufteilung im klinischen Abschnitt ist zu eng bemessen"

Freizeittipps:

„schöne Strandausflüge nach Rügen oder Usedom, billiger Segelschein", „nette Bars, Kneipen und Cocktailbars", „der Strand in Lubmin", „Sonnenuntergang am Hafen"

Halle

©istockphoto

>> Universität

Martin-Luther-Universität Halle

>> Adresse

Dekanat der Medizinischen Fakultät
Magdeburger Straße 8
06112 Halle
Internet: www.medi-learn.de/STF977

Modellstudiengang: nein

Studienbeginn: WiSe

Einwohnerzahl: 233.000
Medizinstudenten: ca. 1.300
Gesamtzahl Studenten: ca. 19.000

Durchschnittliche Mietkosten: 260 €
Durchschnittliches Budget: 581 €

Examensleistung:
Physikum: 67,1 %, Platz 21

Hammerexamen: 74,1 %, Platz 29

Kontaktadressen und weitere Infos findest du unter:
www.medi-learn.de/STF978

>> Geschichte

Die Universität in Halle wurde 1502 gegründet. Die Medizinische Fakultät besteht seit 1694. Nach der Wende wurden die Wissenschaftsverbindungen zu westdeutschen Unis wieder aufgenommen, die Uni versteht sich als akademisches Bindeglied zwischen West- und Osteuropa. Im Fokus der Ausbildung steht die Vermittlung guter naturwissenschaftlicher und medizinisch-theoretischer Grundlagen für den Arztberuf und eine praxisnahe klinische Ausbildung. Forschungsschwerpunkte der Fakultät sind Herz-Kreislauf-Krankheiten, Onkologie sowie Umweltmedizin.

>> Surftipp

www.medi-learn.de/STF979

WEITEREMPFEHLUNG

>> Halle

Auf die Frage, ob sie einem Studieninteressierten oder Studenten empfehlen würden, in Halle zu studieren, antworteten die Studenten folgendermaßen:

„Auf jeden Fall“	*22*
„Wahrscheinlich schon“	*24*
„Wüsste ich nicht genau“	*8*
„Wahrscheinlich nicht“	*5*
„Auf keinen Fall“	*1*

Note: 1,98 Platz: 13 von 35 Teilnehmer: 60

So bewerten Medizinstudenten aus Halle
- die Vorklinik: 2,15 (Platz 8 von 35)
- die Klinik: 3,23 (Platz 34 von 35)

STUDENTENMEINUNG

Was gefällt den Studenten an Halle?

„sehr enge Beziehungen unter den Studenten“, „bezahlbares Wohnen“, „alles zu Fuß erreichbar“, „ausgeprägte Kneipenkultur“

Was gefällt den Studenten nicht?

„Bausubstanz der Häuser“, „viele junge Leute gehen weg, da es kaum Arbeit gibt“, „die unschönen Neubaugebiete“, „Fakultäten sind sehr verstreut“

Was gefällt den Studenten am Studium?

„kleine Kursgruppen“, „nicht überlaufen, Dozenten bemüht“, „guter Kontakt zu den Professoren“, „neue medizinische Bibliothek“, „Betreuung durch das Dekanat

Was gefällt den Studenten nicht?

„zu wenig praktischer Unterricht“, „die Vorurteile gegenüber der Uni“, „weite Wege von der Innenstadt bis zum Klinikum“

Freizeittipps:

„Peißnitz-Insel: grillen, sonnen, Konzerte“, „Tretbootfahren auf der Saale“, „Seen in der Umgebung“, „Sonnenuntergang vom Turbinefelsen ansehen“, „Bergzoo, Stadtpark“

Hamburg

©istockphoto

>> Universität

Universität Hamburg

>> Adresse

Universitätsklinikum Hamburg-Eppendorf
Martinistraße 52
20246 Hamburg
Internet: www.medi-learn.de/STF980

Modellstudiengang: nein

Studienbeginn: WiSe

Einwohnerzahl: 1.806.000
Medizinstudenten: ca. 4.500
Gesamtzahl Studenten: ca. 40.000

Durchschnittliche Mietkosten: 412 €
Durchschnittliches Budget: 719 €

Examensleistung:
Physikum: 65,5 %, Platz 27

Hammerexamen: 75,7 %, Platz 17

Kontaktadressen und weitere Infos findest du unter:
www.medi-learn.de/STF981

>> Geschichte

Die Universität Hamburg wurde 1919 als Nachfolgerin des „Akademischen Gymnasiums" gegründet, das bereits 300 Jahre zuvor ins Leben gerufen wurde. Der Studiengang Medizin konnte aufgrund des zu diesem Zeitpunkt schon hoch renommierten Klinikums Eppendorf geschaffen werden. Bis 2008 entstanden zusätzlich das neue Klinikum West und der Campus Ost. Der 2001 gestartete Modellstudiengang Medizin wurde Ende 2005 wieder eingestellt, die in ihm getesteten Reformansätze Interdisziplinarität, Kleingruppenstudium, Problemorientiertes Lernen und Fallorientierung fließen nun in das reformierte Regelstudium ein.

>> Surftipp

www.medi-learn.de/STF982

WEITEREMPFEHLUNG

>> Hamburg

Auf die Frage, ob sie einem Studieninteressierten oder Studenten empfehlen würden, in Hamburg zu studieren, antworteten die Studenten folgendermaßen:

„Auf jeden Fall"	*17*
„Wahrscheinlich schon"	*46*
„Wüsste ich nicht genau"	*26*
„Wahrscheinlich nicht"	*18*
„Auf keinen Fall"	*2*

Note: 2,47 Platz: 32 von 35 Teilnehmer: 109

So bewerten Medizinstudenten aus Hamburg

- die Vorklinik: 3,04 (Platz 32 von 35)
- die Klinik: 3,19 (Platz 33 von 35)

STUDENTENMEINUNG

Was gefällt den Studenten an Hamburg?

„Großstadt-Feeling, hier ist immer was los", „das kulturelle Angebot ist riesig", „viele Facetten", „ideal zum Shoppen"

Was gefällt den Studenten nicht?

„im Vergleich zu anderen Unistädten zu anonym", „Mieten sind teilweise unverschämt", „das Hamburger Schmuddelwetter", „die weiten Strecken und die überfüllten Busse"

Was gefällt den Studenten am Studium?

„das Unigelände mit Villa nur für Studenten", „Kleingruppenarbeit und Problemorientiertes Lernen", „hoher praktischer Anteil seit Einführung der neuen AO", „gute Bibliothek"

Was gefällt den Studenten nicht?

„dass die Uni eine Baustelle ist", „Uniklinik ist abgelegen vom restlichen Campus, man hat nicht viel mit Studenten anderer Fächer zu tun", „immer wieder organisatorische Probleme"

Freizeittipps:

„Elbstrand im Sommer", „Ausgehen auf der Reeperbahn oder im Schanzenviertel", „Joggen um die Alster", „sich in den Planten&Bloomen-Park setzen", „abends an den Hafen setzen"

Hannover

©istockphoto

>> Universität

Medizinische Hochschule Hannover

>> Adresse

Medizinische Hochschule Hannover
Carl-Neuberg-Str. 1
30625 Hannover
Internet: www.medi-learn.de/STF983

Modellstudiengang: ja
Studienbeginn: WiSe

Einwohnerzahl: 525.000
Medizinstudenten: ca. 3.000
Gesamtzahl Studenten: ca. 32.000
Durchschnittliche Mietkosten: 310 €
Durchschnittliches Budget: 648 €

Examensleistung:
Kein Physikum wegen Modellstudiengang
Hammerexamen: 75,4 %, Platz 21

Kontaktadressen und weitere Infos findest du unter:
www.medi-learn.de/STF984

>> Geschichte

Die separat zur Hannoveraner Uni bestehende Medizinische Hochschule entstand Anfang der Sechziger Jahre aus dem bundesweiten Ziel heraus, 7.000 neue Studienplätze in der Medizin zu schaffen. 1965 wurde die MHH gegründet. Seit dem WiSe 2005/06 wird ausschließlich im Modellstudiengang „HannibaL" („Hannoveraner Integrierte Berufsorientierte Adaptierte Lehre") unterrichtet. Hier treten Patientennähe und stärkerer Praxisbezug in den Vordergrund. Während des zweiten Abschnitts werden die theoretischen Kenntnisse der Vorklinik im Rahmen der klinischen Fächer eingehend wiederholt.

>> Surftipp

www.medi-learn.de/STF985

WEITEREMPFEHLUNG

>> Hannover

Auf die Frage, ob sie einem Studieninteressierten oder Studenten empfehlen würden, in Hannover zu studieren, antworteten die Studenten folgendermaßen:

„Auf jeden Fall"	*25*
„Wahrscheinlich schon"	*40*
„Wüsste ich nicht genau"	*19*
„Wahrscheinlich nicht"	*8*
„Auf keinen Fall"	*-*

Note: 2,11 Platz: 19 von 35 Teilnehmer: 92

So bewerten Medizinstudenten aus Hannover
- die Vorklinik: 2,50 (Platz 19 von 35)
- die Klinik: 2,63 (Platz 16 von 35)

STUDENTENMEINUNG

Was gefällt den Studenten an Hannover?

„gute Infrastruktur und Verkehrsanbindung durch die EXPO", „viele Grünflächen in der Stadt", „relativ günstige Mietpreise", „Nähe zu Berlin und Hamburg", „fahrradfreundlich"

Was gefällt den Studenten nicht?

„das langweilige Image der Stadt", „keine typische Studentenstadt, wenige studentische Einrichtungen", „Innenstadt ist nicht gerade hübsch", „viel Beton"

Was gefällt den Studenten am Studium?

„direkter klinischer Bezug der Kurse", „aus Evaluationen der Studenten werden Konsequenzen gezogen", „gut organisierte Vorklinik", „nette Dozenten und Profs"

Was gefällt den Studenten nicht?

„fehlende Campusatmosphäre, kein Kontakt zu anderen Fächern", „oft zu wenig Plätze für bestimmte Kurse", „Größe des Semesters, oft anonym"

Freizeittipps:

„Laufen am Maschsee", „Kneipen und Bars im Steintor und in Linden", „Galerien und Museen", „in den Harz oder ans Steinhuder Meer fahren", „gute Konzerte"

Heidelberg

©istockphoto

>> Universität

Ruprecht-Karls-Universität Heidelberg

>> Adresse

Medizinische Fakultät Heidelberg
Im Neuenheimer Feld 672
69120 Heidelberg
Internet: www.medi-learn.de/STF986

Modellstudiengang: ja

Studienbeginn: WiSe

Einwohnerzahl: 149.000
Medizinstudenten: ca. 2.000
Gesamtzahl Studenten: ca. 24.000

Durchschnittliche Mietkosten: 332 €
Durchschnittliches Budget: 634 €

Examensleistung:
Physikum: 69,7 %, Platz 15

Hammerexamen: 78,7 %, Platz 2

Kontaktadressen und weitere Infos findest du unter:
www.medi-learn.de/STF987

>> Geschichte

Die Ruprecht-Karls-Universität ist die älteste Universität Deutschlands. Der Kurfürst und Pfalzgraf bei Rhein Ruprecht I. eröffnete sie mit päpstlicher Genehmigung 1386 in seiner Residenzstadt. Die ersten Vorlesungen in Medizin fanden 1388 statt. Heute wird nach dem reformierten Studienmodell „Heicumed“ (Heidelberger Curriculum Medicinale) gelehrt und gelernt. Die künftigen Mediziner erwerben ihr Wissen ausgehend vom Beschwerdebild des Kranken. Nach dem praktischen Training an Modellen im „skills lab“ erhalten die Studenten Patientenkontakt. Zweiter Ausbildungsstandort ab dem klinischen Abschnitt ist Mannheim.

>> Surftipp

www.medi-learn.de/STF988

WEITEREMPFEHLUNG

>> Heidelberg

Auf die Frage, ob sie einem Studieninteressierten oder Studenten empfehlen würden, in Heidelberg zu studieren, antworteten die Studenten folgendermaßen:

„Auf jeden Fall"	*28*
„Wahrscheinlich schon"	*29*
„Wüsste ich nicht genau"	*18*
„Wahrscheinlich nicht"	*12*
„Auf keinen Fall"	*2*

Note: 2,22 Platz: 21 von 35 Teilnehmer: 89

So bewerten Medizinstudenten aus Heidelberg
- die Vorklinik: 2,37 (Platz 15 von 35)
- die Klinik: 2,03 (Platz 3 von 35)

STUDENTENMEINUNG

Was gefällt den Studenten an Heidelberg?

„super viele junge Leute, viele Studis", „wunderschöne Stadt am Neckar mit altem Schloss", „typische Unistadt mit Charme", „idyllisch und international zugleich"

Was gefällt den Studenten nicht?

„die Touristenströme", „sehr hohe Mietpreise", „ab 3 Uhr nachts ist wegen Sperrstunde nichts mehr los", „wenig Ausgehmöglichkeiten"

Was gefällt den Studenten am Studium?

„Kleingruppenunterricht und gute Forschung", „solide Examensvorbereitung und Blockunterricht", „viele praktische Kurse", „exzellente Forschung"

Was gefällt den Studenten nicht?

„Anwesenheitspflicht in überflüssigen Veranstaltungen", „weite Wege zwischen verstreuten Kliniken", „zu viel Gewichtung der Forschung, Lehre kommt oft zu kurz"

Freizeittipps:

„Neckarwiesen", „der Schwimmbad-Musikclub", „die Kultkneipe Großer Mohr", „zum Königsstuhl mit der Bergbahn hochfahren oder wandern", „in umliegende Großstädte fahren"

Homburg

©istockphoto

>> Universität
Medizinische Fakultät des Saarlandes in Homburg

>> Adresse
Dekanat der Medizinischen Fakultät
Gebäude 15
66421 Homburg/Saar
Internet: www.medi-learn.de/STF989

Modellstudiengang: nein

Studienbeginn: WiSe

Einwohnerzahl: 43.000
Medizinstudenten: ca. 1.500
Gesamtzahl Studenten: ca. 15.000

Durchschnittliche Mietkosten: 285 €
Durchschnittliches Budget: 603 €

Examensleistung:
Physikum: 68,9 %, Platz 17

Hammerexamen: 73,3 %, Platz 33

Kontaktadressen und weitere Infos findest du unter:
www.medi-learn.de/STF990

>> Geschichte
1947 entstand auf dem Gelände des ehemaligen Landeskrankenhauses Homburg-Saar die Universität des Saarlandes auf einem Campus außerhalb der Stadt. Die Medizinische Fakultät bietet den umfangreichsten internationalen Studentenaustausch in Europa an. In der Zusammenarbeit mit den Studierenden wird Wert auf unkomplizierte Informationsstruktur, enge Kooperationen und die persönliche Note gelegt. Die Qualität der Lehre können die Studenten evaluieren. Daneben gibt es auch die Möglichkeit, in international renommierten Arbeitsgruppen an Forschungsprojekten mitzuarbeiten.

>> Surftipp
www.medi-learn.de/STF991

WEITEREMPFEHLUNG

>> Homburg

Auf die Frage, ob sie einem Studieninteressierten oder Studenten empfehlen würden, in Homburg zu studieren, antworteten die Studenten folgendermaßen:

„Auf jeden Fall"	*8*
„Wahrscheinlich schon"	*24*
„Wüsste ich nicht genau"	*24*
„Wahrscheinlich nicht"	*22*
„Auf keinen Fall"	*6*

Note: 2,93 Platz: 34 von 35 Teilnehmer: 84

So bewerten Medizinstudenten aus Homburg
- die Vorklinik: 3,24 (Platz 34 von 35)
- die Klinik: 3,19 (Platz 33 von 35)

STUDENTENMEINUNG

Was gefällt den Studenten an Homburg?

„sehr familiär, man kennt alle Leute", „schöne Lage und Nähe zu Frankreich", „billiges Wohnen", „viel Grün, Wälder ringsum", „gute Lokale und Kneipen"

Was gefällt den Studenten nicht?

„nur Mediziner auf der Straße", „sehr klein und provinziell", „kaum Kultur", „Wohnheimpartys wurden verboten"

Was gefällt den Studenten am Studium?

„netter Kontakt zu Dozenten und Profs", „kompakter Campus, kurze Wege", „viel Einfluss der Studierenden auf die Lehre", „immer ausreichend Platz in Kursen"

Was gefällt den Studenten nicht?

„unflexible Organisationsstrukturen, Studienrichtung stark vorgegeben", „Gebäude und Gerätschaften sind teils veraltet", „Bibliothek ist nicht umfangreich genug"

Freizeittipps:

„Hochschulsport ist vielfältig und kostenlos", „nach Saarbrücken oder nach Frankreich fahren", „Wandern in den Wäldern", „viele Radwanderwege im Saarland", „Grillen auf dem Schlossberg"

Jena

©istockphoto

>> Universität
Friedrich-Schiller-Universität Jena

>> Adresse
Dekanat der Medizinischen Fakultät
Bachstraße 18
07743 Jena
Internet: www.medi-learn.de/STF992

Modellstudiengang: nein
Studienbeginn: WiSe

Einwohnerzahl: 105.000
Medizinstudenten: ca. 1.500
Gesamtzahl Studenten: ca. 19.000
Durchschnittliche Mietkosten: 236 €
Durchschnittliches Budget: 479 €

Examensleistung:
Physikum: 69,6 %, Platz 16
Hammerexamen: 75,1 %, Platz 24

Kontaktadressen und weitere Infos findest du unter:
www.medi-learn.de/STF993

>> Geschichte
1558 erhielt die Jenaer „Hohe Schule" das kaiserliche Universitätsprivileg zuerkannt, Medizin war von Anfang an dabei. Auch das Studium in Jena ist sowohl technisch als auch inhaltlich komplett modernisiert worden: Ein neuer Campus entstand auf dem Gelände des ehemaligen Zeiss-Hauptwerks im Herzen der Stadt, ebenso der Neubau des „Klinikums 2000" im Stadtteil Jena-Lobeda. Neu ist auch das Curriculum „Medpol": Es erstellt multimediale medizinische Falldarstellungen in Form von virtuellen Patienten, die Grundvoraussetzung für das Problemorientierte Lernen sind. Daneben vermittelt es auch rechtliche, juristische und ethische Grundlagen.

>> Surftipp
www.medi-learn.de/STF994

WEITEREMPFEHLUNG

>> Jena

Auf die Frage, ob sie einem Studieninteressierten oder Studenten empfehlen würden, in Jena zu studieren, antworteten die Studenten folgendermaßen:

„Auf jeden Fall“	*48*
„Wahrscheinlich schon“	*25*
„Wüsste ich nicht genau“	*7*
„Wahrscheinlich nicht“	*2*
„Auf keinen Fall“	*1*

Note: 1,59 Platz: 5 von 35 Teilnehmer: 83

So bewerten Medizinstudenten aus Jena
- die Vorklinik: 1,96 (Platz 5 von 35)
- die Klinik: 2,37 (Platz 8 von 35)

STUDENTENMEINUNG

Was gefällt den Studenten an Jena?

„man kennt jeden, viele Medizinerpartys“, „viele junge Leute“, „große Auswahl an Biergärten und Kneipen“, „kurze Wege, idyllische Lage“, „überschaubare Größe“

Was gefällt den Studenten nicht?

„manchmal recht provinziell“, „Wohnungen in guter Lage eher teuer“, „in den Semesterferien ausgestorben“, „abends und nachts sehr eingeschränkter Busverkehr“

Was gefällt den Studenten am Studium?

„Profs nehmen sich Zeit für Fragen“, „super familiäres Verhältnis“, „Praxisnähe und Betreuung“, „gut organisierte Kurse und Blockpraktika“

Was gefällt den Studenten nicht?

„zu voller Stundenplan“, „Klinikum am Stadtrand, langes Pendeln“, „manche Praktika sind überlaufen“

Freizeittipps:

„die Kneipenmeile Wagnergasse“, „Grillen und Faulenzen im Paradies-Park“, „Wanderung zu den sieben Wundern von Jena“, „nach Weimar fahren“, „Tour entlang der Saale“

Kassel

©istockphoto

>> Universität

Kassel School of Medicine

>> Postadresse

Mönchebergstraße 41–43
34125 Kassel
Internet: www.medi-learn.de/STF1043

Modellstudiengang: nein | Studienbeginn: WiSe

Einwohnerzahl: 200.000 | Durchschnittliche Mietkosten: 200 €
Semesterticket: ja | Gebühren pro Semester: 6000 €
Medizinstudenten: 24 (2013), 120 (2018)
Gesamtzahl Studenten Universität Kassel: ca. 22.000
Durchschnittliches Budget: Kassel 640 €; Southampton 730 €

Kontaktadressen und weitere Infos findest du unter:
www.medi-learn.de/STF1044

>> Geschichte

Die Kassel School of Medicine ist ein Kooperationsprojekt zwischen der University of Southampton (UK) und der Gesundheit Nordhessen in Kassel, das im Jahr 2013 gestartet ist . Das transnationale Medizinstudium beginnt in Southampton und geht im dritten Jahr am Klinikum Kassel weiter. Während der ganzen Zeit sind die Studenten in Southampton eingeschrieben und zahlen die dort üblichen Studiengebühren. Die Studenten profitieren so von den Qualitäten des englischen Studiensystems: effektive Lernbedingungen, große Praxisnähe und der konsequente Blick auf die ganzheitliche Behandlung und persönliche Entwicklung. Nach dem erfolgreichen Abschluss des Bachelor of Medicine (EU) am Ende des fünften Studienjahrs und einem einjährigen Programm zum strukturierten Berufseinstieg, das bereits zur Facharztausbildung zählt und entsprechend bezahlt wird, erhalten die KSM-Absolventen ihre volle Approbation als Arzt.

Das Studienprogramm gehört nicht der Universität Kassel an, plant jedoch eine Zusammenarbeit mit ihr. Pro Jahrgang stehen 24 Studienplätze zur Verfügung. Bewerbungen werden ab Ende Mai angenommen.

>> Surftipp

www.medi-learn.de/STF1045
www.medi-learn.de/STF1046

STUDENTENMEINUNG

>> Kassel

Was gefällt den Studenten an Kassel?

„Die Mieten sind sehr günstig.", „Es wohnen viele Studenten hier. ", „Dank Semesterticket kann man kostenlos Bus und Tram fahren.", „Die Kasseler Nordstadt hat schöne Ecken.", „Die Stadt mit der höchsten Kneipendichte Deutschlands."

Was gefällt den Studenten nicht an Kassel?

„Hier traut sich keiner so richtig aus der Masse rauszustechen.", „Einige Ecken sind hier manchmal gefährlich – die Stadt an sich ist aber dennoch nett."

Was gefällt den Studenten am Studium?

„Die Interessen der Studenten werden von Anfang an berücksichtigt. Man ist in die praktische Arbeit integriert und erfährt eine gute persönliche Betreuung. Zudem bearbeitet man früh praxisnahe Patientenfälle und erhält Einblicke in andere Krankenhäuser."

„Ich finde es toll, dass ein Teil des Studiums in England stattfindet. Außerdem finde ich gut, dass von Beginn an viel Wert auf praktisches Arbeiten gelegt wird und auch wissenschaftliches Arbeiten eine wichtige Rolle spielt."

„Bei dem Studium erhält man einen Einblick in beide Gesundheitssysteme. Auch die kürzere Studiendauer von fünf Jahren ist ein wichtiger Punkt."

„The medical school has a great student support system. Staff and other students are always available to help, whether it is for academic or personal reasons."

Freizeittipps

„Vollmondtrommeln im Bergpark.", „Irish Pub mit Pub-Quiz und Karaoke.", „Wer auf Rock und Metal steht: Ab in die Nachthallen."

Kiel

©istockphoto

>> Universität

Christian-Albrechts-Universität Kiel

>> Adresse

Dekanat der Medizinischen Fakultät
Christian-Albrechts-Platz 4
24118 Kiel
Internet: www.medi-learn.de/STF995

Modellstudiengang: nein

Studienbeginn: WiSe

Einwohnerzahl: 242.000
Medizinstudenten: ca. 1.700
Gesamtzahl Studenten: ca. 21.000

Durchschnittliche Mietkosten: 314 €
Durchschnittliches Budget: 735 €

Examensleistung:
Physikum: 65,3 %, Platz 28

Hammerexamen: 75,5 %, Platz 18

Kontaktadressen und weitere Infos findest du unter:
www.medi-learn.de/STF996

>> Geschichte

Die Universität Kiel wurde im Jahr 1665 eingeweiht. Seit Anfang der 1960er Jahre ist die Uni auf dem Campus im Westen der Stadt angesiedelt. Die instrumentelle und operative Weiterentwicklung der minimal-invasiven Chirurgie fand von Kiel aus weltweite Verbreitung. Heute liegen aktuelle Schwerpunkte in den Neurowissenschaften, der Onkologie und der Transplantationsmedizin. Der vorklinische Abschnitt des Studiums, der von der Semester- auf die Studienjahr-Struktur umgestellt wurde, zählt nach Studentenangaben zu den anspruchsvollsten in Deutschland.

>> Surftipp

www.medi-learn.de/STF997

WEITEREMPFEHLUNG

>> Kiel

Auf die Frage, ob sie einem Studieninteressierten oder Studenten empfehlen würden, in Kiel zu studieren, antworteten die Studenten folgendermaßen:

„Auf jeden Fall"	*21*
„Wahrscheinlich schon"	*14*
„Wüsste ich nicht genau"	*10*
„Wahrscheinlich nicht"	*9*
„Auf keinen Fall"	*5*

Note: 2,37 Platz: 27 von 35 Teilnehmer: 59

So bewerten Medizinstudenten aus Kiel
- die Vorklinik: 2,20 (Platz 9 von 35)
- die Klinik: 3,18 (Platz 32 von 35)

STUDENTENMEINUNG

Was gefällt den Studenten an Kiel?

„Stadt liegt direkt am Meer", „viele Sportmöglichkeiten", „Strand mit dem Fahrrad erreichbar", „viel Grün und gute Radwege"

Was gefällt den Studenten nicht?

„Stadt an sich ist nicht schön", „Nachtleben ist übersichtlich", „das Wetter", „am Wochenende wenig los, viele Studenten fahren heim"

Was gefällt den Studenten am Studium?

„Uniklinik ist zentral gelegen", „häufig werden Patienten mit in die Vorlesung gebracht", „Dozenten geben sich Mühe", „kleine Kurse", „viele Famulaturmöglichkeiten", „Mensa an der Förde"

Was gefällt den Studenten nicht?

„Organisation lässt zu wünschen übrig", „Anatomie ist hart", „Klinikbücherei ist zu klein", „Institute sollten sich besser absprechen"

Freizeittipps:

„an den Strand fahren und relaxen", „Segeln, Surfen, Schwimmen", „Sportkurse der Uni sind alle super", „Cocktailbar Havanna", „nach Hamburg fahren"

Köln

©istockphoto

>> Universität

Universität Köln

>> Adresse

Dekanat der Medizinischen Fakultät
Joseph-Stelzmann-Straße 20
50931 Köln
Internet: www.medi-learn.de/STF998

Modellstudiengang: ja

Studienbeginn: WiSe / SoSe

Einwohnerzahl: 1.017.000
Medizinstudenten: ca. 2.600
Gesamtzahl Studenten: ca. 48.000

Durchschnittliche Mietkosten: 370 €
Durchschnittliches Budget: 589 €

Examensleistung:
Kein Physikum wegen Reformstudiengang
Hammerexamen: 76,3 %, Platz 14

Kontaktadressen und weitere Infos findest du unter:
www.medi-learn.de/STF999

>> Geschichte

Das Gründungsjahr der Universität Köln ist 1388, Medizin zählt zu den „Startdisziplinen". Seit dem Wintersemester 2003/2004 findet das Studium als Modellstudiengang statt. Blockpraktika, Problemorientiertes Lernen und die Selbstschulung technischer Fertigkeiten der Studierenden für den späteren Arztberuf im „skills lab" sind dabei in den Vordergrund gerückt. Darüber hinaus beteiligt sich die Medizinische Fakultät an interdisziplinären Ausbildungen wie der Gesundheitsökonomie, der Neurowissenschaft und dem Masterstudiengang „Environmental Sciences".

>> Surftipp

www.medi-learn.de/STF1000

WEITEREMPFEHLUNG

>> Köln

Auf die Frage, ob sie einem Studieninteressierten oder Studenten empfehlen würden, in Köln zu studieren, antworteten die Studenten folgendermaßen:

„Auf jeden Fall"	*10*
„Wahrscheinlich schon"	*20*
„Wüsste ich nicht genau"	*15*
„Wahrscheinlich nicht"	*10*
„Auf keinen Fall"	-

Note: 2,45 Platz: 31 von 35 Teilnehmer: 55

So bewerten Medizinstudenten aus Köln
- die Vorklinik: 3,02 (Platz 31 von 35)
- die Klinik: 3,53 (Platz 35 von 35)

STUDENTENMEINUNG

Was gefällt den Studenten an Köln?

„schönes und vielfältiges Nachtleben", „viele Nationalitäten, viele junge Leute", „Medienstadt", „viele Parks", „gute Shoppingstadt", „super Verkehrsanbindung"

Was gefällt den Studenten nicht?

„völlig überhöhter Mietspiegel", „zu wenige Wohnungen", „viel Verkehr, viel Lärm, schlechte Luft"

Was gefällt den Studenten am Studium?

„kompakter Campus, alles gut zu erreichen", „Fakultät liegt im Studentenviertel", „Kooperation der Profs mit den Studenten", „interessanter Modellstudiengang", „Einteilung in Kompetenzfelder"

Was gefällt den Studenten nicht?

„zu wenig Professoren", „Umsetzung des Modellstudienganges noch chaotisch", „Hörsäle sind zu klein", „Ausstattung könnte umfangreicher sein"

Freizeittipps:

„Ausgehen im Belgischen und Friesenviertel", „tolle Museen", „auf den Dom steigen", „am Rhein Inlineskates fahren oder rumliegen", „Clubs und Bars in der ganzen Stadt"

Leipzig

©istockphoto

>> Universität

Universität Leipzig

>> Adresse

Dekanat der Medizinischen Fakultät
Liebigstraße 27b
04103 Leipzig
Internet: www.medi-learn.de/STF1001

Modellstudiengang: nein

Studienbeginn: WiSe

Einwohnerzahl: 531.000
Medizinstudenten: ca. 3.000
Gesamtzahl Studenten: ca. 30.000

Durchschnittliche Mietkosten: 262 €
Durchschnittliches Budget: 555 €

Examensleistung:
Physikum: 66,9 %, Platz 24

Hammerexamen: 74,9 %, Platz 25

Kontaktadressen und weitere Infos findest du unter:
www.medi-learn.de/STF1002

>> Geschichte

Die Universität wurde 1409 gegründet, sechs Jahre später öffnete die Medizinische Fakultät ihre Pforten. An der Wende vom 19. zum 20. Jahrhundert zählte die Leipziger Universitätsmedizin zu den renommiertesten Einrichtungen der Welt. An diese Epoche wird mit dem Motto „Aus Tradition für Innovation" angeknüpft. So wird seit 2004 auch im Leipziger Curriculum auf Basis des theoretischen Wissens das Lernen angewendet. Die Studierenden erarbeiten selbstständig medizinische Fälle von der Befunderhebung bis zur Beurteilung des Krankheitsverlaufs. Die Studierenden lernen frühzeitig das Führen von Patientengesprächen.

>> Surftipp

www.medi-learn.de/STF1003

WEITEREMPFEHLUNG

>> Leipzig

Auf die Frage, ob sie einem Studieninteressierten oder Studenten empfehlen würden, in Leipzig zu studieren, antworteten die Studenten folgendermaßen:

„Auf jeden Fall"	*67*
„Wahrscheinlich schon"	*35*
„Wüsste ich nicht genau"	*13*
„Wahrscheinlich nicht"	*3*
„Auf keinen Fall"	*3*

Note: 1,68 Platz: 6 von 35 Teilnehmer: 121

So bewerten Medizinstudenten aus Leipzig
- die Vorklinik: die Vorklinik: 2,28 (Platz 13 von 35)
- die Klinik: 2,69 (Platz 18 von 35)

STUDENTENMEINUNG

Was gefällt den Studenten an Leipzig?

„die günstigen Mieten", „reges Nachtleben, viele Bars, Kneipen und Clubs", „Häuser werden liebevoll restauriert", „einzigartige Kulturlandschaft", „richtige Studentenstadt"

Was gefällt den Studenten nicht?

„die vielen Baustellen", „Umgebung ist nicht so interessant", „keine schönen Außenbezirke"

Was gefällt den Studenten am Studium?

„modern ausgestattet", „Studienablauf ist gut", „Einteilung in Seminargruppen, man findet schnell Anschluss", „kurze Wege zwischen den Instituten", „guter Umgang mit Studenten"

Was gefällt den Studenten nicht?

„so viele Studenten pro Semester", „Chaos wegen der Umbauarbeiten", „kein guter Hochschulsport", „Bibliothek hält nur Standardwerke vor"

Freizeittipps:

„viele Konzerte im Conne Island", „Kultladen Ilses Erika", „Kneipentour durchs Barfussgässchen", „Cospudener See", „super Zoo", „Moritzbastei"

Lübeck

©istockphoto

>> Universität
Universität zu Lübeck

>> Adresse
Universität zu Lübeck
Ratzeburger Allee 160, Haus 2
23562 Lübeck
Internet: www.medi-learn.de/STF1004

Modellstudiengang: nein
Studienbeginn: WiSe

Einwohnerzahl: 210.000
Medizinstudenten: ca. 1.500
Gesamtzahl Studenten: ca. 2.400
Durchschnittliche Mietkosten: 312 €
Durchschnittliches Budget: 663 €

Examensleistung:
Physikum: 71,5 %, Platz 5
Hammerexamen: 76,7 %, Platz 13

Kontaktadressen und weitere Infos findest du unter:
www.medi-learn.de/STF1005

>> Geschichte
Die Lübecker Ausbildungsstätte wurde 1964 als „Medizinische Akademie" gegründet und war der Universität Kiel zugeteilt. Angeboten wurde der klinische Abschnitt des Studiengangs Humanmedizin. 1985 wurde sie zur „Medizinischen Universität Lübeck". Durch das Hinzutreten der Studiengänge Informatik und Biotechnologie wurde sie 2002 erneut in „Universität zu Lübeck" umbenannt. Das Profil der Universität zu Lübeck ist entsprechend durch Forschung und Lehre an der Schnittstelle von Medizin, Naturwissenschaften und Technik gekennzeichnet. Gelehrt wird hauptsächlich auf dem Gelände des Universitätsklinikums Schleswig-Holstein Campus Lübeck.

>> Surftipp
www.medi-learn.de/STF1006

WEITEREMPFEHLUNG

>> Lübeck

Auf die Frage, ob sie einem Studieninteressierten oder Studenten empfehlen würden, in Lübeck zu studieren, antworteten die Studenten folgendermaßen:

„Auf jeden Fall"	*35*
„Wahrscheinlich schon"	*14*
„Wüsste ich nicht genau"	*3*
„Wahrscheinlich nicht"	*3*
„Auf keinen Fall"	*-*

Note: 1,53 Platz: 3 von 35 Teilnehmer: 55

So bewerten Medizinstudenten aus Lübeck
- die Vorklinik: die Vorklinik: 1,85 (Platz 2 von 35)
- die Klinik: 2,03 (Platz 2 von 35)

STUDENTENMEINUNG

Was gefällt den Studenten an Lübeck?

„wunderschöne historische Innenstadt", „Nähe zur Ostsee und den Stränden", „viel Kultur, aber auch gute Weggehmöglichkeiten", „alles mit dem Fahrrad erreichbar"

Was gefällt den Studenten nicht?

„nur wenige Studenten in der Stadt", „alles schließt abends so früh", „etwas provinziell", „zu viele Touristen"

Was gefällt den Studenten am Studium?

„intensive Betreuung", „kein Massenbetrieb", „guter Kontakt zu Lehrenden und Kommilitonen", „gute Umsetzung der Studienreform", „gute Wahlfachmöglichkeiten"

Was gefällt den Studenten nicht?

„Unibibliothek ist nicht gut ausgestattet", „Vorlesungen als Pflichtveranstaltung", „Studententicket gilt nur in der Stadt", „wenig andere Studiengänge, fast nur Mediziner"

Freizeittipps:

„nach Travemünde an die Ostsee fahren", „Segeln, Surfen, Tauchen, Schwimmen", „Joggen an der Wakenitz", „Ausflüge nach Kiel, Hamburg, Schwerin", „Ratzeburger See", „das Hüx"

Magdeburg

©istockphoto

>> Universität

Otto-von-Guericke-Universität Magdeburg

>> Adresse

Dekanat der Medizinischen Fakultät
Leipziger Straße 44
39120 Magdeburg
Internet: www.medi-learn.de/STF1007

Modellstudiengang: nein

Studienbeginn: WiSe

Einwohnerzahl: 232.000
Medizinstudenten: ca. 1.000
Gesamtzahl Studenten: ca. 13.000

Durchschnittliche Mietkosten: 255 €
Durchschnittliches Budget: 553 €

Examensleistung:
Physikum: 66,9 %, Platz 25

Hammerexamen: 72,6 %, Platz 35

Kontaktadressen und weitere Infos findest du unter:
www.medi-learn.de/STF1008

>> Geschichte

Die Magdeburger Hochschule wurde 1993 gegründet als Vereinigung der bisherigen Technischen Universität, der Pädagogischen Hochschule und der Medizinischen Akademie Magdeburg. Sie versteht sich als Profiluniversität mit konturierter und schlanker Struktur, die in den Ingenieur- und Naturwissenschaften sowie in der Medizin einen traditionellen Schwerpunkt hat. Der Campus als Standort der Ausbildungsstätte für die angehenden Mediziner ist das Universitätsklinikum im Süden der Stadt. Das Studium wurde durch Praxisbezug, Interdisziplinarität sowie die Zusammenarbeit zwischen Lehrenden und Lernenden reformiert.

>> Surftipp

www.medi-learn.de/STF1009

WEITEREMPFEHLUNG

>> Magdeburg

Auf die Frage, ob sie einem Studieninteressierten oder Studenten empfehlen würden, in Magdeburg zu studieren, antworteten die Studenten folgendermaßen:

„Auf jeden Fall“	*31*
„Wahrscheinlich schon“	*38*
„Wüsste ich nicht genau“	*8*
„Wahrscheinlich nicht“	*-*
„Auf keinen Fall“	*2*

Note: 1,78 Platz: 7 von 35 Teilnehmer: 79

So bewerten Medizinstudenten aus Magdeburg

- die Vorklinik: 1,94 (Platz 4 von 35)
- die Klinik: 2,54 (Platz 13 von 35)

STUDENTENMEINUNG

Was gefällt den Studenten an Magdeburg?

„es wurde vieles restauriert und neu gebaut“, „tolle Stadtparks“, „preiswerte Mieten für schöne Wohnungen“, „kulturelle Öffnung in den letzten Jahren“

Was gefällt den Studenten nicht?

„Partyleben könnte ausgeprägter sein“, „großer Wohnungsleerstand“, „keine Fußgängerzone“, „wenig Cafés in denen man sich treffen kann“

Was gefällt den Studenten am Studium?

„kleine Seminargruppen“, „gute Ausstattung der Bibliothek“, „Campus macht was her, alles ist gut zu erreichen“, „nette Dozenten, gute Prüfungsvorbereitung“

Was gefällt den Studenten nicht?

„teilweise harte Prüfungen“, „Stundenplanorganisation manchmal nicht gut“, „es sollte mehr Auslandsangebote geben“, „wenig Kontakt zu anderen Studienrichtungen“

Freizeittipps:

„die vielen Parks aufsuchen“, „Kneipen um den Hasselbachplatz“, „Sport machen auf der Werderinsel“, „nach Berlin fahren – ist nicht weit“, „natürlich der Studentenclub Kiste“

Mainz

©istockphoto

>> Universität

Johannes-Gutenberg-Universität Mainz

>> Adresse

Universitätsmedizin Mainz
Langenbeckstraße 1
55131 Mainz
Internet: www.medi-learn.de/STF1010

Modellstudiengang: nein

Studienbeginn: WiSe / SoSe

Einwohnerzahl: 200.000
Medizinstudenten: ca. 2.800
Gesamtzahl Studenten: ca. 35.000

Durchschnittliche Mietkosten: 329 €
Durchschnittliches Budget: 595 €

Examensleistung:
Physikum: 67,7 %, Platz 20

Hammerexamen: 76,2 %, Platz 15

Kontaktadressen und weitere Infos findest du unter:
www.medi-learn.de/STF1011

>> Geschichte

1477 gegründet vom Mainzer Erzbischof, Kurfürsten und Erzkanzler der Deutschen Nation, Diether von Isenburg, zählte Medizin auch in Mainz zu den „Startfächern". Heute deckt die Uni nahezu das gesamte Fächerspektrum ab. Nach dem vorklinischen Abschnitt auf dem Campus wechseln die Studenten ans renovierte Universitätsklinikum. Vor dem ersten Patientenkontakt können die Studenten ihre praktischen Fähigkeiten am „Skills Lab" schulen. Studien am Patienten sowie Arzneimittelprüfung werden im Koordinierungszentrum für Klinische Studien (KKS) durchgeführt, für die Studenten wurden hier Wahlfächer eingerichtet.

>> Surftipp

www.medi-learn.de/STF1012

WEITEREMPFEHLUNG

>> Mainz

Auf die Frage, ob sie einem Studieninteressierten oder Studenten empfehlen würden, in Mainz zu studieren, antworteten die Studenten folgendermaßen:

„Auf jeden Fall"	*23*
„Wahrscheinlich schon"	*56*
„Wüsste ich nicht genau"	*19*
„Wahrscheinlich nicht"	*11*
„Auf keinen Fall"	*3*

Note: 2,24 Platz: 22 von 35 Teilnehmer: 112

So bewerten Medizinstudenten aus Mainz

- die Vorklinik: 2,75 (Platz 26 von 35)
- die Klinik: 2,93 (Platz 25 von 35)

STUDENTENMEINUNG

Was gefällt den Studenten an Mainz?

„man kann jeden Abend ausgehen, viele Feste", „sehr schöne Innenstadt", „super Bahnverbindungen", „gute Mischung aus städtisch und ländlich", „Lage am Rhein"

Was gefällt den Studenten nicht?

„sehr teure Mieten", „lästiger Fluglärm", „Busanbindung der Uniklinik könnte besser sein", „viele verschmutzte Straßen"

Was gefällt den Studenten am Studium?

„Kliniken und Institute liegen nah beieinander", „toller Garten an der Klinik zum Entspannen", „gut durchorganisiertes skills lab", „nettes Sekretariat"

Was gefällt den Studenten nicht?

„wir sind Weltmeister im Auswendiglernen", „Fakultät könnte mehr auf studentische Initiativen eingehen", „Bibliothek ist zu klein und zu alt", „Fächerorganisation sollte abgestimmter sein"

Freizeittipps:

„Grillen am Rheinufer", „Studipartys im Kuz", „an den Rheinstrand legen", „nach Frankfurt fahren", „ins Museum gehen", „Weinberge und Ausflüge nach Bacharach, Bingen oder auf Burgen"

Mannheim

©istockphoto

>> Universität

Universität Mannheim

>> Adresse

Dekanat der Medizinischen Fakultät
Theodor-Kutzer-Ufer 1–3, Haus 24
68167 Mannheim
Internet: www.medi-learn.de/STF1013

Modellstudiengang: ja
Studienbeginn: WiSe

Einwohnerzahl: 314.000
Medizinstudenten: ca. 1.000
Gesamtzahl Studenten: ca. 11.500
Durchschnittliche Mietkosten: 334 €
Durchschnittliches Budget: 610 €

Examensleistung:
Physikum: 70,0 %, Platz 10
Hammerexamen: 75,3 %, Platz 22

Kontaktadressen und weitere Infos findest du unter:
www.medi-learn.de/STF1014

>> Geschichte

Bisher beschränkte sich das Medizinstudium an der 1964 gegründeten Fakultät Mannheim, die zur Universität Heidelberg gehört, auf den klinischen Abschnitt. Seit dem Wintersemester 06/07 können angehende Medizinstudenten ihre Ausbildung erstmals von Beginn an hier absolvieren.
Mit „MaReCuM“, dem Mannheimer Reformierten Curriculum für Medizin, bietet die Fakultät ein hochmodernes Medizinstudium an. Rund 180 Erstsemestler nahmen das Medizinstudium im Reformmodell auf.

>> Surftipp

www.medi-learn.de/STF1015

WEITEREMPFEHLUNG

>> Mannheim

Auf die Frage, ob sie einem Studieninteressierten oder Studenten empfehlen würden, in Mannheim zu studieren, antworteten die Studenten folgendermaßen:

„Auf jeden Fall“	*30*
„Wahrscheinlich schon“	*27*
„Wüsste ich nicht genau“	*12*
„Wahrscheinlich nicht“	*-*
„Auf keinen Fall“	*2*

Note: 1,83 Platz: 9 von 35 Teilnehmer: 71

So bewerten Medizinstudenten aus Mannheim
- die Vorklinik: 2,34 (Platz 14 von 35)
- die Klinik: 2,24 (Platz 4 von 35)

STUDENTENMEINUNG

Was gefällt den Studenten an Mannheim?

„gute Verkehrsanbindung“, „zentrale Lage, man ist schnell in anderen Städten und in Heidelberg, wenn man wegen des Studiums dort Dinge erledigen muss“, „nette Bars“

Was gefällt den Studenten nicht?

„wahrlich keine schöne Stadt“, „wir gehören nicht wirklich zur hiesigen Uni“, „Mietpreise“

Was gefällt den Studenten am Studium?

„angenehmere Atmosphäre als in Heidelberg“, „gute Betreuung“, „nicht so viele Studenten pro Dozent“, „intensive Ausbildung“

Was gefällt den Studenten nicht?

„abgeschottet vom ersten Studienabschnitt“, „Ausbildung nur in der Klinik“

Freizeittipps:

„der Club Loft in Ludwigshafen“, „Kletter-Outdoor-Zentrum“, „in den Zug setzen und in umliegende Städte fahren“

Marburg

©istockphoto

>> Universität

Philipps-Universität Marburg

>> Adresse

Fachbereich Medizin
Baldingerstraße
35032 Marburg
Internet: www.medi-learn.de/STF1016

Modellstudiengang: nein

Studienbeginn: WiSe

Einwohnerzahl: 81.000
Medizinstudenten: ca. 2.300
Gesamtzahl Studenten: ca. 19.000

Durchschnittliche Mietkosten: 297 €
Durchschnittliches Budget: 556 €

Examensleistung:
Physikum: 65,2 %, Platz 29

Hammerexamen: 75,4 %, Platz 19

Kontaktadressen und weitere Infos findest du unter:
www.medi-learn.de/STF1017

>> Geschichte

1523 wurde die „Hohe Schule zu Marburg" von Philipp dem Großmütigen ins Leben gerufen – damals noch ohne päpstliche Anerkennung, denn sie ist die weltweit erste protestantische Universität. 1984 wurden die medizinischen Institute sowie die Naturwissenschaften aus der Stadt auf die Lahnberge verlegt. 2005 fusionierte das Universitätsklinikum mit dem Klinikum Gießen. In Marburg wurde die alte Semesterstruktur durch das Studienjahr abgelöst, Reformen durch POL, Blockpraktika und Medieneinsatz wurden auch in Marburg erwirkt. Forschungsprojekte bestehen in nahezu allen Bereichen des medizinischen Fächerspektrums.

>> Surftipp

www.medi-learn.de/STF1018

WEITEREMPFEHLUNG

>> Marburg

Auf die Frage, ob sie einem Studieninteressierten oder Studenten empfehlen würden, in Marburg zu studieren, antworteten die Studenten folgendermaßen:

„Auf jeden Fall"	*29*
„Wahrscheinlich schon"	*61*
„Wüsste ich nicht genau"	*37*
„Wahrscheinlich nicht"	*10*
„Auf keinen Fall"	*2*

Note: 2,24 Platz: 23 von 35 Teilnehmer: 139

So bewerten Medizinstudenten aus Marburg
- die Vorklinik: 2,78 (Platz 29 von 35)
- die Klinik: 3,05 (Platz 28 von 35)

STUDENTENMEINUNG

Was gefällt den Studenten an Marburg?

„sehr überschaubare und studentisch geprägte Stadt", „schöne Innenstadt, alles gut erreichbar", „das Schloss und die vielen Kneipen", „tolles Flair", „viel Natur"

Was gefällt den Studenten nicht?

„hohe Mietpreise", „Verkehrsanbindung ist nicht gut", „in den Ferien ist nicht viel los", „die Stadt kriegt definitiv zu viel Regen ab", „Uni ist über die ganze Stadt verteilt"

Was gefällt den Studenten am Studium?

„übersichtlicher Fachbereich, nette Betreuung", „studentenbezogener Unterricht", „sehr gute Bibliothek", „viel Klinikbezug", „gute Sonderveranstaltungen"

Was gefällt den Studenten nicht?

„Klinikum liegt weit draußen", „manche Kurse total überfüllt", „Klausurtermine oft nicht gut organisiert", „Studienjahr erschwert individuelle Fächerbelegung", „Material oft veraltet"

Freizeittipps:

„an die Lahn zum Joggen, Grillen, Sonnen", „Wasserskifahren auf dem Niederweimarer See", „mit dem Aufzug in die Oberstadt", „die Kneipen ansteuern", „Shopping in der Altstadt"

München LMU

©istockphoto

>> Universität

Ludwig-Maximilians-Universität München

>> Adresse

Dekanat der Medizinischen Fakultät
Bavaria Ring 19
80336 München
Internet: www.medi-learn.de/STF1019

Modellstudiengang: ja

Studienbeginn: WiSe

Einwohnerzahl: 1.378.000
Medizinstudenten: ca. 5.000
Gesamtzahl Studenten: ca. 47.000

Durchschnittliche Mietkosten: 412 €
Durchschnittliches Budget: 679 €

Examensleistung:
Physikum: 69,8 %, Platz 12

Hammerexamen: 77,3 %, Platz 4

Kontaktadressen und weitere Infos findest du unter:
www.medi-learn.de/STF1020

>> Geschichte

Zweimal umgezogen ist die Uni seit ihrer Gründung im Jahr 1472 durch Herzog Ludwig den Reichen. Vom ersten Ausbildungsort Ingolstadt wurde sie 1800 vom späteren König Maximilian I. nach Landshut und 26 Jahre später nach München verlegt. Der zweite Studienabschnitt findet an den Kliniken Innenstadt und dem Klinikum Großhadern statt. Neu eingeführt wurde das Medizinische Curriculum (MeCuM), mit dem Praxisbezug, Interdisziplinarität und Einbezug der Studierenden an der Planung und Gestaltung der Lehre gefördert werden. Zudem wird nach dem Vorbild der Kurse der Eliteuniversität Harvard (Boston, USA) unterrichtet.

>> Surftipp

www.medi-learn.de/STF1021

WEITEREMPFEHLUNG

>> München LMU

Auf die Frage, ob sie einem Studieninteressierten oder Studenten empfehlen würden, in München zu studieren, antworteten die Studenten folgendermaßen:

„Auf jeden Fall"	*48*
„Wahrscheinlich schon"	*55*
„Wüsste ich nicht genau"	*13*
„Wahrscheinlich nicht"	*12*
„Auf keinen Fall"	*5*

Note: 2,03 Platz: 16 von 35 Teilnehmer: 133

So bewerten Medizinstudenten aus München
- die Vorklinik: 2,50 (Platz 20 von 35)
- die Klinik: 2,48 (Platz 12 von 35)

STUDENTENMEINUNG

Was gefällt den Studenten an München?

„super zum Ausgehen, viele Clubs, Bars, Kneipen, Biergärten", „enorme Ermäßigungen für Studenten in Kultureinrichtungen", „hoher Freizeitwert", „riesiges Sportangebot, auch an der Uni"

Was gefällt den Studenten nicht?

„die unverschämt hohen Mieten", „öffentliche Verkehrsmittel sind teuer und nachts fährt kaum noch etwas", „das Verkehrschaos", „viele konservative Leute"

Was gefällt den Studenten am Studium?

„Harvard-Kurse machen was her", „Top-Forschung", „wöchentlich wechselnde Stundenpläne", „viele gute und neue Bücher"

Was gefällt den Studenten nicht?

„hoffnungslos überfüllte Hörsäle", „langes Pendeln zwischen den Unikliniken", „Organisation ist manchmal etwas chaotisch"

Freizeittipps:

„Faulenzen im Englischen Garten", „Kneipen im Glockenbachviertel", „Baden und Grillen an der Isar", „mit der Bahn in die nahen Alpen fahren", „Oper und Theater zu Studentenpreisen"

München TU

©istockphoto

>> Universität
Technische Universität München

>> Adresse
Fakultät für Medizin der Technischen Universität
Ismaninger Straße 22
81675 München
Internet: www.medi-learn.de/STF1022

Modellstudiengang: ja

Studienbeginn: WiSe

Einwohnerzahl: 1.378.000
Medizinstudenten: ca. 1.400
Gesamtzahl Studenten: ca. 20.000

Durchschnittliche Mietkosten: 370 €
Durchschnittliches Budget: 705 €

Examensleistung:
Physikum: 69,8 %, Platz 12

Hammerexamen: 78,1 %, Platz 4

Kontaktadressen und weitere Infos findest du unter:
www.medi-learn.de/STF1023

>> Geschichte
Zweite medizinische Ausbildungsstätte in München ist die TU, die 1868 als „Polytechnische Hochschule" gegründet wurde. Der vorklinische Abschnitt ist mit der LMU zusammengelegt. Nach dem ersten Abschnitt beginnt an der TU das Reformmodell „mediTUM" am Klinikum Rechts der Isar. Neben Krankheitsbezogenem und Problemorientiertem Lernen und „Skills Training" zeichnet es sich durch Förderung naturwissenschaftlicher Kenntnisse aus. Im Rahmen der zunehmenden Internationalisierung des Studiums wird der Unterricht in hohem Maße englischsprachig abgehalten.

>> Surftipp
www.medi-learn.de/STF1024

WEITEREMPFEHLUNG

>> München TU

Auf die Frage, ob sie einem Studieninteressierten oder Studenten empfehlen würden, in München zu studieren, antworteten die Studenten folgendermaßen:

„Auf jeden Fall"	*18*
„Wahrscheinlich schon"	*15*
„Wüsste ich nicht genau"	*5*
„Wahrscheinlich nicht"	*4*
„Auf keinen Fall"	-

Note: 1,88 | Platz: 10 von 35 | Teilnehmer: 42

So bewerten Medizinstudenten aus München
- die Vorklinik: 2,14 (Platz 7 von 35)
- die Klinik: 2,47 (Platz 11 von 35)

STUDENTENMEINUNG

Was gefällt den Studenten an München?

„super zum Ausgehen, viele Clubs, Bars, Kneipen, Biergärten", „enorme Ermäßigungen für Studenten in Kultureinrichtungen", „hoher Freizeitwert", „riesiges Sportangebot, auch an der Uni"

Was gefällt den Studenten nicht?

„die unverschämt hohen Mieten", „öffentliche Verkehrsmittel sind teuer und nachts fährt kaum noch etwas", „das Verkehrschaos", „viele konservative Leute"

Was gefällt den Studenten am Studium?

„fast alle Institute an einem Ort", „relativ kleines Semester", „praxisbezogener Unterricht", „übersichtlich im Gegensatz zur Vorklinik"

Was gefällt den Studenten nicht?

„schlechte Mensa", „Klausuren oft alle hintereinander", „Konkurrenzdenken der Studierenden", „anspruchsvoller Unterricht, das schlaucht"

Freizeittipps:

„Faulenzen im Englischen Garten", „Kneipen im Glockenbachviertel", „Baden und Grillen an der Isar", „mit der Bahn in die nahen Alpen fahren", „Oper und Theater zu Studentenpreisen"

Münster

©istockphoto

>> Universität

Westfälische Wilhelms-Universität Münster

>> Adresse

Dekanat der Medizinischen Fakultät
Domagkstraße 3
48149 Münster
Internet: www.medi-learn.de/STF1025

Modellstudiengang: nein
Studienbeginn: WiSe / SoSe

Einwohnerzahl: 291.000
Medizinstudenten: ca. 2.900
Gesamtzahl Studenten: ca. 39.000

Durchschnittliche Mietkosten: 295 €
Durchschnittliches Budget: 620 €

Examensleistung:
Physikum: 74,4 %, Platz 1
Hammerexamen: 77,5 %, Platz 6

Kontaktadressen und weitere Infos findest du unter:
www.medi-learn.de/STF1026

>> Geschichte

Bei ihrer Gründung im Jahr 1780 umfasste die Universität vier Fakultäten: Theologie, Philosophie, Jura und Medizin. 1980 wurde die Pädagogische Hochschule im Zuge der Bildungsreform der 70er Jahre in die Universität integriert. In den letzten Jahren wurde das Studium auf stärkere Praxisorientierung umgestellt, regelmäßig können die Studierenden ihren Unterricht evaluieren. Das Onlineportal „medicampus" dient als Dialogplattform zwischen Lehrenden und Lernenden.

>> Surftipp

www.medi-learn.de/STF1027

WEITEREMPFEHLUNG

>> Münster

Auf die Frage, ob sie einem Studieninteressierten oder Studenten empfehlen würden, in Münster zu studieren, antworteten die Studenten folgendermaßen:

„Auf jeden Fall"	44
„Wahrscheinlich schon"	17
„Wüsste ich nicht genau"	8
„Wahrscheinlich nicht"	-
„Auf keinen Fall"	-

Note: 1,48 Platz: 1 von 35 Teilnehmer: 69

So bewerten Medizinstudenten aus Münster
- die Vorklinik: 2,22 (Platz 10 von 35)
- die Klinik: 2,30 (Platz 6 von 35)

STUDENTENMEINUNG

Was gefällt den Studenten an Münster?

„eine richtige Studentenstadt", „viele Grünflächen", „sehr fahrradfreundlich", „zentrale Lage, gute Verkehrsanbindung", „viele Kneipen"

Was gefällt den Studenten nicht?

„teilweise zu kleinstädtisch", „viele Fahrraddiebe", „etwas konservativ", „es regnet eigentlich immer"

Was gefällt den Studenten am Studium?

„gute Lehre, geschlossener Campus", „Blockpraktika und POL-Kurse", „gute organisatorische Betreuung der Studierenden", „studentischer Zusammenhalt"

Was gefällt den Studenten nicht?

„viel Druck", „im Gegensatz zur Vorklinik muss man sich in der Klinik um alles selbst kümmern", „lange Anfahrt zu manchen Krankenhäusern"

Freizeittipps:

„aalen am Aasee", „Shopping in der City", „Rad fahren", „die Bars und Kneipen in der Stadt", „die Luna Bar"

Regensburg

©istockphoto

>> Universität

Universität Regensburg

>> Adresse

Dekanat der Medizinischen Fakultät
Franz-Josef-Strauß-Allee 11
93053 Regensburg
Internet: www.medi-learn.de/STF1028

Modellstudiengang: nein

Studienbeginn: WiSe

Einwohnerzahl: 136.000
Medizinstudenten: ca. 1.500
Gesamtzahl Studenten: ca. 18.000

Durchschnittliche Mietkosten: 313 €
Durchschnittliches Budget: 610 €

Examensleistung:
Physikum: 70,5 %, Platz 7

Hammerexamen: 78,1 %, Platz 3

Kontaktadressen und weitere Infos findest du unter:
www.medi-learn.de/STF1029

>> Geschichte

Die Universität in Regensburg gibt es seit 1967. Vier Jahre später begann die Ausbildung im Fach Medizin. Das Uniklinikum wird seit der Gründung in den Siebziger Jahren kontinuierlich ausgebaut, derzeit wird neuer Raum für medizinische Grundlagenforschung geschaffen. Zusammen mit der Privatuniversität Witten-Herdecke hat die Fakultät den Internet-Campus „MedicMED" geschaffen, der mit Fallbeispielen und Vorträgen den universitären Unterricht auch online unterstützt.

>> Surftipp

www.medi-learn.de/STF1030

WEITEREMPFEHLUNG

>> Regensburg

Auf die Frage, ob sie einem Studieninteressierten oder Studenten empfehlen würden, in Regensburg zu studieren, antworteten die Studenten folgendermaßen:

„Auf jeden Fall"	*37*
„Wahrscheinlich schon"	*13*
„Wüsste ich nicht genau"	*4*
„Wahrscheinlich nicht"	*2*
„Auf keinen Fall"	-

Note: 1,48 Platz: 2 von 35 Teilnehmer: 56

So bewerten Medizinstudenten aus Regensburg
- die Vorklinik: 1,82 (Platz 1 von 35)
- die Klinik: 1,85 (Platz 1 von 35)

STUDENTENMEINUNG

Was gefällt den Studenten an Regensburg?

„vielleicht die schönste Altstadt Deutschlands", „viele Möglichkeiten, abends wegzugehen", „angeblich größte Kneipendichte des Landes", „gute Shoppingstadt", „schön gelegen"

Was gefällt den Studenten nicht?

„öffentliches Verkehrsnetz könnte besser sein", „zu wenig Parkplätze", „die Pflastersteine"

Was gefällt den Studenten am Studium?

„gutes Betreuungsverhältnis", „kleine Studentenzahlen", „jeder kennt jeden, kleine Arbeitsgruppen", „Klinikum ist neu und gut ausgestattet", „Kongresse und Forschung"

Was gefällt den Studenten nicht?

„Ruf, Elite-Uni zu sein", „Gebäude der Vorklinik ist marode", „das Blocksystem ist schwerfällig", „Studium ist hart"

Freizeittipps:

„Donauradweg zur Walhalla", „Grillen auf der Jahn-Insel", „Kneitinger Biergarten", „das Peaches", „das Karwendelhaus besuchen"

Rostock

©istockphoto

>> Universität

Universität Rostock

>> Adresse

Universitätsmedizin Rostock
Schillingallee 35
18057 Rostock
Internet: www.medi-learn.de/STF1031

Modellstudiengang: nein

Studienbeginn: WiSe

Einwohnerzahl: 204.000
Medizinstudenten: ca. 1.500
Gesamtzahl Studenten: ca. 14.500

Durchschnittliche Mietkosten: 301 €
Durchschnittliches Budget: 567 €

Examensleistung:
Physikum: 69,7 %, Platz 14

Hammerexamen: 73,8 %, Platz 31

Kontaktadressen und weitere Infos findest du unter:
www.medi-learn.de/STF1032

>> Geschichte

Die Rostocker Universität besteht seit 1419, im gleichen Jahr wurde auch das Studium der Medizin in der Stadt an der Ostsee begonnen. Besonders die Betreuung und Ausbildung im ersten Studienabschnitt wird von den Studierenden gelobt. Für Studienaufenthalte im Ausland verfügt die Fakultät über ein sehr gutes Netzwerk. Die Forschung ist auf die Hochleistungsmedizin ausgerichtet. Schwerpunkte sind hier die Transplantationsmedizin und der künstliche Organersatz sowie die Osteoporose und molekularbiologische Themen.

>> Surftipp

www.medi-learn.de/STF1033

WEITEREMPFEHLUNG

>> Rostock

Auf die Frage, ob sie einem Studieninteressierten oder Studenten empfehlen würden, in Rostock zu studieren, antworteten die Studenten folgendermaßen:

„Auf jeden Fall"	*20*
„Wahrscheinlich schon"	*31*
„Wüsste ich nicht genau"	*16*
„Wahrscheinlich nicht"	*2*
„Auf keinen Fall"	-

Note: 2,00 Platz: 14 von 35 Teilnehmer: 69

So bewerten Medizinstudenten aus Rostock
- die Vorklinik: 1,97 (Platz 6 von 35)
- die Klinik: 2,75 (Platz 20 von 35)

STUDENTENMEINUNG

Was gefällt den Studenten an Rostock?

„schöne restaurierte Altstadt", „die Nähe zur Ostsee und den Stränden", „die Mieten sind bezahlbar", „Parks und Grünflächen"

Was gefällt den Studenten nicht?

„liegt etwas abgeschieden", „Plattenbauten zwischen Küste und Altstadt", „der Winter hier", „zu wenig kulturelles Angebot"

Was gefällt den Studenten am Studium?

„gutes Professoren-Studenten-Verhältnis", „Zusammenhalt der Studenten", „fundierte Ausbildung im ersten Studienabschnitt", „kurze Wege", „gemütlich und persönlich"

Was gefällt den Studenten nicht?

„teilweise etwas alte Ausstattung", „keine guten Nebenjobmöglichkeiten", „manche Praktikums- und Seminargruppen sind zu groß"

Freizeittipps:

„die Kneipen im Stadthafen", „Rudern auf der Warnow", „Warnemünde", „FKK an den Ostseestränden", „tolle Segelkurse an der Uni", „Kröpeliner Strasse"

Tübingen

©istockphoto

>> Universität

Eberhard-Karls-Universität Tübingen

>> Adresse

Dekanat der Medizinischen Fakultät
Geissweg 5
72076 Tübingen
Internet: www.medi-learn.de/STF1034651

Modellstudiengang: nein

Studienbeginn: WiSe / SoSe

Einwohnerzahl: 89.000
Medizinstudenten: ca. 2.900
Gesamtzahl Studenten: ca. 24.000

Durchschnittliche Mietkosten: 319 €
Durchschnittliches Budget: 576 €

Examensleistung:
Physikum: 72,4 %, Platz 3

Hammerexamen: 77,0 %, Platz 11

Kontaktadressen und weitere Infos findest du unter:
www.medi-learn.de/STF1035

>> Geschichte

Tübingen besitzt seit 1477 eine Universität. Medizin zählt zu den Gründungsfakultäten. Das Uniklinikum besteht seit 1805, es wird zur Zeit grunderneuert. Hochschuldidaktik steht an der Tübinger Fakultät mit seinem eigens eingerichteten Kompetenzzentrum hoch im Kurs. Für den reformierten klinischen Studienabschnitt wurde das interdisziplinäre und thematisch nach Krankheiten und Symptomen gegliederte „Curriculum i-KliC" geschaffen. Die Forschungsbereiche der Tübinger Medizin decken ein breites Spektrum ab.

>> Surftipp

www.medi-learn.de/STF1036

WEITEREMPFEHLUNG

>> Tübingen

Auf die Frage, ob sie einem Studieninteressierten oder Studenten empfehlen würden, in Tübingen zu studieren, antworteten die Studenten folgendermaßen:

„Auf jeden Fall"	*31*
„Wahrscheinlich schon"	*53*
„Wüsste ich nicht genau"	*11*
„Wahrscheinlich nicht"	*9*
„Auf keinen Fall"	*1*

Note: 2,01 Platz: 15 von 35 Teilnehmer: 105

So bewerten Medizinstudenten aus Tübingen
- die Vorklinik: 2,47 (Platz 18 von 35)
- die Klinik: 2,62 (Platz 15 von 35)

STUDENTENMEINUNG

Was gefällt den Studenten an Tübingen?

„idyllische Studentenstadt", „gemütlich aber nicht lethargisch", „gute Ausgehmöglichkeiten", „gutes Busnetz", „tolle Altstadt"

Was gefällt den Studenten nicht?

„kein richtiges Kaufhaus", „sehr hohe Mietpreise", „in den Semesterferien so gut wie ausgestorben", „viele Einbahnstraßen"

Was gefällt den Studenten am Studium?

„gute Vorbereitung auf Prüfungen", „viele Computerarbeitsplätze", „Tutorenprogramme", „Dozenten arbeiten pro-studentisch", „alle Kliniken nah beieinander"

Was gefällt den Studenten nicht?

„die Administration", „viele Studenten fahren übers Wochenende heim", „Ausbildung in manchen Unikliniken könnte besser sein"

Freizeittipps:

„Stocherkahnfahren – Mediziner haben einen eigenen Kahn", „guter Unisport", „gute Kinos", „nette Kneipen, abends auf dem Marktplatz sitzen", „schöne Fahrradtouren"

Ulm

©istockphoto

>> Universität

Universität Ulm

>> Adresse

Dekanat der Medizinschen Fakultät
Albert-Einstein-Allee 7
89081 Ulm
Internet: www.medi-learn.de/STF1037

Modellstudiengang: nein
Studienbeginn: WiSe

Einwohnerzahl: 123.000
Medizinstudenten: ca. 2.100
Gesamtzahl Studenten: ca. 6.000
Durchschnittliche Mietkosten: 284 €
Durchschnittliches Budget: 524 €

Examensleistung:
Physikum: 67,8 %, Platz 19
Hammerexamen: 77,0 %, Platz 10

Kontaktadressen und weitere Infos findest du unter:
www.medi-learn.de/STF1038

>> Geschichte

Ulm besitzt seit 1967 eine Universität. Medizin studieren konnten die ersten Studenten ab 1969, die Fakultät bildet neben einem naturwissenschaftlichen Fächerkanon den zweiten Schwerpunkt des Ausbildungsortes. Die Uni legt Wert auf qualifikationsorientierte Zusatzveranstaltungen und Bildungsangebote, die über die einzelnen Fächerinhalte hinausragen und sie verknüpfen. Auch in Ulm wurde das Studium reformiert: Im Zentrum stehen dabei virtuelles Lernen über die hier entwickelten E-Learning Systeme „Docs-n-Drugs" und „LaMedica" sowie Ethik in der Medizin. Hinzu kommen Blockpraktika und Evaluation der Lehre.

>> Surftipp

www.medi-learn.de/STF1039

WEITEREMPFEHLUNG

>> Ulm

Auf die Frage, ob sie einem Studieninteressierten oder Studenten empfehlen würden, in Ulm zu studieren, antworteten die Studenten folgendermaßen:

„Auf jeden Fall“	*12*
„Wahrscheinlich schon“	*33*
„Wüsste ich nicht genau“	*17*
„Wahrscheinlich nicht“	*11*
„Auf keinen Fall“	*1*

Note: 2,41 Platz: 29 von 35 Teilnehmer: 74

So bewerten Medizinstudenten aus Ulm
- die Vorklinik: 2,72 (Platz 25 von 35)
- die Klinik: 2,63 (Platz 17 von 35)

STUDENTENMEINUNG

Was gefällt den Studenten an Ulm?

„viele Cafés und Bars in der Innenstadt“, „schöne Altstadt mit Fachwerkhäusern“, „Studentenflair“, „faire Mietpreise“, „Busverbindungen tagsüber sind top“

Was gefällt den Studenten nicht?

„keine Nachtbusse“, „häufiger Nebel“, „weiter Weg von der Stadt zur Uni auf dem Berg“, „ein bisschen provinziell“

Was gefällt den Studenten am Studium?

„Profs haben es drauf und geben sich Mühe mit uns“, „viel Unterricht in Kleingruppen“, „genug Platz in allen Kursen vorhanden“, „alle Fächer der Vorklinik auf einem Fleck“

Was gefällt den Studenten nicht?

„abgeschottet vom ersten Studienabschnitt“, „Ausbildung nur in der Klinik“

Freizeittipps:

„an den Bodensee oder in die Alpen fahren“, „schöne Radwege entlang der Donau“, „Klettern im Blautal“, „Badeseen in der Umgebung“, „nette Bars und Lounges in der Stadt“, „Fischerviertel“

Würzburg

©istockphoto

>> Universität

Universität Würzburg

>> Adresse

Dekanat der Medizinischen Fakultät
Josef-Schneider-Straße 2, Haus D7
97080 Würzburg
Internet: www.medi-learn.de/STF1040

Modellstudiengang: nein

Studienbeginn: WiSe / SoSe

Einwohnerzahl: 133.000
Medizinstudenten: ca. 3.000
Gesamtzahl Studenten: ca. 20.000

Durchschnittliche Mietkosten: 292 €
Durchschnittliches Budget: 595 €

Examensleistung:
Physikum: 72,3 %, Platz 4

Hammerexamen: 77,4 %, Platz 7

Kontaktadressen und weitere Infos findest du unter:
www.medi-learn.de/STF1041

>> Geschichte

Die Erstgründung der Uni geht auf das Jahr 1402 zurück. Die Ausbildungsstätte konnte sich allerdings nicht lange halten: Grund dafür soll das ausschweifende Leben der Studenten (!) gewesen sein. Mitte des 16. Jahrhunderts wurde die Uni zum zweiten Mal eröffnet. Die Medizinische Fakultät hatte und hat maßgeblichen Anteil am hervorragenden nationalen und internationalen Ruf der Uni. Auch hier können die Mediziner ihre Handwerklichkeit im „skills lab" selbst schulen. Im interdisziplinären Trainings- und Simulationszentrum „intus" können die Studenten das Handeln im Notfall an hochmoderner Technik lernen.

>> Surftipp

www.medi-learn.de/STF1042

WEITEREMPFEHLUNG

>> Würzburg

Auf die Frage, ob sie einem Studieninteressierten oder Studenten empfehlen würden, in Würzburg zu studieren, antworteten die Studenten folgendermaßen:

„Auf jeden Fall"	*31*
„Wahrscheinlich schon"	*31*
„Wüsste ich nicht genau"	*10*
„Wahrscheinlich nicht"	*5*
„Auf keinen Fall"	*1*

Note: 1,90 Platz: 11 von 35 Teilnehmer: 78

So bewerten Medizinstudenten aus Würzburg
- die Vorklinik: 2,22 (Platz 11 von 35)
- die Klinik: 2,85 (Platz 22 von 35)

STUDENTENMEINUNG

Was gefällt den Studenten an Würzburg?

„Schön in den Bergen gelegen", „tolle historische Altstadt", „romantisches Flair am Main", „überschaubar, aber nicht zu klein", „Mietpreise gehen noch"

Was gefällt den Studenten nicht?

„Uni ist zerstreut", „zum Radfahren recht bergig", „Parkplatzmangel", „etwas konservativ"

Was gefällt den Studenten am Studium?

„vielfältiges Kursangebot", „skills lab und intus sind super", „hochkompetente Professoren", „gute Forschungsangebote", „Sonderveranstaltungen"

Was gefällt den Studenten nicht?

„Vorklinik und Klinik räumlich weit auseinander", „hohe Personenanzahl in manchen Kursen", „Mensa", „Bibliothek für Mediziner ist abgelegen"

Freizeittipps:

„Faulenzen im Ringpark oder auf den Mainwiesen", „Bootsfahrt nach Veitshöchheim", „das Nautiland", „Weinberge in Grombühl", „durch die Bars der Stadt ziehen", „Wandern in der Mainschleife"

Oldenburg i. O.

©istockphoto

>> Universität

Carl von Ossietzky Universität Oldenburg

>> Adresse

European Medical School Oldenburg-Groningen
Ammerländer Heerstraße 114-118
26129 Oldenburg
Internet: www.medi-learn.de/STF1047

Modellstudiengang: ja

Studienbeginn: WiSe

Einwohnerzahl: 162.481
Gesamtzahl Studenten: 12.019

Medizinstudenten: 40

Kontaktadressen und weitere Infos findest du unter:
www.medi-learn.de/STF1048

>> Geschichte

Die Universität Oldenburg ist einer der Partner des Kooperationsprojekts European Medical School Oldenburg-Groningen. Das Studium schließt mit einem Staatsexamen ab. Zusätzlich kann an der Kooperationsuniversität noch ein Masterabschluss in „Geneeskunde“ erworben werden. Alle Studenten verbringen während ihres Studiums mindestens ein Jahr an der Universität Groningen. Die notwendigen Sprachkenntnisse können während des Studiums erworben werden. Die Forschungsschwerpunkte in Oldenburg liegen im Bereich Neurosensorik und Versorgungsforschung.

>> Surftipp

www.medi-learn.de/STF1049

Witten/Herdecke

©Private Universität Witten/Herdecke (UW/H)

>> Universität

Universität Witten/Herdecke

>> Adresse

Fakultät der Gesundheit
Alfred-Herrhausen-Straße 50
58448 Witten
Internet: www.medi-learn.de/STF1050

Modellstudiengang: ja
Studienbeginn: SoSe und WiSe

Einwohnerzahl: 97.819
Gesamtzahl Studenten: 1.418
Medizinstudenten: 492
Gebühren pro Semester: 4104 €

Kontaktadressen und weitere Infos findest du unter:
www.medi-learn.de/STF1051

>> Geschichte

Die medizinische Fakultät – das heutige Department für Humanmedizin – an der Universität Witten/Herdecke existiert seit 1983. Seit dem Jahr 2000 wurde das Humanmedizinstudium in einen Modellstudiengang reformiert. Der Forschungsschwerpunkt der Fakultät ist auf Integrative und personalisierte Gesundheitsversorgung gelegt.

>> Surftipp

www.medi-learn.de/STF1052

Bundesweiter Vergleich

Um dir den bundesweiten Überblick leichter zu machen, findest du auf folgenden Seiten Grafiken, die alle Universitäten in Deutschland zum Vergleich zeigen:

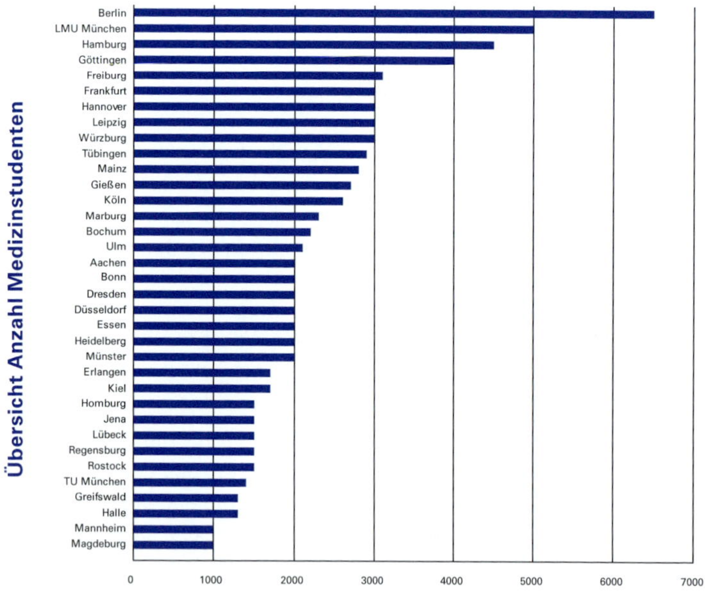

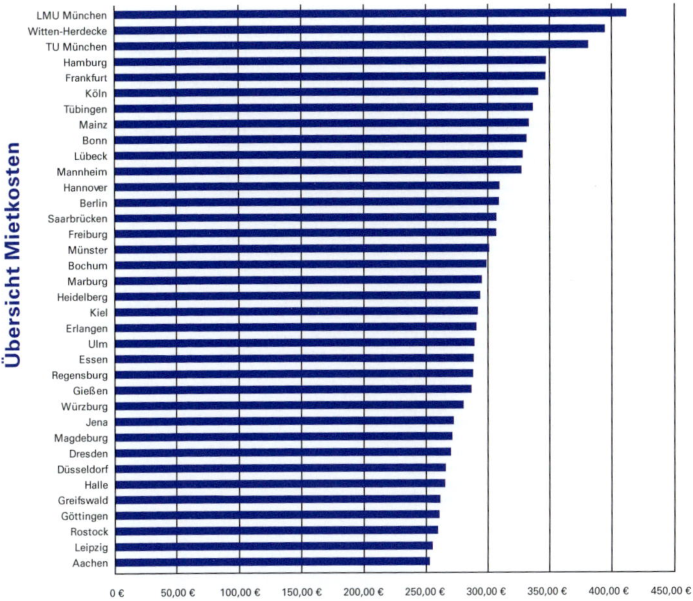
Übersicht Mietkosten
LMU München
Witten-Herdecke
TU München
Hamburg
Frankfurt
Köln
Tübingen
Mainz
Bonn
Lübeck
Mannheim
Hannover
Berlin
Saarbrücken
Freiburg
Münster
Bochum
Marburg
Heidelberg
Kiel
Erlangen
Ulm
Essen
Regensburg
Gießen
Würzburg
Jena
Magdeburg
Dresden
Düsseldorf
Halle
Greifswald
Göttingen
Rostock
Leipzig
Aachen
0 €
50,00 €
100,00 €
150,00 €
200,00 €
250,00 €
300,00 €
350,00 €
400,00 €
450,00 €

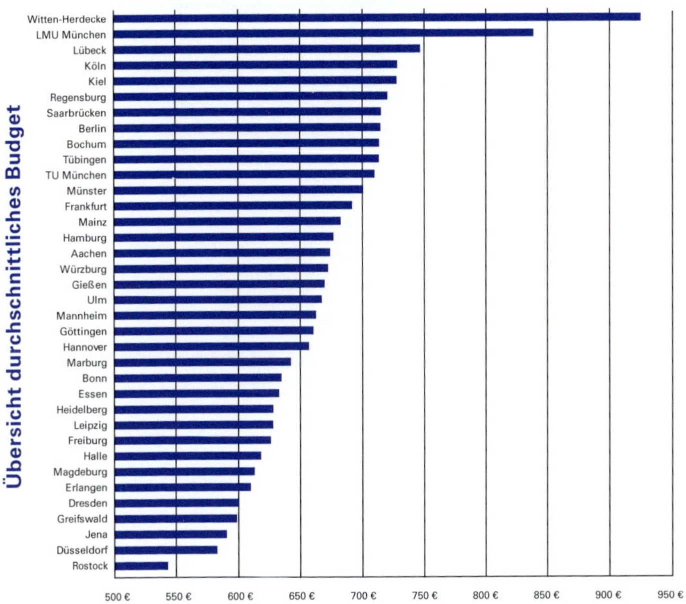
Übersicht durchschnittliches Budget
Witten-Herdecke
LMU München
Lübeck
Köln
Kiel
Regensburg
Saarbrücken
Berlin
Bochum
Tübingen
TU München
Münster
Frankfurt
Mainz
Hamburg
Aachen
Würzburg
Gießen
Ulm
Mannheim
Göttingen
Hannover
Marburg
Bonn
Essen
Heidelberg
Leipzig
Freiburg
Halle
Magdeburg
Erlangen
Dresden
Greifswald
Jena
Düsseldorf
Rostock
500 €
550 €
600 €
650 €
700 €
750 €
800 €
850 €
900 €
950 €

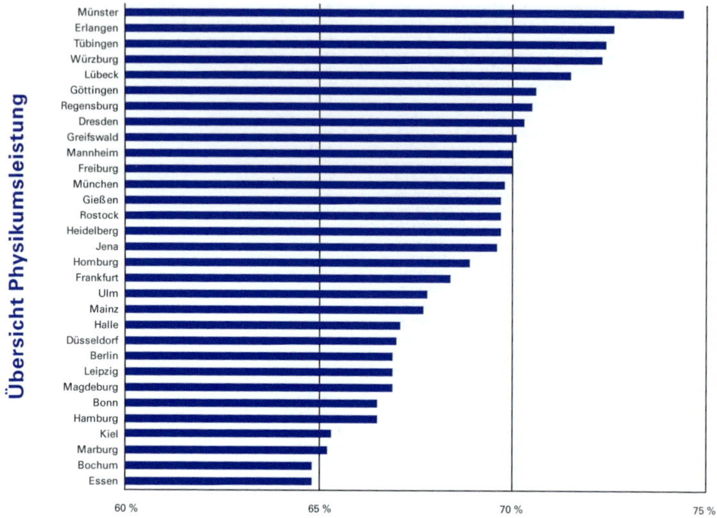
Übersicht Physikumsleistung
Münster
Erlangen
Tübingen
Würzburg
Lübeck
Göttingen
Regensburg
Dresden
Greifswald
Mannheim
Freiburg
München
Gießen
Rostock
Heidelberg
Jena
Homburg
Frankfurt
Ulm
Mainz
Halle
Düsseldorf
Berlin
Leipzig
Magdeburg
Bonn
Hamburg
Kiel
Marburg
Bochum
Essen
60 %
65 %
70 %
75 %

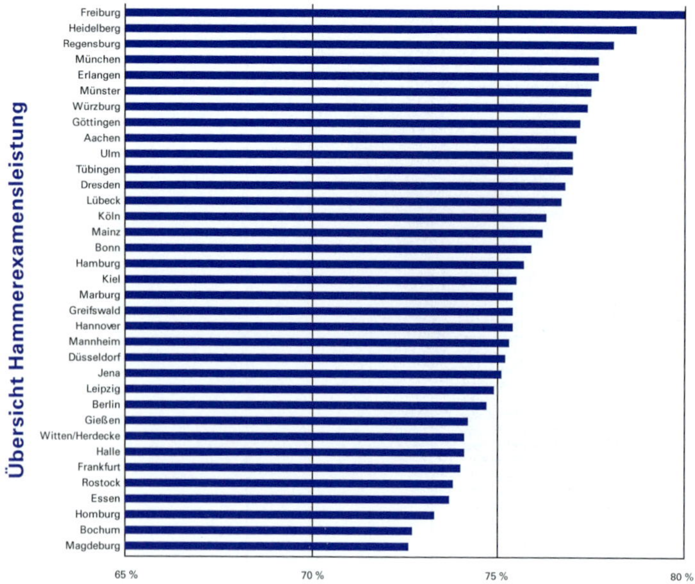
Übersicht Hammerexamensleistung
Freiburg
Heidelberg
Regensburg
München
Erlangen
Münster
Würzburg
Göttingen
Aachen
Ulm
Tübingen
Dresden
Lübeck
Köln
Mainz
Bonn
Hamburg
Kiel
Marburg
Greifswald
Hannover
Mannheim
Düsseldorf
Jena
Leipzig
Berlin
Gießen
Witten/Herdecke
Halle
Frankfurt
Rostock
Essen
Homburg
Bochum
Magdeburg
65 %
70 %
75 %
80 %

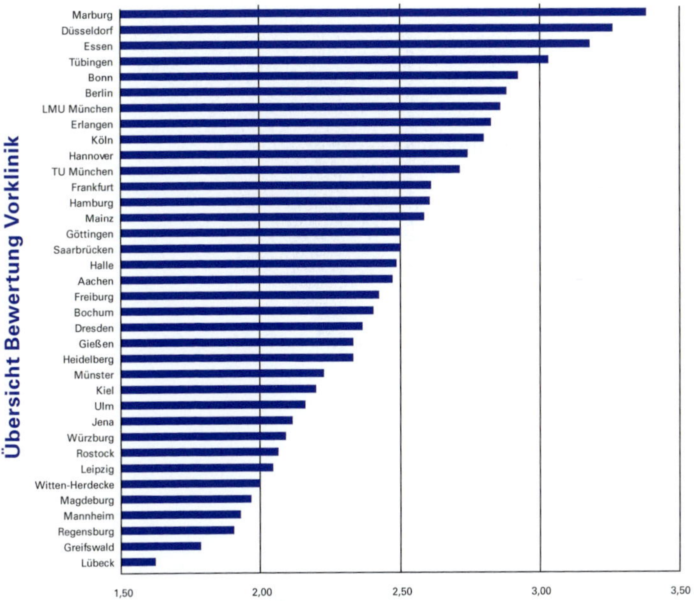
Übersicht Bewertung Vorklinik
Marburg
Düsseldorf
Essen
Tübingen
Bonn
Berlin
LMU München
Erlangen
Köln
Hannover
TU München
Frankfurt
Hamburg
Mainz
Göttingen
Saarbrücken
Halle
Aachen
Freiburg
Bochum
Dresden
Gießen
Heidelberg
Münster
Kiel
Ulm
Jena
Würzburg
Rostock
Leipzig
Witten-Herdecke
Magdeburg
Mannheim
Regensburg
Greifswald
Lübeck
1,50
2,00
2,50
3,00
3,50

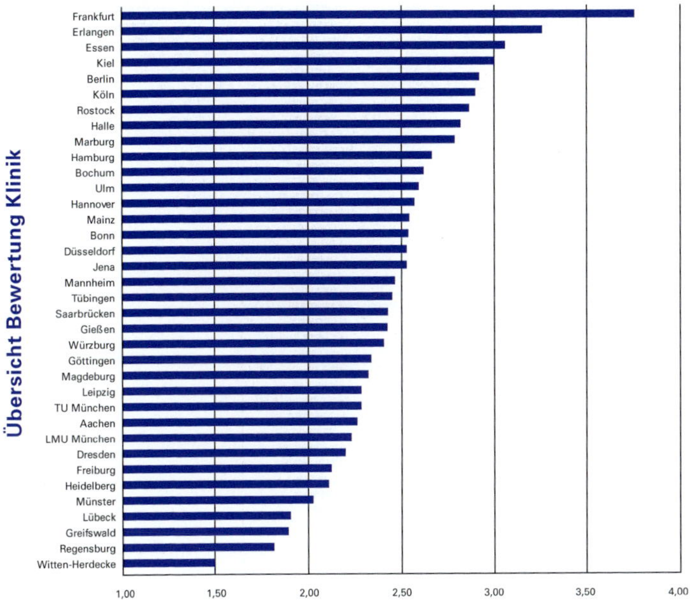
Übersicht Bewertung Klinik
Frankfurt
Erlangen
Essen
Kiel
Berlin
Köln
Rostock
Halle
Marburg
Hamburg
Bochum
Ulm
Hannover
Mainz
Bonn
Düsseldorf
Jena
Mannheim
Tübingen
Saarbrücken
Gießen
Würzburg
Göttingen
Magdeburg
Leipzig
TU München
Aachen
LMU München
Dresden
Freiburg
Heidelberg
Münster
Lübeck
Greifswald
Regensburg
Witten-Herdecke
1,00
1,50
2,00
2,50
3,00
3,50
4,00

Adressen

>> Stiftung für Hochschulmedizin (SfH):

Sonnenstraße 171
44137 Dortmund
www.hochschulstart.de

>> IMPP:

Institut für medizinische und pharmazeutische Prüfungsfragen
Große Langgasse 8, 55116 Mainz
Briefanschrift: Postfach 25 28, 55015 Mainz
www.impp.de

>> Landesprüfungsämter:

Baden-Württemberg
Regierungspräsidium Stuttgart
Landesprüfungsamt für Medizin und Pharmazie
Nordbahnhofstraße 135
70191 Stuttgart
Briefanschrift: Postfach 10 29 42, 70025 Stuttgart

Bayern
Regierung von Oberbayern
Landesprüfungsamt für Medizin und Pharmazie
Maximilianstraße 39
80538 München
Briefanschrift: Regierung von Oberbayern, 80534 München

Erlangen-Nürnberg
Prüfungsamt der Friedrich-Alexander-Universität
Medizinische Fakultät
Halbmondstraße 6
91054 Erlangen

München LMU
Prüfungsamt Medizin der Ludwig-Maximilians-Universität
Amalienstraße 52
80799 München

München TU
Klinikum rechts der Isar
Prüfungsamt Medizin der Technischen Universität München
Nigerstraße 3
81675 München

Regensburg
Regierung von Oberbayern
Prüfungsamt Medizin der Universität Regensburg
Fakultät für Medizin
Franz-Josef-Strauß-Allee 11
93053 Regensburg

Würzburg
Prüfungsamt Medizin der Julius-Maximilians-Universität
Sanderring 2
97070 Würzburg

Berlin
Landesamt für Gesundheit und Soziales Berlin
– Landesprüfungsamt für Gesundheitsberufe –
Fehrbelliner Platz 1
10707 Berlin
Briefanschrift: Postfach 310929, 10639 Berlin

Brandenburg
Landesamt Umwelt, Gesundheit und Verbraucherschutz Brandenburg
Abteilung Gesundheit
Heinrich-Mann-Allee 103, Haus 8
14473 Potsdam
Briefanschrift: Postfach 601150, 14411 Potsdam

Bremen
Der Senator für Bildung, Wissenschaft und Gesundheit
Contrescarpe 72
28195 Bremen
Briefanschrift: Bahnhofsplatz 29, 28195 Bremen

Hamburg
Behörde für Gesundheit und Verbraucherschutz
Amt für Gesundheit
Landesprüfungsamt für Heilberufe
Billstraße 80
20539 Hamburg

Hessen
Hessisches Landesprüfungs- und Untersuchungsamt im Gesundheitswesen
Theodor-Stern-Kai 7 , Haus 9 B
60596 Frankfurt am Main

Mecklenburg-Vorpommern
Landesamt für Gesundheit und Soziales
Landesprüfungsamt für Heilberufe
Erich-Schlesinger-Straße 35
18059 Rostock

Außenstelle Greifswald
Landesamt für Gesundheit und Soziales
Landesprüfungsamt für Heilberufe
Lange Reihe 2
17489 Greifswald

Niedersachsen
Niedersächsischer Zweckverband zur Approbationserteilung
Landesprüfungsamt
Berliner Allee 20
30175 Hannover

Nordrhein-Westfalen
Landesprüfungsamt für Medizin, Psychotherapie und Pharmazie
Am Bonneshof 35
40474 Düsseldorf
Briefanschrift:
Bezirksregierung Düsseldorf
Landesprüfungsamt für Medizin:
Postfach 30 08 65
40408 Düsseldorf

Rheinland-Pfalz
Landesprüfungsamt für Studierende der Medizin und der Pharmazie
beim Landesamt für Soziales, Jugend und Versorgung
Schießgartenstraße 6
55116 Mainz

Saarland
Landesamt für Soziales
Zentralstelle für Gesundheitsberufe und Landesprüfungsamt
Konrad-Zuse-Straße 11
66115 Saarbrücken

Sachsen
Regierungspräsidium Dresden
Sächsisches Landesprüfungsamt für akademische Heilberufe
Stauffenbergallee 2
01099 Dresden

Sachsen-Anhalt
Landesverwaltungsamt
Landesprüfungsamt für Gesundheitsberufe
Maxim-Gorki-Straße 7
06114 Halle (Saale)

Schleswig-Holstein
Landesamt für soziale Dienste Schleswig-Holstein, Abt. Gesundheitsschutz
Adolf-Westphal-Straße 4
24143 Kiel

Thüringen
Thüringer Landesverwaltungsamt
Landesprüfungsamt für akademische Heilberufe
Weimarplatz 4
99423 Weimar
Briefanschrift:
Thüringer Landesverwaltungsamt, Postfach 2249, 99403 Weimar

>> Deutsche Universitäten

Rheinisch-Westfälische Technische Hochschule Aachen
Templergraben 55
52056 Aachen
www.rwth-aachen.de

Dekanat der Medizinischen Fakultät
Pauwelstraße 30
52074 Aachen

Charité — Universitätsmedizin Berlin
Charitéplatz 1
10117 Berlin
www.charite.de

Ruhr-Universität Bochum
Universitätsstraße 150
44801 Bochum
www.ruhr-uni-bochum.de

Medizinische Fakultät
Universitätsstraße 150
44801 Bochum

Rheinische Friedrich-Wilhelms-Universität Bonn
Regina-Pacis-Weg 3
53113 Bonn
www.uni-bonn.de

Dekanat der Medizinischen Fakultät
Sigmund-Freud-Straße 25
53127 Bonn

Technische Universität Dresden
Mommsenstraße 9
01062 Dresden
www.tu-dresden.de

Med. Fakultät Carl Gustav Carus
Fetscherstraße 74
01307 Dresden

Heinrich-Heine-Universität Düsseldorf
Universitätsstraße 1
40225 Düsseldorf
www.uni-duesseldorf.de

Dekanat der Medizinischen Fakultät
Moorenstraße 5
40225 Düsseldorf

Friedrich-Alexander-Universität Erlangen-Nürnberg
Schlossplatz 4
91054 Erlangen
www.uni-erlangen.de

Dekanat der Medizinischen Fakultät
Östliche Stadtmauerstraße 30 a
91054 Erlangen

Universität Duisburg-Essen
Universitätsstraße 2
45141 Essen
www.uni-due.de

Medizinische Fakultät
Hufelandstraße 55
45122 Essen

Goethe-Universität
Senckenberganlage 31
60325 Frankfurt am Main
www.uni-frankfurt.de

Dekanat des Fachbereichs Medizin
Theodor-Stern-Kai 7
60590 Frankfurt am Main

Albert-Ludwigs-Universität Freiburg
Friedrichstraße 39
79098 Freiburg
www.uni-freiburg.de

Dekanat der Medizinischen Fakultät
Hugstetter Straße 49
79106 Freiburg

Justus-Liebig-Universität Gießen
Ludwigstraße 23
35390 Gießen
www.uni-giessen.de

Universitätsklinikum Gießen
Rudolf-Buchheim-Straße 6
35392 Gießen

Georg-August Universität Göttingen
Wilhelmsplatz 1
37073 Göttingen
www.uni-goettingen.de

Studierendenbüro
Wilhelmsplatz 4
37073 Göttingen

Ernst-Moritz-Arndt-Universität Greifswald
Domstraße 11
17487 Greifswald
www.uni-greifswald.de

Universitätsmedizin Greifswald
Fleischmannstraße 8
17475 Greifswald

Martin-Luther-Universität Halle-Wittenberg
Universitätsplatz 10
06108 Halle
www.uni-halle.de

Medizinische Fakultät
Magdeburger Straße 8
06112 Halle

Universität Hamburg
Edmund-Siemers-Allee 1
20146 Hamburg
www.uni-hamburg.de

UK Hamburg-Eppendorf
Martinistraße 52
20246 Hamburg

Medizinische Hochschule Hannover
Carl-Neuberg-Straße 1
30625 Hannover
www.mh-hannover.de

Ruprecht-Karls-Universität Heidelberg
Grabengasse 1
69117 Heidelberg
www.uni-heidelberg.de

Medizinische Fakultät
Im Neuenheimer Feld 672
69120 Heidelberg

Universität Mannheim
Bismarckstraße
68161 Mannheim
www.uni-mannheim.de

Medizinische Fakultät Mannheim
Theodor-Kutzer-Ufer 1–3
68167 Mannheim

Universität des Saarlandes
Campus
66123 Saarbrücken
www.uni-saarland.de

Medizinische Fakultät
Kirrberger Straße 100
66421 Homburg

Friedrich-Schiller-Universität Jena
Fürstengraben 1
07743 Jena
www.uni-jena.de

Medizinische Fakultät
Bachstraße 18
07743 Jena

Kassel School of Medicine
Mönchebergstr. 41–43
34125 Kassel
www.medizin-kassel.de

University of Southampton
University Road
UK-Southampton SO17 1BJ

Christian-Albrechts-Universität zu Kiel
Christian-Albrechts-Platz 4
24118 Kiel
www.uni-kiel.de

Medizinische Fakultät
Christian-Albrechts-Platz 4
8. OG, R. 805
24118 Kiel
www.uni-kiel.de

Universität Köln
Albertus-Magnus-Platz
50923 Köln
www.uni-koeln.de

Medizinisches Dekanat
Joseph-Stelzmann Straße 20
50931 Köln

Universität Leipzig
Ritterstraße 26
04109 Leipzig
www.uni-leipzig.de

Medizinisches Dekanat
Liebigstraße 27 b
04103 Leipzig

Universität zu Lübeck
Ratzeburger Allee 160
23562 Lübeck
www.uni-luebeck.de

Medizinische Fakultät, Haus 21
Ratzeburger Allee 160
23562 Lübeck

Otto-von-Guericke-Universität Magdeburg
Universitätsplatz 2
39106 Magdeburg
www.uni-magdeburg.de

Medizinische Fakultät
Leipziger Straße 44
39120 Magdeburg

Johannes Gutenberg-Universität Mainz

Saarstraße 21
55122 Mainz
www.uni-mainz.de

Universitätsmedizin
Langenbeckstraße 1
55131 Mainz

Philipps-Universität Marburg

Biegenstraße 10
35032 Marburg
www.uni-marburg.de

Fachbereich Medizin
Baldingerstraße
35032 Marburg

Ludwig-Maximilians Universität München

Geschwister-Scholl-Platz 1
80539 München
www.uni-muenchen.de

Medizinische Fakultät der LMU
Bavariaring 19
80336 München

Technische Universität München

Arcisstraße 21
80333 München
www.tum.de

Medizinisches Dekanat
Ismaninger Straße 22
81675 München

Westfälische Wilhelms-Universität Münster

Schloßplatz 2
48149 Münster
www.uni-muenster.de

Medizinische Fakultät
Domaghstraße 3
48149 Münster

Carl von Ossietzky Universität Oldenburg

Ammerländer Heerstraße 114–118
26129 Oldenburg
www.uni-oldenburg.de

Rijksuniversiteit Groningen
Postbus 72
NL-9700 AB Groningen

Universität Regensburg

Universitätsstraße 31
93053 Regensburg
www.uni-regensburg.de

Medizinische Fakultät
Franz-Josef-Strauß-Allee 11
93053 Regensburg

Universität Rostock
Ulmenstraße 69
18057 Rostock
www.uni-rostock.de

Universitätsmedizin
Schillingsallee 35
18057 Rostock

Julius-Maximilians-Universität Würzburg
Sanderring 2
97070 Würzburg
www.uni-wuerzburg.de

Dekanat der Medizinischen Fakultät
Josef-Schneider-Straße 2
97080 Würzburg

Universität Witten/Herdecke
Alfred-Herrhausen-Straße 50
58448 Witten
www.uni-wh.de

Fakultät für Gesundheit
Alfred-Herrhausen-Straße 50
58448 Witten

Eberhard-Karls-Universität Tübingen
Wilhelmstraße 7
72074 Tübingen
www.uni-tuebingen.de

Medizinische Fakultät
Gessweg 3
72076 Tübingen

Universität Ulm
Helmholtzstraße 16
89081 Ulm
www.uni-ulm.de

Medizinische Fakultät
Albert-Einstein-Allee 7
89081 Ulm

>> Österreichische Universitäten

Medizinische Universität Wien
Spitalgasse 23
A-1090 Wien
www.meduniwien.ac.at

Medizinische Universität Graz
Auenbruggerplatz 2
A-8036 Graz
www.meduni-graz.at

Medizinische Universität Innsbruck
Christoph-Probst-Platz 1
Innrain 52
A-6020 Innsbruck
www.i-med.ac.at

Paracelsus Medizinische Privatuniversität Salzburg
Strubergasse 21
A-5020 Salzburg
www.pmu.ac.at

>> Schweizerische Universitäten

Universität Basel
Petersplatz 1
CH-4003 Basel
www.unibas.ch

Medizinische Fakultät
Klingelbergstraße 61
CH-4056 Basel
www.medizin.unibas.ch

Universität Bern
Hochschulstraße 4
CH-3012 Bern
www.unibe.ch

Medizinische Fakultät
Murtenstraße 11
CH-3010 Bern
www.medizin.unibe.ch

Université de Genève
24 rue du Général-Dufour
CH-1211 Genève 4
www.unige.ch

Faculté de médecine
Centre Médical Universtaire
Rue Michel-Servet 1
CH-1211 Genève 1
www.medecine.unige.ch

Université de Neuchâtel
Service académique
Avenue du 1er Mars 26
CH-2000 Neuchâtel
www.unine.ch

Faculté des sciences
Rue Emile-Argand 11
CH-2000 Neuchâtel
www2.unine.ch/sciences/medecine

Université de Lausanne
Unicentre
CH-1015 Lausanne
www.unil.ch

Biologische und Medizinische Fakultät
UNIL-Bugnon
Rue du Bugnon 21 – Büro 4111
CH-1011 Lausanne
www.unil.ch/fbm (französisch)
www.unil.ch/central/page2910_de.html (deutsch)

Universität Zürich
Rämistraße 71
CH-8006 Zürich
www.unizh.ch

Medizinische Fakultät
Pestalozzistraße 3
CH-8091 Zürich
www.med.uzh.ch

Université de Fribourg
University of Fribourg
Faculty of science
Department of Medicine
Ch. du Musée 8
CH-1700 Fribourg
www.unifr.ch/med

Université de Fribourg
Avenue de l'Europe 20
CH-1700 Fribourg
www.unifr.ch

>> Ungarische Universitäten

Universität Debrecen
Egyetem tér 1
H-4032 Debrecen
www.unideb.hu

University of Debrecen Medical and Healthscience Center
Nagyerdei krt. 98
H-4012 Debrecen
www.edu.dote.hu

Universität der Wissenschaften Szeged
H-6720 Szeged, Dugonics tér 13
www.u-szeged.hu

Universität der Wissenschaften Pécs
Vasvári Pál u. 4.
H-7622 Pécs
www.deutsch.pte.hu

Medizinische Fakultät
SZigeti út 12
H-7624 Pécs
www.deutsch.pte.hu/menu/52/19

Semmelweis Universität
H-1085 Budapest, Üllõi út 26
Ungarn
www.semmelweis-univ.hu

>> Tschechische Universitäten

Charles University in Prague
Faculty of Medicine in Hradec Kralove
PO BOX 38
Simkova 870
Hradec Kralove 1
CZ-500 38
Czech Republic
www.lfhk.cuni.cz

>> MEDI-LEARN

Dorfstraße 57
24107 Ottendorf bei Kiel
Hotline: 04 31 - 780 25 0
www.medi-learn.de

Anhang

Checkliste Wohnungsbesichtigung

Folgende Punkte solltest du vor und während einer Wohnungsbesichtigung klären – am besten auch direkt schriftlich festhalten, da du nach fünf Wohnungsbesichtigungen die Angaben nicht mehr wirst auseinander halten können:

Basisangaben:

Adresse der Wohnung:

Kontaktdaten des Ansprechpartners:

Besichtigungstermin und Treffpunkt:

Zur Wohnung:

- Welche Größe hat die Wohnfläche (in qm)?
- Wie groß ist die verfügbare Wohnnutzfläche (in qm)?
- Wie ist die Raumaufteilung (am besten eine kleine Skizze machen oder nach einem Grundriss fragen)?
- Wie viele Zimmer hat die Wohnung?
- Wie ist das Bad ausgestattet (Badewanne, Dusche, Fenster, Belüftung)?
- Ist im Mietpreis ein Stellplatz oder eine Garage enthalten?
- Kann man den Stellplatz bzw. die Garage gegebenenfalls auch ausschließen und so die Miete entsprechend verringern (in der Regel um 20–40 €)?
- Gibt es einen Garten, den du mitbenutzen darfst und wie groß ist dieser ggf.?
- Wie ist der Zustand der Räume? Wer muss wann renovieren (beim Einzug/beim Auszug)?
- Ist die Wohnung eher „ruhig" oder „laut"?
- Gibt es Schalldämmungsmaßnahmen?
- Wie hoch ist die Temperatur in der Wohnung im hohen Sommer bzw. im tiefen Winter (am besten den Vormieter befragen!)?

Zu den Kosten:

- Wie hoch ist die Kaltmiete?
- Welche Nebenkosten musst du in welcher Höhe zahlen?
- Wie hoch waren in den letzten beiden Jahren die Nachzahlungen der Vormieter?
- Wann wurde die letzte Mieterhöhung vorgenommen und wie hoch war diese?
- Wie hoch ist die Kaution?
- Musst du eine Ablöse für in der Wohnung verbleibende Gegenstände zahlen?
- Verlangt der Makler von dir eine Provision? Wie hoch ist diese?

Rund ums Haus:

- Wie alt ist das Haus?
- Wann wurde es zuletzt renoviert?
- Handelt es sich um ein Ein-/Zwei-/Mehrfamilienhaus?
- Handelt es sich um Eigentumswohnungen, die untervermietet werden oder gehört das Haus einem Vermieter oder einer Wohnungs-Genossenschaft?
- Wie viele Parteien wohnen insgesamt im Haus?
- Gibt es einen Wasch- oder Trockenraum?
- Kannst du dort gegebenenfalls deine Waschmaschine abstellen?
- Gehört ein Kellerraum zu deiner Wohnung?
- Wo kannst du deinen Müll entsorgen? Gibt es eine Mülltrennung?
- Ist ein Fahrstuhl vorhanden (ab vier Etagen)?
- Wer wohnt sonst noch mit im Haus (vorwiegend Studenten bzw. junge Nachbarn oder eher Familien und ältere Leute)?
- Welche Pflichten hast du als Mieter (z. B. Treppenhausreinigung etc.)?

Zur Lage:

- Wie sind die Verkehrsanbindungen rund um die Wohnung?
- Welche Einkaufsmöglichkeiten gibt es in der näheren Umgebung (ALDI, Lidl usw.)?
- Wohin ist die Wohnung ausgerichtet (Straßenseite, Hofseite, Sonnenseite)?
- Welche Freizeitmöglichkeiten gibt es in der Umgebung?

Im folgenden Abschnitt präsentieren wir dir häufig benutzte Abkürzungen für Wohnungsanzeigen.

Übersicht Abkürzungen Wohnungsanzeigen:

§5-Sch	Wohnberechtigungsschein
1-Zi-Kft.	Einzimmer-Komfortwohnung
2-Zi-Neub.-DG-Whg.	Zweizimmer-Neubau-Dachgeschosswohnung
2-Zi-Whg.	Zweizimmerwohnung
Abl.	Ablöse
Altb.	Altbau
App.	Appartement
Ausst.	Ausstattung
Bek.	Betriebskosten (Hausbeleuchtung, Hausmeister etc.)
Besicht./Bes.	Besichtigung
Bj.	Baujahr
BK	Betriebskosten (Hausbeleuchtung, Hausmeister etc.)
Court.	Courtage (Vermittlungsgebühr des Immobilienmaklers)
D'bad/DB	Duschbad (nur Dusche, keine Badewanne)
DG	Dachgeschoss
DHH	Doppelhaushälfte
E.-hzg.	Elektroheizung
EBK	Einbauküche
Eckhs.	Eckhaus
EFH	Einfamilienhaus
Einb'Kü.	Einbauküche
Endetg.	Endetage
Erd.	Erdgeschoss
erf.	erforderlich
exkl.	exklusive Nebenkosten
Fahrst.	Fahrstuhl
Fernw.	Fernwärme
Fb'hzg./Fußbodenhzg.	Fußbodenheizung
Ga.-Ant.	Gartenanteil
Gara.	Garage
Gashzg.	Gasheizung
Gem.-Ant.	Gemeinschaftsantenne
HK	Heizkosten

Hs.-Mst.	Hausmeister
Immob.	Gewerbliche Anzeige
inkl.	inklusive mit Nebenkosten (Achtung: meist ohne Heizkosten)
Kabel	Kabelfernsehen
Kalt	Nettokaltmiete: Miete ohne Nebenkosten, Heizung
Kt./Kaut.	Kaution
Kfz-Stellpl.	Einstellplatz fürs Auto (kostet meistens extra)
Kochn.	Kochnische
kpl.	komplett
Man.	Mansarde (Wohnräume in einem Dachgeschoss)
MM	Miete pro Monat
möbl.	möbliert (dadurch schneller kündbar!)
Mte.	Miete
MV	Mietvertrag
MwSt.	Mehrwertsteuer
Neub.	Neubau
NK	Nebenkosten: Grundsteuern, Straßenreinigung, Müllabfuhr
NKM	Nettokaltmiete: Miete ohne Nebenkosten, Heizung
Nsphzg.	Nachtspeicherheizung – nutzt kostengünstigeren Nachtstrom
Nutzfl.	Nutzfläche
öZH	Ölzentralheizung
Pantry	Miniküche
Part.	Parterre
RDM	Ring Deutscher Makler
ren.	renoviert
RH	Reihenhaus
RMH	Reihenmittelhaus
S-balk.	Südbalkon
sep.	separat
Stpl.	Einstellplatz fürs Auto (kostet meistens extra)
TG	Tiefgarage
v. Priv.	von Privat (ohne Makler)
V'bad m.Fe.	Vollbad mit Fenster
VDM	Verband Deutscher Makler
VHN	Vereinigung Hamburger Hausmakler
warm	Gesamtmiete (alles inkl. außer Strom – der geht immer extra)
WG	Wohngemeinschaft

Wohnfl.	Wohnfläche
WW	Warmwasser
Ww.	Warmwasser
zgl.	zuzüglich
Zhzg.	Zentralheizung
Ztrl.Hzg.	Zentralheizung
1 ZKB	1 Zimmer, Küche, Bad

Im folgenden Abschnitt präsentieren wir dir eine Auswahl an möglichen Nebenverdiensten während deines Medizinstudiums.

Übersicht der Nebenverdienstmöglichkeiten:

Anästhesie – ambulantes Operieren
Arzthelferin in der Dermapraxis
Arzthelferin in der Dialysepraxis
Ärztlicher Notdienst
AStA-Referentin für behinderte und chronisch kranke Studierende
Aushilfe als Kinderkrankenschwester
Aushilfe bei Forschungsprojekten
Aushilfe im Alten- und Pflegeheim
Aushilfe in der Anästhesie
Aushilfe in der Anatomie
Aushilfe in der Deutschen Hodgkin Studiengruppe
Aushilfe in der inneren und chirurgischen Ambulanz
Aushilfe in der Internistenpraxis
Aushilfe in der Massagepraxis
Aushilfe in der medizinischen Bibliothek
Aushilfe in der Notfallambulanz
Aushilfe in einem Verlag
Aushilfe in einer Botique
Aushilfe in einer orthopädischen Praxis
Aushilfe in Geschäften, z. B. Kaufhof
Aushilfe in Werbeagenturen
Babysitter
Bedienung
Behindertenbetreuung
Bezahlte Doktorarbeit

Briefe verteilen
Catering
Datenerfassung und statistische Erhebungen
Datenkontrolle
Deutsch für Ausländer
Disponent in einer Rettungsleitstelle
EDV-Spezialist, System- und Netzwerkadministrator
Empfangsdienst bei einer Werbeagentur
Erstellung von Lernmodulen im Computer Based Training Labor
Kinder und Jugendliche
Fahrzeuge überführen
Hausnotrufdienst
Herstellung von Lernsoftware für Mediziner
Hilfspfleger im Krankenhaus
Intensivpflege
Inventurhilfe
Kellner
Kopiertätigkeit
Krankenschwester
Laborarbeit
Lagerungspfleger
Lehrkraft für erste Hilfe
Lehrkraft in der Rettungsdienstschule
Marktforschung im Call Center
Masseur
Medizinische Kongresse
Messen, z. B. Hostess, Dolmetscher
Mitarbeit an medizinischen Studien, z. B. Arzneimittelstudien
Nachhilfe geben
Nachtbereitschaftsdienste
Nachtdienst, z. B. Krankenhaus, Notrufgiftzentrale, Seniorenheim
Notaufnahme
Organist
Perfusionist Organextransplantation
Pflegekraft auf der kardiologischen Station
Physiotherapeut
Plasmaspenden beim Deutschen Roten Kreuz

Promotiontätigkeiten
Redaktionelle Tätigkeiten
Reparaturen
Rettungsdienst
Rezeption/Patientenaufnahme
Sanitäter
Service in Hotels
Sitzwache im Krankenhaus
Tankstelle
Tutor
Übersetzer für englische Fachtexte ins Deutsche
Versuchsperson bei Forschungsarbeiten
Zeitungen verkaufen

Beispielaufgaben TMS

Beispielaufgaben aus dem „Test für medizinische Studiengänge"

Die folgenden Aufgaben prüfen Ihr räumliches Vorstellungsvermögen. Jede der Aufgaben besteht aus zwei Abbildungen eines durchsichtigen Würfels, in dem sich ein oder zwei Kabel befinden. Die erste Abbildung (links) zeigt Ihnen stets die Vorderansicht (Frontansicht) des Würfels; auf dem rechten Bild daneben ist derselbe Würfel noch einmal abgebildet; Sie sollen herausfinden, ob von rechts (r), links (l), unten (u), oben (o) oder hinten (h).

Aufgabe 1

(A): r
(B): l
(C): u
(D): o
(E): h

Lösung: (E)

Lösungsweg: Die rechte Ansicht ist in etwa spiegelbildlich zu der linken Ansicht. Das dem Betrachter entgegenkommende Ende in der linken Ansicht zeigt in der rechten Ansicht nach hinten. Die obere linke Ecke ist in der linken Ansicht frei, in der rechten Ansicht ist es die obere rechte Ecke. Die Lösung lautet folglich: „hinten".

Aufgabe 2

(A): r
(B): l
(C): u
(D): o
(E): h

Lösung: (C)

Lösungsweg: Der Schlauch in der linken Ansicht formt eine Schlaufe, die unten am Rand des Würfels aufliegt. In der rechten Ansicht sieht man direkt auf die Schlaufe. Die Lösung lautet folglich: „unten".

Aufgabe 3

(A): r
(B): l
(C): u
(D): o
(E): h

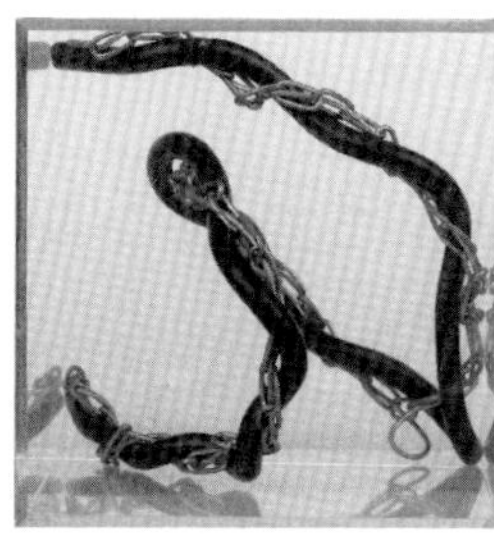

Lösung: (B)

Lösungsweg: In der linken Ansicht befindet sich der Großteil des Schlauches im mittleren und unteren Teil des Würfels und nur ein Ende ragt in den oberen Bereich. Da sich dieses Verhältnis auch in der rechten Ansicht wiederfindet, können die horizontalen Rotationen „oben" und „unten" ausgeschlossen werden. In der linken Ansicht zeigt das obere Ende des Schlauches nach hinten und das untere Ende des Schlauches nach rechts. In der rechten Ansicht zeigt das obere Ende des Schlauches nach links und das untere Ende in der unteren linken Ecke nach hinten. Die Lösung lautet daher „links".

Aufgabe 4

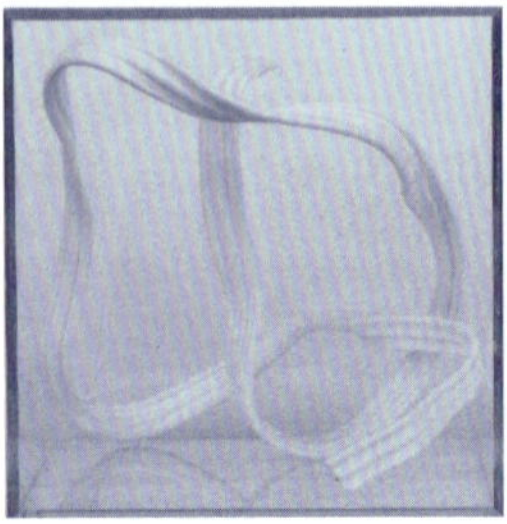

(A): r
(B): l
(C): u
(D): o
(E): h

Lösung: (A)

Lösungsweg: Bei dieser Figur sind die Kabelenden gut zu erkennen: In der linken Ansicht verläuft das untere Ende des Kabels in der rechten unteren Ecke des Würfels in einem Bogen. In der linken Ansicht verläuft dieses Ende von vorne nach hinten. Die Lösung lautet folglich „rechts". Für „links" müsste das untere Ende des Kabels zum Betrachter zeigen.

Aufgabe 5

(A): r
(B): l
(C): u
(D): o
(E): h

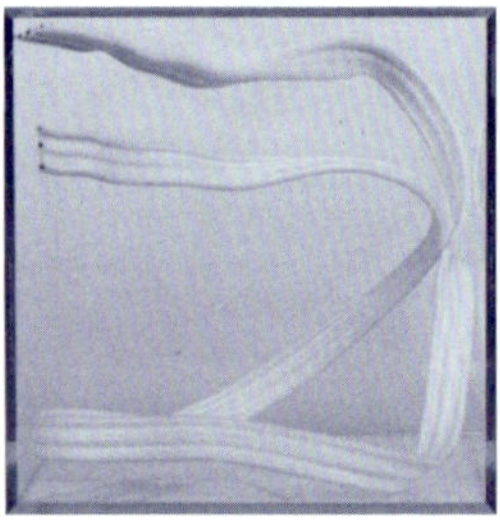

Lösung: (D)

Lösungsweg: In der linken Ansicht befindet sich eine große Schlaufe des Kabels im oberen Teil des Würfels, durch die der Betrachter hindurchsehen kann. In der rechten Ansicht liegt die große Schlaufe auf dem Boden des Würfels. Die horizontalen Rotationen „rechts", „links" und „hinten" können daher ausgeschlossen werden. In der linken Ansicht befindet sich die Schlaufe im vorderen Teil des Würfels und die beiden Enden des Schlauches zeigen in die hintere obere linke Ecke. Für die Lösung „unten" müssten sich die Enden des Kabels in der rechten Ansicht im unteren Teil des Würfels befinden und die Schlaufe müsste an der Decke des Würfels liegen. Die Lösung lautet folglich „oben".

Glossar

AdH

Bedeutet Auswahlverfahren der Hochschulen. Das heißt, dass 60 % der Studienplätze von den Hochschulen im „klassischen“ SfH-Verfahren nach eigenen Kriterien in einem eigenständigen Auswahlverfahren besetzt werden können.
Die je nach Universität unterschiedlichen Auswahlkriterien sollen das besondere Profil der Hochschule in Forschung und Lehre deutlich machen und unter den Bewerbern die künftigen Studenten, die diesem Profil am besten entsprechen, auswählen.

Anatomie

Lehre vom Bau der Körperteile – Fach in der Vorklinik, das sich in die sogenannte mikroskopische Anatomie (alles, was man nur mit einem Mikroskop sehen kann) und makroskopische Anatomie (alles, was man mit bloßem Auge sehen kann) gliedert (siehe Seite 131).

Allgemeine Hochschulreife

Anderer Begriff für Abitur – ermöglicht den Zugang zu einem universitären Studiengang.

Altklausuren

Altklausuren sind ein beliebtes Mittel, um sich auf eine Klausur im Medizinstudium vorzubereiten. In der Praxis kopieren ältere Semester ihre Klausuren, um diese zukünftigen Semestern zur Verfügung zu stellen.

Anamnese

Als Anamnese wird das ärztliche Gespräch mit einem Patienten bezeichnet, in dem u. a. Art und Verlauf der aktuellen Beschwerden, aber auch Vorerkrankungen, Allergien und Erkrankungen in der Familie geklärt werden. Die Anamnese ist Teil der klinischen Ausbildung nach dem Physikum.

Approbation

Die Approbation ist die Zulassung als Arzt, die die jungen Medizinern nach bestandenem Hammerexamen erteilt wird.

Approbationsordnung
Die Approbationsordnung regelt in Deutschland die Zulassung zu akademischen Heilberufen, so auch die des Arztes. In ihr finden sich Angaben über Inhalte, Länge und Bedingungen für die staatlichen Prüfungen.

Assistenzärzte
Als Assistenzärzte werden junge Ärzte in den ersten Jahren ihrer Tätigkeit im Krankenhaus bezeichnet. Assistenzärzte sind bereits voll approbierte (zugelassene) Ärzte und arbeiten meist mit einem Oberarzt zusammen.

AStA
Die Abkürzung AStA steht für Allgemeinen Studierendenausschuss. Dieser vertritt die Interessen der Studenten in allen Gremien der Universität und wird durch gewählte Studenten besetzt.

Auswahlgespräche
Mit Auswahlgesprächen wird ein Verfahren zur Auswahl von Medizinstudenten bezeichnet, das die Universitäten direkt durchführen (siehe Seite 41).

BAföG
Die Abkürzung BAföG steht für Bundesausbildungsförderungsgesetz, das die staatliche finanzielle Unterstützung für die Ausbildung von Studenten und auch Schülern regelt. In der Studentensprache versteht man unter BAföG das Geld, das man pro Monat als Unterstützung vom Staat bekommt. Beim BAföG handelt es sich um einen staatlichen, zinslosen Kredit, der nach Berufsbeginn in Raten zurückgezahlt werden muss (siehe Seite 86).

Bedside-Teaching
Der Begriff Bedside-Teaching wurde im Rahmen der Modellstudiengänge in der Medizin geprägt und meint die Ausbildung der Studenten am Krankenbett.

Befunderhebung
Unter Befunderhebung versteht man die Durchführung einer ärztlichen Untersuchung mit dem Ziel herauszufinden, woran der Patient erkrankt ist.

Belegung

Unter Belegung versteht man im Medizinstudium die Auswahl bzw. die Teilnahme an Veranstaltungen wie zum Beispiel Seminaren oder Kursen.

Berufsinformationszentren (BIZ)

Das Berufsinformationszentrum (BIZ) ist Teil des Arbeitsamtes und informiert zumeist Schüler über die Ausbildungsmöglichkeiten, die Inhalte der Ausbildung sowie Inhalte der beruflichen Tätigkeit.

Biochemie

Das Fach Biochemie wird in der Vorklinik unterrichtet. Früher bezeichnete man die Biochemie als physiologische Chemie. Sie ist die Lehre der chemischen Vorgänge in Lebewesen (siehe Seite 140).

Biologie

Die Biologie wird im Medizinstudium als kleines Fach unterrichtet und ist die Lehre der allgemeinen Gesetzmäßigkeiten des Lebendigen (siehe Seite 144).

c. t.

c. t. steht für cum tempore und ist eine akademische Zeitangabe. Vorlesungen beginnen meist um c. t., was nichts anderes bedeutet als „Viertel nach" sprich ein sogenanntes akademisches Viertel später – Beispiel gefällig? 8.00 Uhr c. t. bedeutet 8.15 Uhr oder 10.00 Uhr c. t. bedeutet 10:15 Uhr. c. t. darf nicht mit s.t. (= sine tempore) verwechselt werden, was also bei 8.00 Uhr s. t. auch 8. 00 Uhr bedeutet.

Chemie

Die Chemie wird als kleines Fach in der Vorklinik ausgebildet und ist die Lehre vom Aufbau, Verhalten und der Umwandlung von Stoffen (siehe Seite 143).

Dekan

Ein Dekan leitet eine Fakultät bzw. einen Fachbereich einer Hochschule. In der Regel ist der Dekan ein Professor, der diesen Posten für eine bestimmte Zeit inne hat. Häufigeren Kontakt hat man als Student mit dem sogenannten Studiendekan, der sich um die Lehre und damit um die Studenten kümmert.

Diagnose
Eine Diagnose ist die Entscheidung für eine bestimmte Krankheit oder Verletzung eines Patienten auf Basis einer durchgeführten Untersuchung.

Direktbewerbung
Im Medizinstudium ist eine Direktbewerbung an den Universitäten nur unter ganz bestimmten Bedingungen möglich (siehe dazu Kapitel „Wie bekomme ich einen Studienplatz?“ ab Seite 35).

Doktorarbeit
Die Doktorarbeit (auch Dissertation genannt), ist eine wissenschaftliche Arbeit zur Erlangung eines Doktorgrades – im Klartext eine wissenschaftliche Arbeit, nach der man sich zusammen mit einem abgeschlossenen Studium als Dr. bezeichnen darf (siehe auch Kapitel „Die medizinische Doktorarbeit“ ab Seite 205).

Dozent
Der Dozent ist die ausbildende Person im Studium. Ein Dozent hält z. B. eine Vorlesung oder ein Seminar.

Eignungstest Medizin
Der Eignungstest Medizin (EMS) wird als sogenannter TMS (Test für medizinische Studiengänge) u. a. in Baden-Württemberg eingesetzt, um die Studienfähigkeit von Bewerbern zu beurteilen und ergebnisabhängig Studienplätze zu vergeben.

Einführungsveranstaltungen
Als Einführungsveranstaltungen versteht man die ersten Veranstaltungen nach Studienbeginn, in denen der grundsätzliche Ablauf und die Inhalte erläutert werden.

Einschreibung
Die Einschreibung oder Immatrikulation ist ein Verwaltungsvorgang an einer Hochschule, bei der eine Person als Student an die Hochschule angenommen wird. Die Einschreibung findet meist im Studierendensekretariat statt.

Erstsemester
Die Studenten im ersten Semester werden als Erstsemester (manchmal auch liebevoll „Küken“) bezeichnet.

Examina
Examina ist die Mehrzahl von Examen. Man versteht unter Examen bzw. Examina die staatlichen Prüfungen im Medizinstudium (Erster und Zweiter Abschnitt bzw. Dritter Abschnitt ab 2014 der Ärztlichen Prüfung).

Facharzt
Nach Abschluss des Medizinstudiums arbeitet ein Arzt zunächst als Assistenzarzt. Nach vier bis sieben Jahren kann er sich dann zur sogenannten Facharztprüfung anmelden, bei der er dann seinen Facharzt machen kann. Weitere Informationen zu den verschiedenen Facharztrichtungen (z. B. Chirurgie oder Innere Medizin) findest du unter www.medi-learn.de/STF1053.

Fachschaft
Als Fachschaft bezeichnet man die Einrichtung der studentischen Interessensvertretung an Universitäten.

Fakultät
Als Fakultät bezeichnet man einer Gruppe zusammengehörender Wissenschaften, die an einer Universität eine Einheit bilden. In der Medizin ist dies die Medizinische Fakultät der jeweiligen Universität.

fakultativ
An der Uni werden freiwillige Veranstaltungen als fakultativ bezeichnet, Pflichtveranstaltungen als obligat. Die meisten Vorlesungen sind fakultativ, auch wenn es nicht immer empfehlenswert ist, nicht hinzugehen.

Famulaturen
Die ärztlichen Praktika im zweiten Abschnitt des Medizinstudiums, der klinischen Ausbildung, werden als Famulaturen bezeichnet (siehe Seite 163).

Förderungshöchstdauer
Die Förderungshöchtsdauer spielt im Rahmen vom BAföG eine Rolle und bezeichnet den Zeitpunkt, nach dem die Förderung eingestellt wird.

Habilitation
Die Habilitation ist eine Hochschulprüfung, mit der im Rahmen eines akademischen Prüfungsverfahrens die Lehrbefähigung (facultas docendi) in einem wissenschaftlichen Fach festgestellt wird. Dies gilt als Voraussetzung für die Verleihung der „venia legendi" (Lehrberechtigung) durch die Hochschule und für das Führen des Titels Privatdozent.

Hochschulrahmengesetz
Da die Kultur- und Wissenschaftshoheit in Deutschland den Bundesländern obliegt, konnte der Bund nur über das Hochschulrahmengesetz bestimmte Inhalte zu den Hochschulen regeln. So stehen im Hochschulrahmengesetz z. B. die grundsätzlichen Aufgaben der Unis und die Zulassungsrichtlinien.

Hochschulzugangsberechtigung
Die Hochschulzugangsberechtigung kann man in Deutschland durch das Abitur, durch eine fachgebundene Hochschulreife oder eine Fachhochschulreife erlangen. Die Hochschulzugangsberechtigung erlaubt grundsätzlich den Besuch einer Uni unabhängig davon, ob man einen Studienplatz bekommt.

Immatrikulationsbescheinigung
Die Immatrikulationsbescheinigung bestätigt, dass man als Student an einer Hochschule eingeschrieben ist. Man bekommt Semester für Semester ein Dutzend Bescheinigungen oder kann sich diese ausdrucken, da man sie für Krankenkassen, Behörden oder für vergünstigte Angebote wie Abos und Konten benötigt – also gut darauf aufpassen und am besten den Eltern gleich ein paar beim nächsten Besuch mitbringen, denn die brauchen auch welche z. B. für das Kindergeld.

Internationaler Studierendenausweis
Der Internationale Studentenausweis (englisch: International Student Identity Card; ISIC) wird seit 1968 von der ISIC Association herausgegeben. Er ermöglicht die Wahrnehmung von Studentenrabatten weltweit.

Kittel

Der Kittel ist nicht nur eines der Status-Symbole des Arztes, sondern auch eines der wichtigsten Utensilien im Medizinstudium, das schon so mancher Student bei so manchem Seminar vergessen hat :-).

Klinik

Als Klinik bezeichnet man im Medizinstudium den Abschnitt nach dem Physikum – Semester 5 bis 12.

Krankenpflegepraktikum

Um zum Physikum zugelassen zu werden, muss man ein Krankenpflegepraktikum vorweisen können (siehe Seite 125)

Landesärztekammer

Hier sind alle Ärzte eines Bundeslandes Mitglied. Die Landesärztekammer ist u. a. zuständig für die Ausstellung der Arztausweise nach letzten Examen und die Abnahme der Prüfungen nach der Weiterbildungsordnung.

Latinum

Als Latinum wird ein Nachweis über die lateinische Sprachkenntnis bezeichnet. Man bekommt das Latinum in der Regel, wenn man Latein bis zu einer bestimmten Klasse belegt hat und die Sprache mit einer Note nicht schlechter als 4 abgeschlossen hat.

Lehrstuhl

Als Lehrstuhl wird in Deutschland die Stelle eines Professors bezeichnet, die mit personellen und finanziellen Mitteln die Aufgaben der Forschung und Lehre ermöglicht.

Losverfahren

Das Losverfahren ist eine Möglichkeit, an einen Studienplatz für Medizin zu kommen. Dieses Verfahren wird auf Seite 46 genauer beschrieben.

Magazin Hochschulstart

Das Magazin Hochschulstart ist das Informationsheft der Stiftung für Hochschulzulassung, das mittlerweile nur noch als E-Paper zur Verfügung steht. Es kann online unter www.medi-learn.de/STF1054 heruntergeladen werden und enthält alle Informationen für die Bewerbung um einen Studienplatz.

Modellstudiengang

Als Modellstudiengang bezeichnet man Abweichungen von den gesetzlich festgelegten Ausbildungsgänge – weitere Informationen ab Seite 20.

Numerus clausus

Der Numerus clausus ergibt sich im Rahmen der jährlichen Bewerbungsverfahren aus den jeweils eingegangenen Bewerbungen als Mindestdurchschnittsnote, oberhalb derer man sicher einen Studienplatz erhält. Wenn sich drei Studenten mit den Noten 1,9 bzw. 2,3 bzw 2,6 bewerben und es zwei Studienplätze zu vergeben gibt, so liegt der NC in diesem (frei erfundenen) Verfahren bei 2,3 – also der Note, die man mindestens haben muss, um in einer Rangfolge auf einer Position zu stehen, für die noch ein Studienplatz „erhältlich" ist.

Oberärzte

Nach absolviertem Studium trittst du als Assistenzarzt deine Weiterbildungszeit an, die du mit der Prüfung zum Facharzt (z. B. für Chirurgie) abschließt. Im Krankenhaus hast du nun als Facharzt die Chance, eine Oberarztstelle wahrzunehmen. Nachdem du einige Zeit Oberarzt gewesen bist, hast du wiederum die Chance, dich auf eine Chefarztstelle zu bewerben.

Online-Community

Große Internetseiten, deren Besucher untereinander kommunizieren können – MEDI-LEARN ist eine der größten Online-Communities für junge Mediziner und stellt seit Jahren einen beliebten und belebten Treffpunkt für alle angehenden Ärztinnen und Ärzte dar.

Pflegepraktikum
90 Tage Tätigkeit auf der Seite der Krankenpflege eines Krankenhauses musst du als Student bei der Meldung zum Ersten Abschnitt der Prüfung nachweisen. Du kannst das Pflegepraktikum also in gewissen Zeiträumen vor oder während der Semesterferien der ersten zwei Jahre deines Studiums absolvieren. Es kann auch im Ausland abgeleistet werden.

Physik
Lehre von den Gesetzmäßigkeiten der Natur. Als Mediziner erhältst du Einblicke in die auch für die Medizin relevanten Bereiche aus Optik, Mechanik und Wärmelehre (z. B. wie ein Ultraschallgerät funktioniert).

Physikum
Physikum ist die überlieferte Bezeichnung für den Ersten Abschnitt der Ärztlichen Prüfung. Die Prüfung findet nach vier Semestern Regelstudienzeit statt und umfasst einen schriftlichen Teil (zwei Tage mit je 160 Fragen) und einen mündlichen Teil (jeweils in Anatomie, Biochemie, Physiologie, 45–60 Min. je Prüfling).

Physiologie
Lehre von der Funktionsweise des menschlischen Körpers, in der du in den ersten zwei Jahren deines Studiums genauestens erfährst, wie alle Organe und Systeme des Körpers im gesunden Menschen funktionieren.

Praktika
In einem Praktikum stehen die Handfertigkeiten im Mittelpunkt, d. h. du musst praktisch beweisen, was du theoretisch in Kurs und Seminar gelernt hast (z. B. im Labor Messungen durchführen oder auf Station die Patienten untersuchen). Für jedes der im Laufe des Studiums stattfindenden Praktika steht eine begrenzte Anzahl von Plätzen zur Verfügung, sodass an einigen Orten bei mehr Bewerbern als Plätzen auch Klausuren (schriftliche Aufsichtsarbeiten) geschrieben werden, um die Praktikumsplätze zu vergeben.

Praktisches Jahr (PJ)
Das letzte Jahr des Medizinstudiums wird als Praktisches Jahr bezeichnet, da es komplett in einem akademischen Lehrkrankenhaus der Universität, einer akademischen Lehrpraxis (Hausarzt) oder an der Universitätsklinik stattfindet. Es ist in drei Drittel zu jeweils 16 Wochen aufgeteilt. Das PJ kann auch an Lehrkrankenhäusern anderer Universitäten absolviert werden.

Präparierbesteck
Im Anatomiekurs erlernst du mittels Präparierbesteck – bestehend aus Schere, Skalpell und Pinzette – an einer Leiche den Aufbau des menschlichen Körpers.

Problemorientiertes Lernen (POL)
Eine in den letzten Jahren vermehrt an vielen Unis genutzte Lehrform, bei der sich die Studenten in kleineren Lerngruppen selbstständig einen medizinischen Fall erarbeiten. Das Wissen aus unterschiedlichen Fachgebieten (Anatomie, Pathologie, Pharmakologie etc.) wird fächerübergreifend vernetzt und durch Unterricht am Krankenbett in Theorie und Praxis unterstützt.

Pschyrembel
Eines der bekanntesten Wörterbücher für Mediziner ist der Pschyrembel, der vom Verlag de Gruyter aus Berlin bereits seit mehreren Jahrzehnten herausgegeben wird.

Psychologie
Wissenschaft des menschlichen Verhaltens und Erlebens. In den ersten vier Semestern erhältst du als Student auch Lehrveranstaltungen, die sich mit diesem Wissensspektrum beschäftigen.

Rankings
Rangfolge von Universitäten, die auf Grund des Einfließens von Bewertungsfaktoren (z. B. Forschungsrenommee, Abschneiden bei Prüfungen etc.) festgelegt wird. Bei den großen Rankings werden oftmals Komponenten wie die Vergabe von Forschungsgeldern berücksichtigt, die jedoch nicht immer einen Einfluss darauf haben, ob die entsprechenden Professoren auch ihren Lehrverplichtungen nachkommen. MEDI-LEARN veröffentlicht in seinem Uni-Ranking seit 2003 ergänzend umfassende Umfrageergebnisse, die wir unter mehreren tausend Medizinstudenten erhoben haben, u. a. als Studentennote, mit der die Universität von den dort Studierenden bewertet wird.

Regelstudiengang
An einigen Universitäten wird zwischen einem neuartigen Reformstudiengang und dem altbewährten Regelstudiengang unterschieden. D. h. du kannst dir als Student vorab überlegen, ob du lieber nach altem oder neuem Muster studieren möchtest.

Regelstudienzeit

Für ein Medizinstudium sind zwölf Semester und drei Monate die Regelstudienzeit, die man mindestens benötigt, um das Studium erfolgreich abzuschließen.

Reputation

Das Ansehen oder die hohe Meinung, die z. B. ein Professor genießt, wenn es um die Qualität seiner Forschung und Lehre geht.

Ringtausch

Hans tauscht mit Werner, Werner tauscht mit Rita und Rita tauscht mit Hans – was ist hier geschehen? Ein sogenannter Ringtausch, mit dem drei oder mehr Studenten ihren Studienplatz untereinander tauschen. In der Studienplatztauschbörse von MEDI-LEARN unter www.medi-learn.de/STF1055 findest du alles weitere ausführlich erläutert.

s. t.

Zeitangabe für den Beginn von Lehrveranstaltungen: sine tempore, d. h. ohne Zeitverlust und punktgenau zur vollen Stunde beginnen die mit s. t. ausgezeichneten Vorlesungen, also bedeutet neun Uhr s. t., dass du auch um punkt Neun im Hörsaal sein solltest, um den Beginn nicht zu verpassen. Das Gegenstück zu s. t. lautet c. t., das du hier im Glossar ebenfalls erläutert findest.

Scheine

Um dich zu den beiden großen Prüfungen (Zwischenprüfung, genannt Physikum, nach vier Semestern und zum zweiten Abschnitt nach zehn Semestern) anzumelden und zugelassen zu werden, musst du mittels des sogenannten Scheins (Papierbeleg) nachweisen, dass du an den vorgeschriebenen Kursen und Lehrveranstaltungen in den Fächern des entsprechenden Studienabschnitts erfolgreich teilgenommen hast. Die einzelnen Scheine werden dir zu Kursende vom Kursleiter ausgehändigt. Es empfiehlt sich auch hier, die bislang gesammelten Scheine sehr, sehr sorgfältig aufzubewahren und den angesammelten Bestand von Zeit zu Zeit auch einmal auf den Kopierer zu legen.

Selbststudium
Wissenserwerb ohne Lehrer, von dem vor dem Studium in größerem Rahmen abgeraten wird.

Semester
Das Semester ist ein Studienhalbjahr. Das Wintersemester beginnt Mitte Oktober und endet Mitte April, dabei finden von Oktober bis Februar Vorlesungen statt; die Zeit von Februar bis Mitte April ist vorlesungsfrei. Ebenso im Sommerhalbjahr: Das Sommersemester beginnt Mitte April und endet Mitte Oktober, dabei finden von April bis Mitte Juli Vorlesungen statt; die Zeit von Juli bis Mitte Oktober ist vorlesungsfreie Zeit. Mitte Oktober und Mitte April sind also diejenigen Termine, zu denen das Uni-Leben mit dem Beginn der Lehrveranstaltungen eingeläutet wird (Semesterbeginn). Mitte Februar und Mitte Juli sind also diejenigen Termine, zu denen Studenten die Unis fluchtartig in Richtung Semesterferien verlassen (Semesterende).

Seminar
Eine besondere Unterrichtsform, bei der es in Kleingruppen von meist 15 bis 30 Studenten darum geht, den in der Vorlesung und in Praktika erarbeiteten Stoff weiter zu vertiefen. Die Teilnahme an einem Seminar wird in der Regel durch einen Schein nachgewiesen.

SfH-Bewerbung
Eine Bewerbung für einen Studienplatz im zulassungsbeschränkten Fach wie Medizin wird durch die Stiftung für Hochschulzulassung koordiniert, sodass du in jedem Falle deine Erstbewerbung bei der SfH einreichen musst.

SfH-Vergabeverfahren
Die Studienplatzvergabe wird über die Stiftung für Hochschulzulassung (früher ZVS) in Dortmund koordiniert. Einige Unis überlassen der SfH die komplette Auswahl der Studenten, andere Unis führen „hauseigene Auswahlgespräche" durch. Die Bewerbung muss immer bei der SfH eingereicht werden.

Sitz- und Nachtwache
Eine beliebte Möglichkeit, als Medizinstudent zu jobben sind Sitzwachen und Nachtwachen. Hier bist du damit beauftragt, einen besonderen Patienten des nachts zu bewachen oder der Nachtschwester bei der Beaufsichtigung der ganzen Station behilflich zu sein. Wird vielerorts gut bezahlt und ist eine Möglichkeit, in medizinnahen Bereichen Wissen zu erwerben und gleichzeitig Geld zu verdienen.

Sozialkriterien
Im Rahmen der Studienplatzvergabe haben Faktoren wie der Wohnsitz bei den Eltern in Uninähe, Behinderung, Studenten mit Kind im Zuge der Wartezeit-Quote eine Bedeutung, deren Ausmaß auf den Webseiten der SfH näher ersichtlich wird.

Stethoskop
Das „Horchrohr des Mediziners", mit dem er u. a. das Herz oder die Lungen abhört, um so krankhaften Veränderungen auf die Spur zu kommen.

Stipendien
Unterstützung in Form von finanziellen Zahlungen oder Sachleistungen (Bücher). Einige Organisationen unterstützen das Studium besonders befähigter oder engagierter Studenten durch regelmäßige „Finanzspritzen".

Studenten-Ausweis
Der „Personalausweis für Studenten", mit dem du zeigst, dass und was du an welcher Uni studierst. Nützlich auch im Alltag, um ermäßigte Eintrittspreise für Studenten in Anspruch zu nehmen.

Studentenparlament
Die Studentenschaft hat das Recht, sich an der Gestaltung des Uni-Lebens zu beteiligen. Zu diesem Zwecke werden die studentischen Vertreter in den entsprechenden Ausschüssen aus dem Studentenparlament heraus gewählt. Das Studentenparlament wird von allen eingeschriebenen Studenten in Wahlen bestimmt.

Studentensekretariat

Eine der wichtigsten Anlaufstellen für dich ist das Studentensekretariat: Hier schreibst du dich zum Studium ein, hier meldest du dich jedes Semester durch Abgabe entsprechender Formulare zurück und erhältst auch sonst alle erdenklichen Infos, wann wo welcher Kurs stattfindet und was es ansonsten für Termine zu beachten gilt.

Studentenwerk

In jeder Unistadt kümmert sich das Studentenwerk um die Belange von Studenten im Hinblick auf Einrichtung von Wohnheimen und Mensen oder der Verwaltung der BAföG-Anträge. Aber auch die psychologische Studienberatung wird vom Studentenwerk angeboten.

Studienbuch

Im Laufe deines Studiums musst du den Besuch von Lehrveranstaltungen in einer Art Berichtsheft festhalten, in das du die im jeweiligen Semester belegten Kurse und Praktika einträgst. Es ist ein sehr wichtiges Dokument, das du von Zeit zu Zeit auch einmal kopieren solltest, falls das Original abhanden kommen sollte, schließlich enthält es die komplette Chronologie deiner Uni-Karriere.

Studiendekanat

Der Dekan ist der Sprecher bzw. Vorsteher/Leiter eines Fachbereiches der Uni, der entsprechende Verwaltungsapparat mit Büros etc. wird als Studiendekanat bezeichnet.

Studiengebühren

Derzeit (Stand: April 2013) werden in Bayern und Niedersachsen Studiengebühren in Höhe von 500 € pro Semester erhoben.

Studienplatzvergabe

Ein Studienplatz ist ein kostbares Gut, da er von mehr Bewerbern nachgefragt wird, als Studienplätze vorhanden sind. Also sind vom Gesetzgeber Verfahren für die Vergabe von Studienplätzen entwickelt worden, damit unter Wahrung der Chancengleichheit jeder die Chance hat, an der Studienplatzvergabe teilzunehmen. Die Vergabe der Studienplätze in Medizin wird durch die Stiftung für Hochschulzulassung (SfH) in Dortmund koordiniert.

studium fundamentale

An der Privat-Uni Witten/Herdecke wird im Rahmen des pflichtmäßigen studium fundamentale die Gelegenheit gegeben, sich fächerübergreifend aus einer ausgewählten Palette an künstlerischen oder kommunikativen Themen fortzubilden.

Terminologie-Kurs

Im ersten Semester gilt es die grundlegenden Begriffe der medizinischen Fachsprache zu erlernen. Im Rahmen des Terminologie-Kurses erfährst und lernst du, aus welchen zumeist griechischen oder lateinischen Begriffen sich die medizinischen Bezeichnungen ableiten und wie sie korrekt gebildet werden. Es ist sozusagen der Vokabelkurs für das Medizinstudium.

Tertial

Das letzte Jahr des Medizinstudiums ist das sogenannte Praktische Jahr (PJ), das in jeweils 16 Wochen umfassende Drittel-Jahre oder Tertiale aufgeteilt ist. Ein Tertial in der Inneren und eines in der Chirurgie sind Pflicht, das letzte Tertial dieses Jahres kann aus einem Katalog an Wahlfächern nach deinen Wünschen ausgewählt werden. Wahlweise kann ein Tertial auch in der Allgemeinmedizin absolviert werden.

Testat

Ein Testat ist eine Wissensüberprüfung, die in mündlicher oder schriftlicher Form abgehalten werden kann. Meist wirst du in 10 bis 15 Minuten zu einem Thema der Woche befragt. Es gibt aber auch größere Testate, deren erfolgreiches Bestehen darüber entscheidet, ob du den Kurs insgesamt bestanden hast.

Therapie

Die medizinische Kunst besteht aus kunstgerechter Diagnose und Therapie. Wenn der Arzt weiß, welche Erkrankung vorliegt, kann er die passende Therapie veranlassen. Das Wort leitet sich aus dem Griechischen ab und kann mit Behandlung übersetzt werden, damit die Symptome einer Krankheit verschwinden oder sich verringern.

Tutorenschaften

Ein Tutor ist ein studentischer Hilfslehrer aus höheren Semestern. Im Anatomie-Kurs helfen erfahrene Studenten z. B. den Frischlingen dabei, eine Leiche kunstgerecht zu präparieren. Auch in vielen anderen Fächern gibt es Studenten-Lehrer. Übrigens eine nette Möglichkeit, um über einen Nebenjob etwas Geld (und Wissen) dazuzuverdienen.

Universität

Uni ist die Kurzform für Universität = Hochschule. Als universitas bezeichnet man die Gemeinschaft der Lehrenden und Lernenden – ein Begriff, der sich aus der Antike bis in die heutigen Zeiten gehalten hat und auch mit Hochschule übersetzt werden kann.

Versorgungsforschung

Bei der Versorungsforschung handelt es sich um ein Teilgebiet der Forschung über das Gesundheitssystem. Erforscht werden hier vor allem die Abläufe und Bedingungen in Krankenhäusern und Arztpraxen, aber auch die pflegerische und ärztliche Versorgung oder die Risiken der Verwendung bestimmter medizinischer Hilfsmittel und Medikamente.

Vorklinik (Erster Studienabschnitt)

Das Medizinstudium wird in einen ersten, grundlegenden Abschnitt in den ersten vier Semestern (mehr Theorie) und einen praxisorientierteren Abschnitt (Semester fünf bis zwölf) eingeteilt. Der erste Abschnitt wird Vorklinik, der zweite Abschnitt Klinik genannt, da man hier schon wesentlich häufiger mit Patienten in Klinik und Krankenhaus zu tun hat und in Kontakt kommt.

Vorlesung

Als es noch keine oder nur sehr wenige Bücher gab, wurde den Studenten von Professoren aus den Büchern vorgelesen. Auch heute stellt diese Form der Wissensvermittlung nach wie vor eine Methode der ersten Wahl dar, wenn es um den Hochschulunterricht geht. Im Hörsaal werden Vorlesungen gehört, d. h. der Professor steht vor dem Pult und erklärt der wissbegierigen Studentenschaft, wie die Medizin (bzw. sein Fachgebiet) funktioniert.

Wartesemester
Wer in der Abiturquote oder im Hochschulvergabeverfahren keinen Studienplatz erhalten hat, kann Wartesemester sammeln. Ein Halbjahr ist dabei gleich einem Wartesemester. 20 % der Studienplätze werden nach Wartezeit vergeben, d. h. wer am längsten wartet, kommt in den Genuss eines Studienplatzes.

Wartezeit
Die Anzahl der Halbjahre, die seit dem Erwerb der Hochschulzugangsberechtigung (z. B. Abitur) verstrichen sind. Jede Form von Tätigkeit – ausser einem Studium – zählt hier, d. h. ob du eine Weltreise machst oder Chemie büffelst: Du sammelst Wartesemester. Ein Fünftel der Studienplätze wird nach der sogenannten Wartezeit-Quote vergeben, bei der man zwischen acht und zehn Semestern (= vier bis fünf Jahre) rechnen darf.

Wintersemester
Das Studienjahr wird in zwei Halbjahre aufgeteilt: Das Wintersemester beginnt im Oktober und endet Mitte April, das Sommersemester beginnt Mitte April und endet im Oktober.

Wohnheim
Wer es gern gemütlich und in geselliger Runde mag, dem kann ein Platz in den Studentenwohnheimen empfohlen werden. Es gibt Einzel- und Mehrpersonen-Appartmentwohnungen zu günstigen Preisen. Die Plätze werden von dem zuständigen Studentenwerk vor Ort vergeben.

Feedback

Deine Meinung ist gefragt!

Es ist erstaunlich, was das menschliche Gehirn an Informationen erfassen kann. Slbest wnen kilene Fleher in eenim Txet entlheatn snid, so knnsat du die eigneltchie lofnrmotian deoncnh vershteen – so wie in dsieem Text heir.

Wir heabn deises Bcuh mecrfhah sehr sogrtfältg güpreft, aber vilcheliet hat auch uesnr Girehn – so wie deenis grdaee – unbeswust Fheler übresehne. Um in der Zuuknft noch bsseer zu wrdeen, bttein wir dich dhear um deine Mtiilhfe.

Sag uns, was dir aufgefallen ist, ob wir Stolpersteine übersehen haben oder ggf. Formulierungen verbessern sollten. Darüber hinaus freuen wir uns natürlich auch über positive Rückmeldungen aus der Leserschaft.

Deine Mithilfe ist für uns sehr wertvoll und wir möchten dein Engagement belohnen: Unter allen Rückmeldungen verlosen wir einmal im Semester Fachbücher im Wert von 250 Euro. Die Gewinner werden auf der Webseite von MEDI-LEARN unter www.medi-learn.de bekannt gegeben.

Schick deine Rückmeldung einfach per E-Mail an support@medi-learn.de oder trag sie im Internet in ein spezielles Formular für Rückmeldungen ein, das du unter der folgenden Adresse findest:

www.medi-learn.de/rueckmeldungen

Index